“十三五”国家重点图书出版规划项目

流域生态安全研究丛书　主编　杨志峰

# 流域水电开发生态安全保障

徐琳瑜　于　冰　张　锦　杨志峰　等著

中国环境出版集团·北京

**图书在版编目（CIP）数据**

流域水电开发生态安全保障/徐琳瑜等著. —北京：中国环境出版集团，2020.8

（流域生态安全研究丛书/杨志峰主编）

“十三五”国家重点图书出版规划项目　国家出版基金项目

ISBN 978-7-5111-4415-7

Ⅰ. ①流…　Ⅱ. ①徐…　Ⅲ. ①流域—水电资源—资源开发—生态安全—研究—西藏　Ⅳ. ①TU7

中国版本图书馆 CIP 数据核字（2020）第 160584 号

**出 版 人**　武德凯
**责任编辑**　宋慧敏　周　煜
**责任校对**　任　丽
**封面设计**　艺友品牌

---

**出版发行**　中国环境出版集团
（100062　北京市东城区广渠门内大街 16 号）
网　　址：http://www.cesp.com.cn
电子邮箱：bjgl@cesp.com.cn
联系电话：010-67112765（编辑管理部）
发行热线：010-67125803，010-67113405（传真）
**印　　刷**　北京中科印刷有限公司
**经　　销**　各地新华书店
**版　　次**　2020 年 8 月第 1 版
**印　　次**　2020 年 8 月第 1 次印刷
**开　　本**　787×1092　1/16
**印　　张**　13.5　　彩插　4
**字　　数**　278 千字
**定　　价**　68.00 元

---

# “流域生态安全研究丛书”

# 编著委员会

# 《流域水电开发生态安全保障》

## 编著委员会

徐琳瑜　于　冰　张　锦　杨志峰

王　烜　李筱金　崔冠楠

# 总 序

近年来，高强度人类活动及气候变化已经对流域水文过程产生了深远影响。诸多与水相关的生态环境要素、过程和功能不断发生变化，流域生态系统健康和生态完整性受损，并在多个空间和时间尺度上产生非适应性响应，引发水资源短缺、水环境恶化、生境破碎化和生物多样性下降等问题，导致洪涝、干旱等极端气候事件的频率和强度增加，直接或间接给人类生命和财产带来了巨大损失，维护流域或区域生态安全已成为迫在眉睫的重大问题。

党中央、国务院历来高度重视国家生态安全。2016 年 11 月，国务院印发《"十三五"生态环境保护规划》，明确提出"维护国家生态安全"，并在第七章第一节详细阐述。2017 年 10 月，党的十九大报告提出"实施重要生态系统保护和修复重大工程，优化生态安全屏障体系，构建生态廊道和生物多样性保护网络，提升生态系统质量和稳定性。"2019 年 10 月，《中共中央关于坚持和完善中国特色社会主义制度　推进国家治理体系和治理能力现代化若干重大问题的决定》明确提出"筑牢生态安全屏障"。一系列国家重大规划和战略的出台与实施，有效遏制了流域或区域的生态退化问题，保障了国家的生态安全，促进了经济社会的可持续发展。

长期聚焦于高强度人类活动与气候变化双重作用对流域生态系统的影响和响应这一关键科学问题，我的团队开展了系列流域或区域生态安全研究，承担了多个国家级重大（点）项目、国际合作项目、部委和地方协作项目，取得了系列论文、专利、咨询报告等成果，希望这些成果能够推动生态安全学科体系建设和科技发展，为保障流域生态安全和社会可持续发展提供重要支撑。

“流域生态安全研究丛书”是近年来在流域生态安全研究领域相关成果的重要体现，集中展现了在流域水电开发生态安全、流域生态健康、城市水生态安全、水环境承载力、河湖水系网络、城市群生态系统健康、流域生态弹性、湿地生态水文等多个领域的理论研究、技术研发和应用示范。希冀丛书的出版可以推动我国流域生态安全研究的深入和持续开展，使理论体系更加完善、技术研发更加深入、应用示范更加广泛。

由于流域生态安全的研究涉及多个学科领域，且受作者水平所限，书中难免存在不足之处，恳请读者批评指正。

杨志峰

2020 年 6 月 5 日

# 前　言

水资源是人类生存和社会发展不可替代的战略资源。随着区域人口增长、经济规模扩大和生活水平提高，在区域水资源拥有量一定的情况下，水资源消耗总量在逐渐增加，而人均水资源量在逐渐减少。通过水资源开发活动以提高水资源的可利用量显得十分必要。然而，水资源开发在提高社会经济子系统的可利用水资源的同时，可能会挤占自然子系统的生态用水，从而产生一系列与水资源开发活动相关的生态环境问题。水电开发作为水资源开发活动的主要方式，在除水害和兴水利的同时，提供低碳清洁能源。尤其是大型水电工程的梯级开发，充分保障了区域对防洪、供水和能源的需求。然而，大型水电开发是对河流生态系统的一种大规模扰动，大坝的建设是改变河流自然特性的最主要因素，在带来巨大经济效益的同时，也对流域生态系统造成一定程度的胁迫。因此，梯级水电站的兴建与否以及如何建设成为国内外争论的焦点和关注的主要问题。

如何合理地开发水资源、如何确定水资源开发的适度规模以及如何在水资源开发过程中同步实施有效的生态环境保护措施，这些问题的解决对协调水资源开发过程中社会经济效益与自然生态环境破坏之间的矛盾，并推动水资源开发活动的可持续发展具有积极的促进作用。水资源开发利用包括饮用水开发、农业灌溉用水、工业生产取水及水能开发利用等多种方式。西藏地区水能资源丰富，水能开发占总水资源开发利用的安全比重和生态用水可持续利用是区域发展的重要安全保障。水电是具有低碳优势的可再生能源，其替代化石能源电力后巨大的碳减排潜力使其在全球碳减排大背景下迎来新的发展契机。然而，大规模水电开发活动的环境负外部性问题却使其低碳性和可持续性都备受质疑。如何兼顾河流生态环境保护和水电开发的碳减排潜力来确定流域水电开发的适度规模，将对水电自身的可持续发展和低碳经济都具有重要意义。

本书以水电开发的碳减排-水资源双限约束为目标，结合水电开发的水-碳耦合特征，探寻一套水电开发为主要类型的水能资源可持续利用模式，并以国家生态屏障西藏地区为案例，针对水电开发多主体特征，力求建立一种全新的多元化复合生态补偿模式，以支持西藏地区拉萨河流域生态安全保障。本书共分 10 章，主要由徐琳瑜、杨志峰编著和统稿，第 1 章 ~ 第 4 章、第 8 章主要由徐琳瑜、张锦、李筱金完成，第 7 章主要由王烜、崔冠楠完成，第 5 章 ~ 第 6 章以及第 9 章和第 10 章主要由徐琳瑜、于冰完成。本书的主体由徐琳瑜指导的博士研究生于冰、张锦及硕士研究生李筱金的学位论文组成，并涵盖了王烜、崔冠楠的部分成果。作者长期从事生态系统服务功能价值评估和生态补偿相关研究，积累了深厚的理论和实践基础。本书所著研究成果可补充完善水电开发的生态评估与生态补偿相关领域的理论方法体系，提供实际案例应用成果，供流域管理部门及相关领域管理者使用；同时也可作为高校课程教材用于教学，对高等院校和相关科研院所从事水电生态影响及生态补偿相关研究的教师、学生和科研人员均有参考作用。

本书在写作过程中，得到了北京师范大学环境学院的高度重视，同时西藏自治区水利厅和环保厅提供了大力支持，中国环境出版集团对本书的出版工作投入了大量精力。本书的主体内容是在国家自然科学基金创新研究群体“流域水环境、水生态与综合管理”（No.51721093）、国家环境保护公益性行业科研专项经费项目“西藏地区生态承载力与可持续发展模式研究”（No.201209032）和教育部新世纪优秀人才支持计划（NCET-13-0064）的资助下完成的。此外，本书融汇了北京师范大学环境学院、水环境模拟国家重点实验室相关课题的系列研究成果，感谢该实验室的老师和学生对编著本书提供的帮助。经过十余年的积累，本书针对水电开发的生态效应和生态补偿机制做了深入探讨，并涵盖了课题研究的案例资料，是一本具有学术和应用价值的书。但由于著者水平有限，内容中难免存在值得商榷的地方。希望广大读者阅读关注本书，并提出宝贵意见。

著　者

2020 年 5 月

# 目　录

# 第1章　水电开发类型与生态影响分析

## 1.1　水电开发概述

目前，水电约占世界电力供给的17%（Turner et al.，2017），作为待开发潜力巨大的可更新能源，水电在世界范围内的供给比例仍有很大上升潜力（Bratrich，2004）。在我国，水电占电力供给的比例接近15%，但目前水电已开发规模仅占水电技术可开发规模的25%左右（Zeng et al.，2013；Li et al.，2018）。我国规划从“十一五”时期到“十三五”时期，陆续增加十三大水电基地的水电装机规模，到未来“十四五”时期，西藏将作为新进水电开发基地，适当提高其水电开发比例（中国工程院可再生能源发展战略研究项目组，2008）。届时水电将对中国的电力供给起到重要作用。

水电作为低碳能源，是碳减排压力下我国能源结构调整的主要替代能源。自全球变暖问题进入大众视野，碳减排已成为各国普遍关注的重大环境问题。随着一系列全球气候变化评估报告的出版以及《联合国气候变化框架公约》和《京都议定书》的签订生效，全球范围的应对气候变化行动正式拉开了序幕。中国政府秉持共同但有区别责任的原则，承诺到2020年国内碳排放强度（单位GDP的$CO_2$排放量）比2005年下降40%～45%。面对碳减排需求，产业结构调整（发展第三产业）、能源结构调整（提高可更新能源消费比例）、节能（加快淘汰落后产能，技术创新）等都成为国内碳减排的重要举措。面对日益加大的碳减排压力，能源结构调整应该是我国未来步入总量减排后的重要举措。目前，煤炭在我国一次能源消费结构中超过70%，而我国作为世界上水能理论蕴藏量最丰富的国家，发展水电以提高水电在一次能源消费中的比例有利于我国碳减排目标的实现。

流域水电开发通常集发电、供水和防洪于一体，兼顾经济效益和社会效益，尤其是大型水电工程的梯级开发，充分保障了区域对防洪、供水和能源的需求（Yüksel，2010）。相较于其他可更新能源，水电具有稳定、安全、技术成熟、综合效益高等多种优点（Kosnik，2008）。然而，水电开发在提高能源可利用量的同时也在消耗水资源和破坏流域生态环境。

一方面，水电开发因为新增大面积湖库，增加流域水资源的蒸发损耗，减少河道径流（Mekonnen et al.，2012）；另一方面，水电开发干扰河道水文情势，由此引发一系列生态环境负效应，而使得水电开发活动也正遭受着来自环保团体、河流保护机构等各方的压力，甚至产生了反坝和拆坝热潮（Null et al.，2014）。

因此，简单地从技术可行和经济可行的角度去大规模开发水力资源已经变得困难重重，兼顾生态环境保护成为流域水电开发规划中不可忽视的关键问题。在我国西藏地区，水能理论蕴藏量和技术可开发量都位居全国前列（韩俊宇，2011）。在西部大开发背景下，西藏的水电开发一方面是顺应了国家能源结构调整和能源安全的战略需求，另一方面也是对西藏当地经济社会发展的能源支持。然而，西藏地处青藏高原，是我国东部乃至东亚地区的重要生态屏障，当地生态环境脆弱，生态地位独特，生态功能突出（孙鸿烈等，2012）。西藏地区的水电开发更是面临着突出的生态环境保护问题。

综上所述，一方面，在碳减排压力下，未来中国需要发展后备水电资源来提高可更新能源利用比例，以应对总量减排之需和顺应低碳经济的发展方向；另一方面，在河流生态环境保护的呼声中，仅从技术和经济可行的角度去进行流域水电开发已经越来越不可行，兼顾河流的生态环境保护、适度开发水能资源是水电自身可持续发展的方向。在兼顾河流生态环境保护的前提下，可供水电站开发利用的水资源必然是十分稀缺的。研究如何确定这部分有限的可开发利用水资源、如何使水电站利用这部分水资源在最大限度上发挥碳减排潜力等科学问题将具有重要意义。

## 1.2 水电开发类型

随着水电开发技术提升，水电开发类型趋于多样化。按照水电站的水源，水电站可分为河流水电站、湖泊水电站、海洋水电站等 3 大类（Wagner et al.，2011）。进一步按照水电站建造方式或者发电方式，河流水电站可分为径流式水电站、引水式水电站和筑坝式水电站；湖泊水电站主要是抽水蓄能水电站；海洋水电站可分为潮汐水电站、波浪水电站、洋流水电站、渗透能水电站等 4 大类。此外，按照装机容量大小，水电站可分为迷你型水电站、微型水电站、小型水电站、中型水电站、大型水电站、超大型水电站，且各国装机容量的大小划分标准不一（Okot，2013；Aslan et al.，2008），如表 1-1 所示。

抽水蓄能水电站严格意义上讲并不是电力生产者，其本质是电力消费者。在电力富余期，该类型的水电站抽取低处的水资源至高处蓄存，而在电力紧缺期，释放高处蓄存的水资源来发电，在抽蓄与释放的循环过程中会存在多种类型的电力损耗。因此，抽水蓄能水电站的主要作用是实现电力的存储以满足电力需求在时间上的波动性（苏学灵等，

2010）。海洋水电站目前还未进行大规模商业利用，还处于技术研发阶段。因此，下文重点介绍河流水电站。

**表 1-1　水电开发类型及特征比较**

| 类型 | 细分 | 特点 | 电力供应类型 | 单站装机容量 |
|---|---|---|---|---|
| 河流水电站 | 径流式水电站 | 低坝（堰），急流，发电量小 | 基荷 | 一般小于 50 MW[2] |
| | 引水式水电站 | 低坝（堰），引水渠，急流，发电量小 | | |
| | 筑坝式水电站 | 中、高坝[1]，蓄水，发电量大 | 基荷，峰荷 | 一般大于 50 MW |
| 湖泊水电站 | 抽水蓄能水电站 | 两个或多个湖泊，上水耗电，下水发电 | 峰荷 | 一般小于 50 MW |
| 海洋水电站 | 潮汐水电站、波浪水电站、洋流水电站、渗透能水电站 | 技术尚不成熟 | 目前无大规模供电能力 | — |

① 坝高小于 5 m 为低坝，又叫堰；5～15 m 为中坝；大于 15 m 为高坝（Dursun et al.，2011）。
② 按照中国水电工程等级划分标准，小于等于 50 MW 为小水电，大于 50 MW 为大水电（Zhou et al.，2009）。

径流式水电站直接坐落于天然河道中，其发电装置通常只需要配合低坝或堰，电站就能利用径流天然落差产生的势能来发电。径流式水电站一般为小水电。当径流式水电站的站址确定后，其发电量与天然径流量成正比。径流式水电站对河道径流无拦截作用，对河流水文情势影响较小，适合建造于小型河流或大型河流的支流上，其在山区电气化过程中起到重要作用（Okot，2013）。

引水式水电站坐落于天然河道之外，除低坝或堰之外，引水式水电站通常还需建设引水渠和前池。引水式水电站一般也为小水电。与径流式水电站相比，一方面，引水式水电站只能利用部分的径流天然落差，其将河流天然径流引出河道之外后，会产生一定长度的减水河段，减水河段的水文情势会发生较大变化；另一方面，引出河道的径流能发挥灌溉、城市供水等功能，产生比径流式水电站更大的综合效益（Pascale et al.，2011）。

筑坝式水电站坐落于天然河道之中，其发电装置一般配合中坝和高坝，通过蓄水调节天然径流来发电。筑坝式水电站的单站装机容量较引水式水电站和径流式水电站高，一般为大水电。筑坝式水电站通过其巨大的调节库容发挥着发电、防洪、供水、便航等复合功能。筑坝式水电站在电力供给中起到重要作用，适合建造于落差较大的大型河流的干流上。世界上著名的中国三峡水电站、美国胡佛水电站和巴西伊泰普水电站等均为筑坝式水电站（Chang et al.，2010；Wagner et al.，2011）。

总体上，与筑坝式水电站相比，径流式水电站和引水式水电站的优点在于一般不涉及或者仅涉及较小面积的蓄水湖库，因而较少造成大面积的淹没和移民搬迁，有利于保护生物栖息地；而缺点在于完全以河流天然径流来发电，无法匹配电力需求的波动性，仅能担任电力供应中的基荷。筑坝式水电站通过湖库蓄水放水来调节发电量，能担任电力供应中的基荷与峰荷。

流域尺度上的水电开发模式通常是径流式水电站、引水式水电站和筑坝式水电站或者小水电和大水电的混合梯级开发，从而形成支流上、干流上游和干流下游上小水电与大水电的串联和并联。梯级水电开发模式有利于充分多级利用水能资源，梯级开发也是我国大型江河上水电开发的主要模式。

## 1.3 水电开发生态影响分析

不同水电开发方式使得产生的生态影响不同，但无论是筑坝式水电工程，还是引水式水电工程，其生态影响都具有明显的空间特征。一般来说，水电大坝建设可以将河流生态系统分为上游库区生态系统和下游河道生态系统。在纵向空间上，水电开发影响范围包括上游库区和坝下 2 个区域；在横向空间上，水电开发影响范围包括陆域、河岸带、水域 3 个空间。而在时间范围上，水电开发影响时期包括施工期和运行期，不同时期的生态效应不同。施工期的主要影响是从陆域—河岸带—水域方向，首先影响陆域生态系统，进而影响河岸带，最终影响水域；运行期的影响是从水域—河岸带—陆域方向，主要是通过对水域的影响，进而影响河岸带，最终影响陆域（崔保山等，2008）。

然而，水电开发对河流生态环境的影响机理复杂，通常会涉及一系列影响因素的交互作用。其影响范围和影响程度也具有较大的不确定性，这与水电开发类型、工程规模和工程所在地的本底生态环境状况都密切相关（王赵松等，2009；Manyari，2007）。比如，水电站的人工湖库蓄水对水质造成的影响来源就可分为内部源和外部源。内部源来自蓄水淹没周边土地和植被，被淹生物质在厌氧条件下发酵产生包括温室气体在内的一系列其他降解物，污染湖库内的水体，严重影响湖库水质。外部源来自库区周边和上游营养物质或污染物在水电站库区内的汇集作用，库区内缓慢的流速和较长的蓄水放水循环周期都不利于水体的自净。内部源和外部源共同造成湖库水体的水质恶化。因此，针对水电开发完整的生态环境影响机理、影响范围和影响程度的研究还在不断进行中。

由此，国内外学者对水电开发带来的生态环境影响纷纷开展不同层面的研究。从水电开发的影响范围来看，对库区的影响主要集中在对底泥淤积和库区陆地生态系统的影响上，有学者从能值角度就水电开发大坝建设的生态成本进行评估，结果表明泥沙淤积带来的损失和库区周边的陆地生态系统损失是水电开发最主要的环境成本（Cui et al., 2011）。对河流生态系统结构的影响，主要通过水生生物的结构和功能变化来表征，这是由于大坝建设捕获大部分沉积物，减少水流中营养物质，从而会降低生物生产力（Kummu et al.，2007）。如对澜沧江中游水电开发前后的浮游植物的群落组成、生物量和生态完整性变化情况的研究结果（蔡荣，2012）表明，大坝建设对浮游植物的组成和种群丰富度都有显著影响，从而对河流的整个生态系统健康带来影响。除此之外，通过典范对应分析法对河岸带植被进行生态梯度分析，结果表明，纬度和高度是影响植被格局分布的最主要因子。而大坝建设尤其是梯级水电开发增加了生境破碎度，减小了主要植被的分布范围，从而降低了沿岸植被的多样性，带来整个流域植被损失（Li et al.，2013）。

然而，在对水电生态影响的研究过程中，单一类型的影响研究不能够完全反映水电工程对流域或区域整体影响程度，因此有学者从生态系统结构和功能两个方面，构建水电开发河流的生态系统完整性的评价模型，结果表明水电开发前后河流生态完整性指数显著地下降（Zhai et al.，2010）。与此同时，基于生态系统服务价值变化的水电开发生态环境影响研究日益增加（如表1-2所示），这为水电开发的生态补偿奠定了良好的基础。

**表1-2 水电开发生态系统服务价值评估体系**

| 序号 | 案例区 | 指标建立原则 | 指标个数/个 | 参考文献 |
|---|---|---|---|---|
| 1 | 美国密西西比河 | 经济可行性、社会可接受性、生态健康三方面 | 10 | Prato，2003 |
| 2 | 广东河源市水电开发 | 河流的供给、支持、调节、文化四类服务 | 13 | 莫创荣，2006 |
| 3 | 长江三峡水电开发 | 河流生态系统产品和服务两大类 | 13 | 肖建红等，2006 |
| 4 | 澜沧江水电开发 | 水电开发对河流的正负影响 | 13 | 魏国良等，2008 |
| 5 | 四川省杂谷脑河水电开发 | 选择以人为享受对象的服务类别 | 7 | 王洪梅，2007 |
| 6 | 西藏羊卓雍湖水电抽水蓄能水电站 | 河流生态系统直接和间接价值 | 8 | 李朝霞等，2011 |
| 7 | 福建水电开发 | 流域的供给、调节、文化、支持四类生态服务 | 13 | Wang et al.，2010 |

### 1.3.1 小型水电开发生态影响分析

引水式水电站是较为常见的小型水电工程。引水式水电站的主体工程主要由溢流堰、引水渠、前池、发电厂房和尾水渠组成（Pascale et al.，2011）。引水式水电站建设从筹建工程、准备工程到主体工程建设完工的过程中，与筑坝式水电站建设类似，也涉及公路、桥梁、水渠、房屋、供电通信系统、砂石料开采及加工系统、混凝土拌和系统、机修及综合加工系统、金属结构安置、混凝土浇筑和机电设备安装等工程项目。这类工程项目的建设不可避免地涉及工程占地以及水、气、声、渣等方面的生态环境影响。然而与筑坝式水电站不同的是，引水式水电站溢流堰的建设不会形成较大面积的湖库，但是水电站的引水作用会造成下游河道径流减少。因此，下文分别综述引水式水电站站址周边的生态环境影响和下游生态环境影响。

引水式水电站在站址周边的生态环境影响主要是主体工程建设的生态环境影响，包括工程建设过程中的环境污染、水土流失，生境破坏和工程占地，都表现为负效应。

与筑坝式水电站不同，一方面，引水式水电站的溢流堰高度较低，一般对河流连通性的影响较小，因此，在河流连通阻断造成的泥沙淤积和鱼类生境破坏方面，引水式水电站的影响较小；另一方面，引水式水电站较低的溢流堰不会形成大面积的人工湖库，生境破坏规模较小，一般较少造成大规模的移民，而由工程占地引起的土地利用变化更多的是转变为建筑用地，可能会加剧生态系统生产力的降低（Hennig et al.，2013）。

引水式水电站的引水过程直接形成引水口与尾水口之间的减水河段。减水河段因为径流量的减少，影响河道生态系统的纳污自净、生境供给和营养循环等生态功能。引水式水电站的减水河段类似于筑坝式水电站在丰水期蓄水过程中形成的下游减水河段，但是引水式水电站终年引水，减水河段终年存在，而筑坝式水电站形成的减水河段只存在于丰水期，筑坝式水电站在枯水期的放水会使原减水河段转变为增水河段，继而该河段经历着丰水期减水和枯水期增水的循环变化过程。此外，部分引水式水电站为了发挥灌溉供水功能，其发电尾水没有返回河道，会造成更长距离的减水河段。

与筑坝式水电站不同的是，因为不存在明显的低温尾水、尾水冲刷和蓄水调洪等问题或功能，引水式水电站对下游生态环境的影响主要表现在单一的减少径流量方面，然而过长的减水河段也会对河道、近河岸和河口生态系统带来显著影响（吴乃成等，2007）。

### 1.3.2 大型水电开发生态影响分析

筑坝式水电站是最为典型的大型水电工程。筑坝式水电站的主体工程主要包括大坝和（坝后）发电厂房，而大坝一般由挡水坝、溢流坝、厂房坝段、冲砂底孔坝段等组成。筑坝式水电站建设从筹建工程、准备工程到主体工程建设完工的过程中，包括公路、桥梁、水渠、房屋、供电通信系统、砂石料开采及加工系统、混凝土拌和系统、机修及综合加工系统、金属结构安置、混凝土浇筑和机电设备安装等工程项目（樊启祥等，2011）。这类主体工程项目的建设都会涉及工程占地以及水、气、声、渣等方面的生态环境影响。此外，筑坝式水电站因其大坝建设形成界限明显的两个空间范围，分别是库区和下游。下文分别综述筑坝式水电站的库区生态环境影响和下游生态环境影响。

库区生态环境影响包括主体工程建设的生态环境影响和湖库形成带来的生态环境影响。主体工程建设的生态环境影响主要是负效应，湖库形成既有正效应，也有负效应。负效应主要表现在主体工程建设造成的环境污染、水土流失和连通阻断，工程建设和湖库形成后的生境破坏，以及主体工程建设和湖库形成后的土地占用。正效应主要表现在湖库形成后的水源涵养功能。

环境污染主要是指水电站主体工程建设过程中的生产废水、废气和废渣排放以及生产过程中的噪声，对工程附近水体、大气、土壤和声环境造成的污染。大坝建设是筑坝式水电站的主要工程建设项目。环境污染以水体污染为主，水体污染源主要为砂石骨料加工系统的生产废水、混凝土拌和系统的冲洗废水、机械修配保养系统的含油废水、围堰基坑的渗漏污水以及水电站员工生活污水等五类。水体污染主要发生于水电站建设期，尤其是建设期的河道枯水时段，枯水期河道径流的减少导致水体环境容量下降。运行期水体污染源主要来自水电站员工的生活污水，生活污水排放总量较少（陈庆中等，2012；李桂媛等，2013；张丽亚，2013）。

水土流失主要是指水电站工程开挖后，破坏或扰动下垫面自然条件，由此引发的局地水土保持功能下降而新增水土流失面积或加大水土流失强度。新增水土流失主要发生在建设期，筑坝式水电站在运行期将大量陆地转变为水域，客观上避免了新增水土流失。建设期各种施工活动的占压、开挖扰动、土石方回填以及弃渣堆放等都可能新增水土流失。水电站建设期的水土流失范围包括主体工程区、渣场区、料场区、施工道路区、生活区以及移民安置区等（雷俊杰等，2011；曾立清，2004）。

连通阻断是指大坝建设后对河流的截断，导致河流的水沙运输和生物洄游的正常通道受阻。连通阻断最直接的后果是库区泥沙淤积和河道水生生物多样性下降，尤其是鱼类，甚至会造成下游渔业大量减产（Hatten et al.，2009）。由于大坝的隔阻作用，入库径流速度放缓，径流挟沙能力下降，在库区造成泥沙淤积。

生境破坏是指工程建设和湖库形成过程中，局地的天然河流生态系统转变成人工湖库生态系统，原库区陆地转化成水域和建设用地后，破坏了库区原有的陆地生物生境和人类生境。工程占地和湖库淹没大幅破坏库区原有的地表植被，改变了地表景观结构，破坏或者压缩了库区陆生生物的生存空间，影响对象主要是鸟类、兽类、爬行动物等较为敏感的大型动物（吴柏清等，2008）。湖库蓄水经常会淹没人类居住地，产生移民，而移民安置也经常是水电开发不可回避的敏感的社会问题（刘灵辉等，2011）。

土地占用直接带来土地利用变化，水电站主体工程建设和湖库形成过程中，将耕地、林地、草地和未利用地转变为水域和建设用地（师旭颖等，2009；Ouyang et al.，2010），这个土地利用变化过程会引起生态系统的净初级生产力（net primary productivity，NPP）

和净生态系统生产力（net ecosystem productivity，NEP）降低。由于耕地、林地和草地一般具有较高的生态系统生产力，而水域和建设用地的生态系统生产力相对较低，水电开发造成的土地利用变化过程实际上是在降低生态系统的生产力（Xu et al.，2011）。

水源涵养是指调节、改善水量或水质的一种功能。筑坝式水电站的水源涵养功能表现在人工湖库对河流径流的调节作用，是一种针对水量的水源涵养（Yüksel，2010）。我国受季风气候的影响，河流的天然径流存在明显的丰枯差异。特别在我国西南地区，水资源总量丰富，但受限于地形地貌特征，取水条件较差，丰水期大量的水资源得不到有效利用，枯水期有限的水资源又难以满足地区经济社会发展需求，存在较为严重的区域性工程性缺水问题。筑坝式水电站以其较大的库容能在丰水期存蓄大量水资源，并在枯水期释放。丰水期蓄水降低下游河道径流，枯水期放水增加下游河道径流。筑坝式水电站这种针对水量的水源涵养功能可以有效解决工程性缺水问题。除供水以外，筑坝式水电站针对水量的水源涵养功能还具有一系列其他正效应，水电站的径流调节过程同时起着防洪、便航等多种功能。水电站通过蓄水削弱汛期洪峰，减免下游地区的洪涝灾害；通过放水增加枯水期下游河道径流，增加河道水深，便于下游水运航行（Batalla et al.，2004）。

上述水源涵养功能具体表现在水库对河流径流的调节作用以增加下游地区的供水、防洪和便航功能。另外，水电站的水源涵养功能也会在库区产生一系列间接效应。①水电站的水源涵养形成巨大的水域面积和深水区，有利于在库区进行水产养殖，增加水产品供给。②可以在水域上进一步开发文娱项目，增加其文化娱乐价值。③巨大水域的形成起着调节局地小气候的作用，降低局地温差，增加局地降雨和空气湿度等，可能有利于局地植被生长（Li et al.，2011）。

筑坝式水电站蓄水放水的径流调节过程造成下游河道水文情势变化，包括水温、水量、流速变化等多方面。主要表现为下游河道水量年内变化缩小，各季节水位趋于平均化，径流平均化又削弱了洪泛频率和洪泛强度，使依赖洪泛传播的生物种群数量锐减，甚至使得以洪泛补给地下水和营养元素的下游洪泛平原生态系统出现衰退（Kuenzer et al.，2013）。水文情势变化是造成下游一系列生态环境影响的根本原因，包括对河道、近河岸、河口等生态系统的影响，主要表现为负效应（翟红娟等，2007）。

下游近坝河道是受水电开发影响最剧烈的河段，受水电站发电尾水的周期性反复冲刷，导致河床底质不稳定而出现河床演变。而发电尾水作为低温水，通常需要经过一定距离的流动后才能恢复正常水温（刘兰芬等，2007）。低温尾水与尾水冲刷是影响近坝河道生态系统的主要因素，其对近坝河道的浮游植物、藻类、浮游动物以及底栖动物的数量与结构都具有较大影响，特别是底栖动物可能失去赖以生存的物质基础，无法稳定栖息，而使其在近坝河道变得特别贫乏（蔡荣，2012）。近坝河道受水电开发影响的长度与水电站工程特性和本底自然环境条件都有关。

近河岸受河流水分和矿物质补给，是陆生生物和两栖生物多样性较为丰富的生态系统。水电开发后由于大坝拦截和调洪蓄水，河流补给河岸水分和矿物质的正常生态过程受阻，可能会出现河岸生态系统退化现象（Takahashi et al.，2011）。

筑坝式水电站未建设前，河流根据其自然洪泛规律，定期或不定期地利用洪水夹杂着大量泥沙向河岸蔓延，泥沙中大量矿物质累积在近河岸上，丰富的矿物质结合近河岸充足的水分条件，为近河岸生态系统丰富的生物多样性提供了物质条件。筑坝式水电站建设后，其蓄水调洪大幅降低下游的洪泛频率和洪泛强度，使得河流补给河岸水分和矿物质的范围和量都大幅缩减。加上筑坝式水电站的泥沙拦截功能，可能使下游河道的泥沙量锐减，继而进一步削弱河流补给河岸水分和矿物质的范围和量，随之产生的河岸生态系统退化有可能进一步加剧河岸侵蚀（Klaver et al.，2007）。与水电开发对近河岸生态系统的影响类似，筑坝式水电站建设运营后，会影响入河口的径流量和泥沙沉积，可能会造成河口湿地萎缩（Zeilhofer et al.，2009）。

## 1.4 小结

随着区域人口增长、经济规模扩大和生活水平提高，水资源消耗总量和能源消耗总量都在逐渐增加，而人均水资源量在逐渐减少，通过水电开发活动以提高水资源和能源的可利用量显得十分必要。然而，水电开发在提高水资源和能源可利用量的同时，也在减少区域水资源总量。同时，为了获得更多的能源，我们也不能穷尽水能资源去开发水电，尤其是在生态环境脆弱和生态屏障功能独特的西藏地区，基于生态环境保护前提的适度规模应该是当地未来水电发展的方向。此外，在国际温室气体减排的大背景下，应该更加重视如何实现水电的低碳优势，仅仅兼顾生态环境保护要求来发展水电已经不够，还应该充分挖掘生态环境保护下稀缺水能资源的温室气体减排潜力。因此，具体需要进一步研究的内容如下。

（1）如何缓解水电开发在碳减排与耗水之间的矛盾

水电开发规模越大，其碳减排潜力也越大，而同时其耗水量也越大，此为水电开发在碳减排与耗水之间的矛盾。过分追求水电开发的碳减排潜力，必然会额外消耗大量水资源，引起区域性的水资源危机。耗水是水电开发碳减排的代价，单位耗水量的碳减排潜力可看作水电站的碳减排效率，而不同水电开发类型（筑坝式和引水式）的碳减排效率不同。因此，基于不同水电开发类型的碳减排效率分析，可以为流域水电开发类型选择服务，协同解决水电开发在碳减排与耗水之间的矛盾。

（2）如何兼顾碳减排与生态环境保护来确定流域水电开发的适度规模

水电开发规模越大，其碳减排潜力越大，而同时对流域生态环境的影响程度也越大，此为水电开发在碳减排与生态环境破坏之间的矛盾。过分追求水电开发的碳减排潜力，可能引起区域性的生态环境问题。在兼顾生态环境保护的前提下，河道生态需水被广泛地采用作为流域水电开发的约束条件，在一定程度上约束了流域水电的可开发规模。兼顾碳减排与生态环境保护应该是在流域生态环境保护的前提下充分挖掘水电开发的碳减排潜力，进一步将水电开发的碳减排潜力作为新进优化目标，形成以水资源为约束条件、以碳减排为优化目标的水-碳耦合的流域水电开发适度规模优化方法。

# 第 2 章　水电开发的水-碳耦合理论框架

水-碳耦合过程通常是指自然水通量过程和自然碳通量过程通过内在机制而存在耦合效应或较强的相关性，该过程发生在叶片、冠层和生态系统等多个尺度（刘宁等，2013；张宝忠等，2013）。水电开发的水-碳耦合过程是指与水电开发相关的水通量与碳通量之间存在联动变化过程。下文将基于植被和水电站的水-碳耦合过程分析来构建水电站的水-碳耦合理论模型。

## 2.1　水电开发的水-碳耦合过程分析

植被普遍存在固碳与耗水之间的矛盾，即植被的水-碳耦合效应体现在植被的固碳功能是以其耗水为代价（刘宁等，2012）。以叶片尺度为例，气孔作为水分和 $CO_2$ 的通道，蒸腾作用是通过气孔将植被体内的液态水蒸发为气态水，以充分张开气孔。气孔充分张开的同时有利于叶片吸收 $CO_2$，被吸收的 $CO_2$ 参与光合暗反应的卡尔文循环，$CO_2$ 连通叶片中的其他物质一起被合成为糖类，实现了耗水与固碳之间的结合。此外，水分作为光合作用的原料，在叶绿体中被分解成 $O_2$、$H^+$和电子，随后 $H^+$和电子参与暗反应中的卡尔文循环，实现固碳功能。也就是说，在叶片实现固碳功能的同时，其耗水途径分为蒸腾耗水和光合原料耗水，其中又以蒸腾耗水为主。植被通过叶片的蒸腾作用和光合作用实现了水-碳耦合过程（如图 2-1 所示）。

水电站也存在固碳与耗水之间的矛盾，水电站的水-碳耦合效应也体现在水电站的固碳功能是以其耗水为代价。筑坝式水电站和引水式水电站分别通过蓄水和引水，利用水的势能发电，同时发电尾水回归河道，其发电量与其蓄水量或引水量成正比。水电作为低碳能源，其温室气体排放强度远低于火电的温室气体排放强度。水电运输至目标电网后，部分替代电网内部的火电，这个能源替代过程将使目标电网整体的温室气体排放强度降低，实现了 $CO_2$ 减排功能，达到了固碳效果（如图 2-1 所示）。然而，水电站蓄水形成的人工湖库存在表面蒸发，此部分可称为绝对水资源消耗；同时蓄水或引水过程都会暂时降低下游河道径流，该部分蓄水量和引水量通过发电尾水回归河道后，径流减少效应才消失，此部分可称为相对水资源消耗。也就是说，水电站在利用径流发电后，将实现间接的固碳功能，而发电过程存在绝对水资源消耗和相对水资源消耗，即水电站通过发电过程和能源替代过程实现了水-碳耦合效应（如图 2-2 所示）。

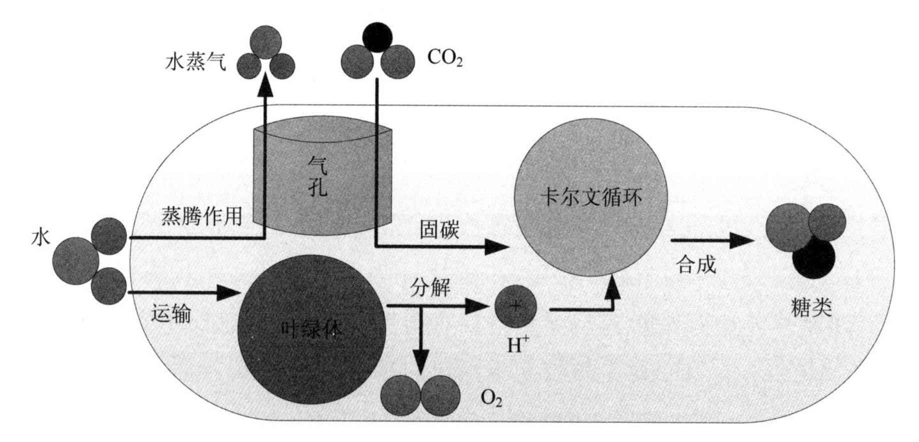


图 2-1　植被的水-碳耦合过程示意

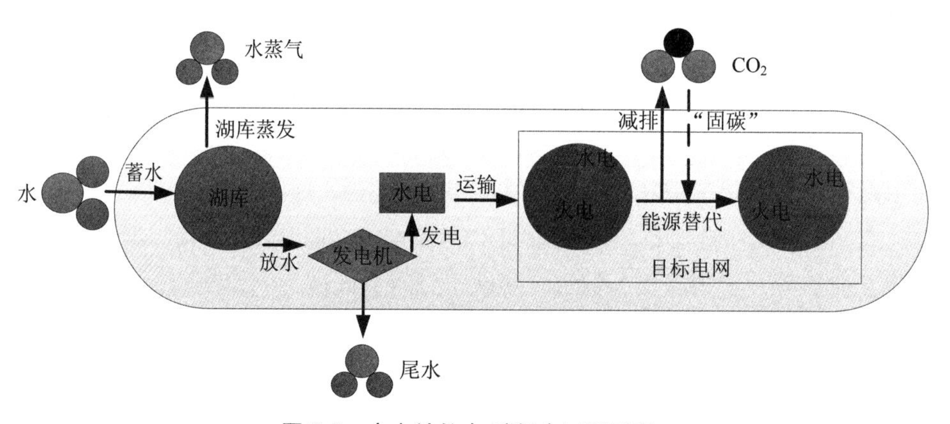


图 2-2　水电站的水-碳耦合过程示意

也就是说，植被的蒸腾作用-光合作用系统和水电站的水力发电-能源替代系统存在着相似的水-碳耦合过程。两者的水-碳耦合过程的核心是：在增加系统之外水蒸气的同时，减少系统之外的 $CO_2$，即在耗水的同时实现了碳减排目标，碳减排潜力的实现是以耗水为代价的。下文将具体分析植被和水电站在水-碳耦合过程中的相似性。

植被的水-碳耦合过程与水电站的水-碳耦合过程的相似性对比如表 2-1 所示。植被和水电站都可以视为能量转化站，植被将光能转化为化学能，水电站将势能转化为电能。①就耗水来说，植被通过蒸腾作用将地表水或地下水转化为气态水，同时贮藏部分水资源于植被体内，植被同时消耗“绿水”（土壤水）和“蓝水”（地表水）；水电站通过蓄水形成人工湖库，人工湖库存在表面蒸发，类似于植被的蒸腾耗水，同时水电站湖库或前池的蓄水量类似于植被贮藏部分水资源于体内，水电站消耗“蓝水”。②就水源涵养来说，植被可在雨季通过吸收水分贮藏于体内，待旱季利用；水电站湖库在丰水期蓄水，在枯水期放水，平衡径流季节分配。③就排碳来说，植被通过呼吸作用消耗糖类，排放 $CO_2$；水电站在建设过程中消耗能源与材料而排放 $CO_2$，水电站在运行期湖库也会排放温室气体。④就固碳来说，植被利用 $CO_2$ 作为原料之一，通过光合作用合成糖类，从而降低大气中的 $CO_2$ 浓度；水电站生产的水电运输至目标电网后，实现水电部分替代火电的能源替代过程，整体上减少电网的温室气体排放总量，达到固碳效果。⑤就固碳效率来说，固碳效率可理解为耗用单位水资源的固碳量，不同植被具有不同的固碳效率，不同水电站类型也具有不同的固碳效果。

**表 2-1 植被与水电站的水-碳耦合过程的相似性**

| 相似点 | 植被 | 水电站 | 备注[1] |
|---|---|---|---|
| 能量转化站 | 将光能转化为化学能 | 将势能转化为电能 | 能源供给 |
| 耗水过程 | 将土壤水蒸发，植被体内储水 | 将地表水蒸发，水电站湖库或前池蓄水 | 水足迹 |
| 水源涵养 | 在雨季贮藏水分于体内，待旱季利用 | 在丰水期蓄水，在枯水期放水，平衡径流季节分配 | 生态功能 |
| 排碳过程 | 呼吸作用排放 $CO_2$ | 建设期能源和材料消耗的碳排放，运行期湖库的碳排放 | 碳足迹 |
| 固碳过程 | 将 $CO_2$ 作为原料合成糖类（直接固碳） | 在电网中实现能源替代，减少电网的 $CO_2$ 排放（间接固碳） | 碳减排效应 |
| 固碳量 | 与植被规模和植被类型相关 | 与水电站规模和水电站类型相关 | 适度规模 |

① 备注解释只针对水电站。

因此，水电开发的水-碳耦合过程主要涉及水电开发的耗水与碳减排潜力，而其碳减排潜力与水力发电自身的碳排放量相关。下文分别分析水电开发的耗水途径和碳排放途径。

## 2.2 水电开发的耗水途径分析

水电开发的耗水量可理解为其水足迹，水足迹是基于消费理念，反映在一定时期内消耗的所有产品和服务中所隐含的水资源消耗量（戚瑞等，2011）。水电站在建设期（材料生产、运输和组装过程）和废弃等过程中的耗水量主要指所消耗材料和能源的隐含水资源消耗，是一类间接水足迹，其并不会明显减少目标流域的径流总量。水电站直接消耗目标流域径流的直接水足迹出现在运行期，为此，本研究中水电开发的水足迹核算着重于水电站对河道径流的减少，表现在以下两个方面。

第一层次，水电站的水资源绝对消耗。水电站蓄水后形成一定面积的湖库，湖库水面的表面蒸发直接将地表液态水转化为气态水，减少地表径流。水电站的水资源绝对消耗与水电站的湖库面积成正比，同时也受当地气象条件影响。此外，水电站湖库还存在水资源的渗漏损耗。虽然水电站湖库的渗漏损耗也会在绝对量上一定程度地降低地表径流，但渗漏损耗是将地表水（“蓝水”）转化为土壤水（“绿水”），由于“蓝水”和“绿水”均属于水足迹范畴，渗漏并不会增加水电开发的水足迹。因此，本研究中水电站在第一层次的水资源绝对消耗专指水电站湖库的水资源蒸发损耗。

第二层次，水电站的水资源相对消耗。水电站的发电过程是将水的势能转化为机械能，再将机械能转化为电能的过程，发电尾水返回河道。水电站的发电过程本质上并不减少河道径流，水电站对河道径流的减少源于水电站对下游河道径流情势的改变，从而影响下游用水主体的正常用水。河道径流情势的改变来自水电站对径流的利用方式，蓄水或者引水都会暂时性造成下游河道减水，从而出现耗水效应。筑坝式水电站在丰水期蓄水和枯水期放水，以及引水式水电站的引水过程都是将河流水资源进行时空转移。尽管水资源的时空转移过程并没有从绝对量上降低河流水资源总量，但会造成减水河段的定期存在，从而形成水资源的相对消耗。

也就是说，从水电站运行对下游用水主体的用水影响来看，水电开发过程的耗水途径包括绝对减少过程和相对减少过程。

## 2.3 水电开发的碳排放途径分析

在政府间气候变化专门委员会（Intergovernmental Panel on Climate Change，IPCC）2006 年出版的《国家温室气体排放清单指南》中，从能源、工业过程与产品使用、农林业土地与其他土地利用、废弃物等 4 个方面指导性地推荐了各类碳排放途径的计算方法，即上述 4 个方面的活动行为都会造成碳排放。能源方面的碳排放行为包括燃料燃烧活动、燃料的逸散排放和 $CO_2$ 的运输储存等 3 大类。工业过程与产品使用方面的碳排放行为包括采掘工业、化学工业、金属工业、电子工业、非能源产品使用、臭氧损耗替代使用和其他产品使用等 7 大类。农林业土地与其他土地利用方面的碳排放行为包括牲畜养殖与粪便、土地利用与转化、土地非 $CO_2$ 排放源等 3 大类。废弃物方面的碳排放行为包括固体废物处置、固体废物焚烧、废水排放与处理等 3 大类。《国家温室气体排放清单指南》

从碳排放关键类别方面给出了很详细的排放因子，结合相应的活动数据，可计算出国家尺度上的碳排放总量。

在国际标准化组织（International Organization for Standardization，ISO）同年出版的《温室气体排放清单与验证标准》中，某个产品或者某个企业的碳排放的计算边界应该包括 3 个层次，分别是现场直接排放、现场间接排放和其他间接排放。现场直接排放来源于化石能源的燃烧消耗或者其他过程的直接排放；现场间接排放来源于电力、热力和蒸汽消耗所造成的隐含碳排放；其他间接排放主要指与该产品（企业）相关的上游和下游产业链上的所有直接排放和间接排放。同时，该标准也给出了能造成温室气体排放行为的 4 个活动大类，分别是能源消耗、物质生产、服务供给和土地利用（如表 2-2 所示）。《温室气体排放清单与验证标准》是从产品和企业的角度，推荐其碳排放边界划定与排放量计算。

表 2-2　ISO 指导性的碳排放层次与活动来源

| 条目 | 分类 | |
|---|---|---|
| 排放层次 | 现场 | 能源消耗和其他过程的直接排放 |
| | | 电力、热力和蒸汽消耗的间接排放 |
| | 非现场 | 产业链上下游其他部门的直接排放和间接排放 |
| 活动来源 | 能源、燃料和电力消耗 | |
| | 物质生产 | |
| | 服务供给 | |
| | 土地利用 | |

可以看出，《国家温室气体排放清单指南》和《温室气体排放清单与验证标准》至少都共同明确地认为能源消耗、产品生产和土地利用等 3 类活动应该纳入碳排放量计算范畴，同时应该兼顾废弃物排放和服务供给造成的碳排放量计算。

水电开发的间接碳足迹计算的是水电站主体工程建设过程中能源和材料消耗的隐含碳足迹，能源消耗的碳足迹主要是指工程开挖建设过程中的化石能源和电力热力消耗的碳排放，材料消耗的碳足迹主要是指材料生产、运输和组装过程中的碳排放。因此，依据《国家温室气体排放清单指南》，水电站的间接碳足迹包括能源和工业过程的碳排放；依据《温室气体排放清单与验证标准》，水电站的间接碳足迹包括碳排放的 3 个层次，并计算了能源消耗和物质生产两方面的碳排放。

水电开发的直接碳足迹计算的是湖库淹没原有植被后，厌氧条件下植被腐化分解的 $CH_4$、$N_2O$ 和 $CO_2$ 等温室气体排放总量。水力发电过程不直接消耗化石能源，水电站通过蓄水发电，蓄水淹没植被，植被腐化分解过程直接释放温室气体。因此湖库的直接碳足迹可理解为水电站的现场直接排放，并可以纳入土地利用变化的碳排放范畴中。

然而，除上述间接碳排放与直接碳排放行为之外，水电开发还具有一系列其他碳排放和碳清除行为。

水电站建设过程中，水、气、声、渣方面造成的环境污染会降低生态系统的自净能力，继而降低库区周边生态系统服务功能。为了减小水电站建设过程中的环境污染影响，一系列相关的污染处理工程（恢复工程）建设将与水电站主体工程建设同步进行。恢复工程建设的目的是减少污染物排放量和恢复生态环境质量，恢复工程建设过程中的能源和材料消耗不可避免地产生碳排放，而此类碳排放行为属于与《温室气体排放清单与验证标准》的广义服务（生态系统服务）供给相关的碳排放范畴。因此，环境污染造成的碳排放属于水电开发的间接碳足迹范畴。

与环境污染类似，水电站建设与运营会带来库区周边的水土流失、河流连通阻断、生境破坏等负效应，其缓解依赖于相关的恢复工程建设。而恢复工程建设过程中的能源和材料消耗会造成碳排放，这都属于水电开发的间接碳足迹范畴。

土地占用直接造成土地利用变化，可能会引起该区域的生态系统生产力下降。由于净初级生产力和净生态系统生产力都以净碳吸收（固碳量）为表征，因此土地利用变化实际上是改变了生态系统的固碳量，可能造成间接碳排放。因此，土地占有的间接碳排放或碳清除也属于水电开发的间接碳足迹范畴。

此外，水电站运营过程中，库区蓄水形成的人工湖库发挥水源涵养功能，继而产生防洪、供水、便航、调节局地气候等一系列间接正效应，增加库区周边相关的生态系统服务。这些正效应能抵消相关的影子工程建设过程中的能源和材料消耗带来的碳排放，属于《温室气体排放清单与验证标准》的广义服务供给相关的碳清除范畴。因此，水电站库区的水源涵养功能带来的间接碳清除可以降低水电开发的碳足迹，也应该纳入水电开发的间接碳足迹核算范畴。

水电开发的碳减排功能发生在水力发电替代目标电网中的化石能源电力系统的过程中。由于水力发电通常具有较低的单位碳排放量，而化石能源电力系统具有相对较高的单位碳排放量，因此这个能源替代过程将具有碳减排潜力。

## 2.4 水电开发的水-碳耦合理论模型

基于上述水电开发的水-碳耦合过程、水电开发的耗水途径和碳排放途径分析，构建水电开发的水-碳耦合理论模型如下：水电站利用河道径流发电，水力发电过程由绝对水资源消耗和相对水资源消耗造成下游河道径流减少，水力发电量替代目标电网中的化石能源电力系统后，较低碳排放量的水力发电将产生碳减排潜力，目标电网中能源替代过程的碳减排潜力与水力发电过程的水资源消耗组成水电开发的水-碳耦合过程。同时，在满足下游河道生态需水和流域产业用水的前提下，流域内可供水电站利用的水资源的稀缺，即水资源约束在一定程度上限制了水电开发的碳减排潜力（如图2-3所示）。

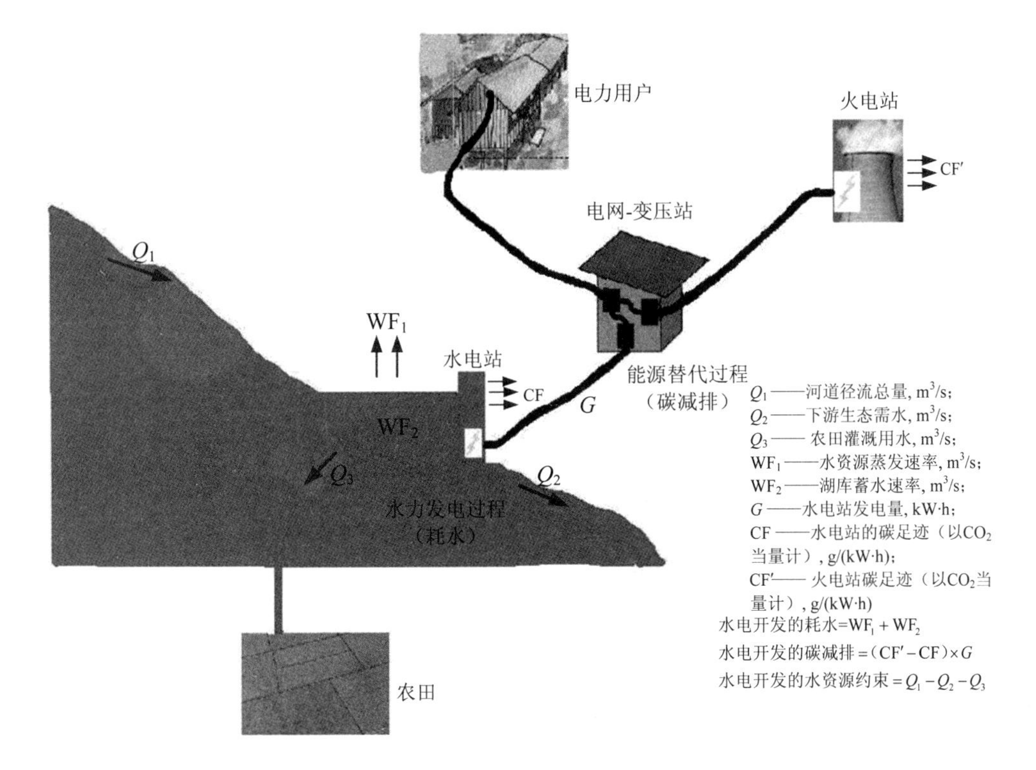


图2-3　水电开发的水-碳耦合理论模型示意

植被的水-碳耦合过程以叶片中的气孔为媒介，蒸腾作用越强，水分蒸发越多的同时气孔导度也越大，从而吸收更多的$CO_2$，使得植被的耗水量与固碳量在一定程度上成正比。

水电站的水-碳耦合过程以水电站的湖库为媒介，湖库蓄水抬高水电站的发电水头，带来更多的发电量（碳减排潜力），湖库蓄水的同时湖库面积和体积都在增加，这将带来更多的水资源绝对消耗和相对消耗，从而使得水电站的耗水量与碳减排潜力在一定程度上也成正比。同时，在兼顾下游河道生态需水和流域产业用水的前提下，可供水电站消耗的水资源是稀缺的，即其存在水资源约束，而水电开发的水资源约束在一定程度上限制了水电开发的碳减排潜力。

## 2.5 小结

水电站具有内在的水-碳耦合过程，其碳减排潜力是以耗水为代价。水电站的碳减排潜力发生在水力发电系统替代目标电网中的化石能源电力系统的过程中，水电站的耗水表现在水力发电过程对下游河道径流的绝对减少和相对减少。水电站以其湖库为媒介，使其耗水量与碳减排量在一定程度上成正比，实现水电开发的水-碳耦合过程。

水电开发的水-碳耦合理论模型是本章的中心，第 3 章和第 4 章将进一步核算出不同水电开发类型的水-碳耦合效应，并基于水电开发的水-碳耦合效应构建水电开发适度规模的计量模型，继而以拉萨河流域为案例，开展流域水电开发的适度规模优化。

# 第 3 章　水电开发的水-碳耦合效应

基于第 2 章水电开发的水-碳耦合过程分析，水电开发的水-碳耦合效应可理解为水电开发过程中由水通量变化带来的碳通量的联动变化机制，可基于水-碳耦合系数来表征。水电开发的水-碳耦合系数即其达到单位碳减排潜力的耗水量或径流利用量，体现了水电开发过程中的耗水量与碳减排之间的内在耦合机制。

相较于其他化石能源电力系统，水电开发的碳足迹较小，水电开发具有一定的碳减排潜力。然而，由于水电开发过程的水资源消耗，水电开发的能源供给与碳减排潜力往往以耗水为代价。为此，本章综合考虑不同水电开发类型的水足迹和碳足迹，开展水电开发过程中在耗水与碳减排之间的水-碳耦合系数的定量评价。随着水电开发规模增加，由水电站耗水造成的流域水资源问题将日渐突出。研究不同水电开发类型的水-碳耦合效应有助于提高流域尺度上水电开发的水资源利用效率。

## 3.1　水电开发的水足迹

### 3.1.1　水电开发的水足迹综述

水足迹概念由荷兰学者 Hoekstra 提出，是指人类消费的产品和服务中所隐含的虚拟水，反映的是一定时间内的淡水资源消耗总量，包括“蓝水”（地表水）、“绿水”（土壤水）和“灰水”（稀释污水的淡水消耗）（Hoekstra et al.，2007）。就水电开发来说，其水足迹可理解为其生命周期内的水资源消耗总量，包括产业链上游（材料制造与安装）和下游（输电）的间接水足迹和产业链中游（发电）的直接水足迹。

#### 3.1.1.1　间接水足迹

间接水足迹是隐含在水电开发产业链上游和下游，由材料和能源消耗造成的水资源消耗，水电开发的间接水足迹类似于一般工业生产的水足迹（贾佳等，2012）。水电开发的间接水足迹与工程规模和工艺流程相关，包括“蓝水”、“绿水”和“灰水”消耗。间接水足迹的核算需要先确定系统边界，至少应该包括工业原料、辅料和能源的隐含虚拟水以及水作为直接原料投入的实际水，同时还应该考虑工艺流程中废污水排放产生的“灰水”消耗。然而，由于间接水足迹产生于水电开发的产业链上游和下游，并不会对水电站站址当地的河道径流产生影响，目前还未见水电开发的间接水足迹相关报道。此外，由于水电站产业链上游和下游一般都属于外地的工业生产，其水足迹核算一般已经纳入外地的水足迹或工业水足迹核算中，而水电开发的水足迹主要是核算产业链中游（发电）过程的直接水资源消耗。

#### 3.1.1.2 直接水足迹

直接水足迹隐含在水电开发的产业链中游，主要指其发电过程由湖库水面蒸发造成的水资源消耗，为“蓝水”消耗（Mekonnen et al.，2012）。筑坝式水电站蓄水形成人工湖库，湖库淹没原库区周边的陆地生态系统，变陆地蒸散发为湖库表面蒸发。因此，水电开发的直接水足迹核算方法包括湖面蒸发核算法、湖面净蒸发核算法以及水量平衡法（Herath et al.，2011）。

水电开发的直接水足迹不仅与水电站的湖库面积正相关，也与水电开发当地的气象条件有关（石萍等，2014）。由于地理气象条件的差异，全球不同区域的水电站的直接水足迹相差很大，变化范围为 0.1～499 $m^3$/GJ，而其直接水足迹的平均值范围为 22～68 $m^3$/GJ（Mekonnen et al.，2012；Herath et al.，2011）。随着水电开发规模的扩大，水电开发的直接水足迹越来越不可忽视，由水电站湖库额外增加的水资源消耗已逐渐成为全球性的水资源管理难题。用水电开发的直接水足迹与其他能源发电系统的水足迹相比，水电开发的水足迹仅次于生物能源发电系统，而远高于其他可更新能源发电系统和化石能源发电系统（Gerbens-Leenes et al.，2009）。

此外，由于水电站除发电功能之外，通常兼备防洪、灌溉、便航等多种复合功能，所以有学者提出应该根据综合效益分摊方法来计算水电站发电功能的水足迹，这降低了水电站的水足迹（赵丹丹等，2014）。然而，水电站湖库虽然发挥着诸多功能，其水面蒸发损耗确实是水电站的水资源损耗，而其损耗强度既可以根据单位水电站的装机容量的水资源消耗来表示，也可以根据单位发电量的水资源消耗来表示，效益分摊后可得到发电功能的水资源消耗，但湖库蒸发损耗才是水电站的水足迹。

整体上看，水电开发的直接水足迹会减少河道径流，湖库表面蒸发后降低下游河道的实际径流。然而，水电站在蓄水和引水过程中也会降低下游河道径流，当发电尾水回归河道后，这部分径流减少量才得以弥补。因此，就减少河道径流来讲，水电开发的水足迹一方面来自湖库蒸发的绝对水资源消耗，另一方面来自湖库蓄水或引水过程的相对水资源消耗。

### 3.1.2 水电开发的复合水足迹系统

水电开发的水足迹反映的是一定时间内水力发电的淡水资源消耗总量。从第 2 章水电开发的耗水途径分析可以看出，水电站运行过程中的湖库水面蒸发会减少下游河道径流，同时水电站蓄水引水过程的蓄水量和引水量都会减少下游河道径流。水电站蓄水引水的水资源消耗只是暂时性减少下游河道径流，而湖库水面蒸发的水资源消耗是长久性减少下游河道径流。因此，基于水电开发过程对下游河道径流的减少效应，从水电站湖库蒸发的绝对水资源消耗和水电站蓄水引水过程中的相对水资源消耗两方面来构建水电开发的复合水足迹系统，核算不同水电开发类型的水足迹，包括绝对水足迹和相对水足迹。

水足迹是度量某产品的水资源消耗总量，然而水资源消耗总量通常都与该产品的规模相关，更具有实际意义的是单位产品的水资源消耗总量，即水足迹强度。水电开发的产品是水力发电量，而单位时间的发电能力与装机规模成正比。因此，本研究以单位装机规模的水足迹来分别核算水电开发的绝对水足迹与相对水足迹，计算公式如下。

$$WF = WF_1 + WF_2 \tag{3-1}$$

式中：WF —— 水电开发的水足迹，$m^3/(s \cdot MW)$；

$WF_1$ 和 $WF_2$ —— 水电开发的绝对水足迹和相对水足迹，$m^3/(s \cdot MW)$。

#### 3.1.2.1 绝对水足迹

水电开发的绝对水足迹来源于水电站湖库蒸发的水资源损耗，全年都存在绝对水足迹。由于蒸发速率与多种气象条件（温度、风速、气压等）相关，计算湖库的水资源蒸发量需要长期的气象因子定点观测。然而，西藏地区气象因子观测数据非常有限，很难达到多年湖库平均蒸发量计算的气象因子要求。湖库水资源蒸发总量等于水资源蒸发速率与湖库面积的乘积。鉴于湖库水资源蒸发总量与湖库面积成正比，本研究基于文献调研中世界多地 35 个水电站湖库的水资源蒸发总量与其湖库面积数据（Mekonnen et al., 2012），以单位湖库面积的水资源蒸发量为基础，去掉 2 个最高值与 2 个最低值，用剩余 31 个水电站湖库的水资源蒸发总量与其湖库面积拟合出两者的相关关系，拟合结果如图 3-1 所示（$R^2$=0.806，$P$<0.001，表明两者具有显著的正相关关系，拟合结果具有较好的统计学意义，可应用下一步案例计算）。

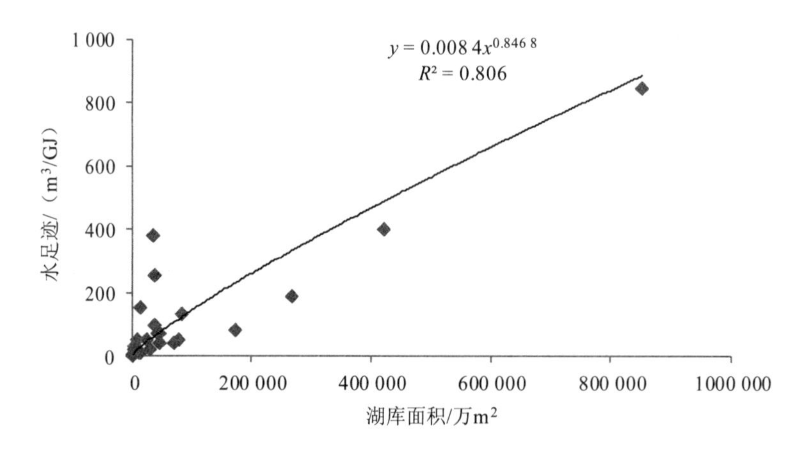


**图 3-1 水电站的绝对水足迹与其湖库面积的相关关系**

将水足迹的单位 $m^3$/GJ 转换成 $m^3$/（s·MW）（1 GJ 等于 278 kW·h）后，水电站的绝对水足迹与其湖库面积的相关性拟合方程如式（3-2）所示。

$$WF_1 = 8.4x^{0.8468} \times 10^{-6} \tag{3-2}$$

式中：$WF_1$ —— 水电站的绝对水足迹，$m^3$/（s·MW）；

$x$ —— 水电站的湖库面积，万 $m^2$。

### 3.1.2.2 相对水足迹

水电站的相对水足迹来源于水电站蓄水和引水过程对下游河道径流的暂时性减少，相对水足迹只存在于水电站的蓄水过程和引水过程中。筑坝式水电站运行过程中的蓄水和引水式水电站运行过程中的引水都会暂时性减少下游河道径流，且单位装机容量的蓄水速率或引水速率即为水电站的相对水足迹。

不同的调节型水电站具有不同的蓄水放水周期。年（季、月、周、日）调节型水电站在一年（季、月、周、日）内完成一次蓄水-放水循环。年调节型水电站一般是在丰水期完成蓄水，然后将丰水期蓄存的径流在枯水期完全释放，其循环周期是由丰水期和枯水期组成。其他季、月、周和日调节型水电站的蓄水-放水循环周期主要与电力需求关联，在电力需求高峰期（如工作日和白天）放水多发电，在电力需求的低谷期（如假日和黑夜）蓄水少发电。因此，除年调节型筑坝式水电站具有相对固定的蓄水周期外，其他调节型筑坝式水电站的蓄水周期是相对浮动的。为了减少蓄水周期浮动性造成的水电站相对水足迹计算的复杂性，本研究采用其完成一次蓄水放水循环周期的一半时间作为蓄水周期。

引水式水电站不具有调节性能，根据设计引水速率在运行期持续引水，其引水量即为其对下游河道径流的相对减少量。

因此，不同类型水电站的相对水足迹的核算方法如式（3-3）、式（3-4）所示。

$$\mathrm{WF}_{2\mathrm{s}} = f_{\mathrm{s}} / c_{\mathrm{s}} \tag{3-3}$$

$$\mathrm{WF}_{2\mathrm{l}} = R / (t_{\mathrm{l}} \times c_{\mathrm{l}}) \tag{3-4}$$

式中：$WF_2$ —— 水电站的相对水足迹，下标 s 和 l 分别代表引水式水电站和筑坝式水电站，$m^3$/（s·MW）；

$f_s$ —— 引水式水电站的引水速率，$m^3/s$；

$c_s$ —— 引水式水电站的装机容量，MW；

$R$ —— 筑坝式水电站的调节库容，$m^3$；

$t_l$ —— 筑坝式水电站的蓄水周期，s；

$c_l$ —— 筑坝式水电站的装机容量，MW。

因此，季、月、周、日调节型水电站的蓄水周期分别为 3 888 000 s、1 296 000 s、302 400 s 和 43 200 s，而年调节型水电站的蓄水周期需根据目标水电站所处河流或河段的径流分期特征来计算。

西藏地区的河流丰水期大致从每年 6 月持续至当年 10 月，共 153 天。因此，西藏地区年调节型筑坝式水电站的蓄水周期为 13 219 200 s。

## 3.2 水电开发的碳足迹

### 3.2.1 水电开发的碳足迹综述

碳足迹即为某产品或服务在全生命周期内排放的温室气体总量，以 $CO_2$ 当量来表征（耿涌等，2010）。水力发电过程不直接消耗化石燃料，目前研究普遍认为水电开发的温室气体都来自间接排放，排放途径为水电站主体工程建设、运营和废弃全过程中由工程材料消耗的温室气体排放，即间接碳足迹。然而，筑坝式水电站的湖库蓄水会淹没土壤和植被，被淹植被在厌氧腐化分解过程中会直接排放温室气体，此排放途径可看作水电开发的直接碳足迹。下文分别综述水电开发的间接碳足迹和直接碳足迹。

#### 3.2.1.1 间接碳足迹

由于间接碳足迹是来自水电站工程材料消耗的温室气体排放，因此生命周期方法结合投入产出分析法被广泛地应用于核算部门材料消耗的温室气体排放。电力能源部门的温室气体排放的全生命周期核算可分为 3 个部分：上游的原材料生产与运输、中游的电站建设与运营以及下游的电站到期后的处置。基于生命周期评价的水电间接碳足迹核算考虑了水电站主体工程建设、运营、废弃全过程中的能耗与物耗。

目前，国内外已开发多种软件工具来实现产品温室气体的全生命周期核算。总体来说，生命周期评价工具可根据输入量类型分成两类，分别是实物输入型工具和价值输入型工具。实物输入型生命周期评价工具通常先需要划定产品的温室气体排放系统边界，然后必须具备大量的实物消耗数据。此外，为了获得更精确的结果，还需根据实际情况对工具内部的参数做必要调整（Pascale et al.，2011；Kabir et al.，2012；Hondo，2005）。价值输入型生命周期评价工具通常先需要针对目标产品进行部门和行业选择，然后以总价值或者分类价值作为输入量（Varun et al.，2012；Zhang et al.，2007）。相对实物输入型生命周期评价工具，价值输入型生命周期评价工具通常需要较少的数据量，虽然结果的精确性有待提高，但更便于核算和比较批量产品的温室气体排放。

经济投入-产出生命周期评价模型（Economic Input-Output Life Cycle Assessment，EIO-LCA）是一种应用广泛的价值输入型生命周期评价工具。该模型是由卡内基梅隆大学在 1995 年初次开发的针对产品碳足迹的核算工具，随后又开发了 1997 年版本和 2002 年版本。同时模型本身也从最初的美国本土模型扩展到针对加拿大、德国、西班牙和中国等国家的 EIO-LCA 模型，进一步扩大了其影响范围（Varun et al.，2012；Hendrickson et al.，2006；Yan et al.，2010）。对于目标产品或工程，模型的输入量是该产品（工程）的生产价，模型的输出量就是该产品（工程）的碳足迹。

表 3-1 列举了不同国家水电开发的间接碳足迹数据，水电站随着装机容量的增加，其间接碳足迹（间接温室气体排放强度）有降低趋势。

**表 3-1　不同地区水电开发的间接碳足迹比较**

| 地区 | 装机容量/MW | 运行年限/a | 温室气体排放强度（以 $CO_2$ 当量计）/[g/（kW·h）] | 参考文献 |
|---|---|---|---|---|
| 日本 | 10 | 30 | 11.3 | Hondo，2005 |
| 印度 | ＜25 | 30 | 3.7 | Varun et al.，2012 |
| 泰国 | 0.003 | 20 | 52.7 | Varun et al.，2011 |

碳足迹核算主要应用于产业部门的温室气体减排，而各个能源系统的碳足迹比较有助于产业部门的低碳能源选择和能源体系自身的低碳发展。水力发电是将水的动能和势能转化为机械能，然后发电机组再将机械能转化为电能。相较于化石能源电力，水力发电过程不直接消耗化石燃料。

由于水电开发的直接碳足迹（湖库温室气体排放强度）的不确定性，在没有计入水电开发的直接碳足迹的前提下，图3-2比较了不同电力系统的碳足迹。由于化石能源消耗的直接温室气体排放，常规的燃煤发电、燃油发电和燃气发电系统的碳足迹显著高于其他可再生能源电力系统的碳足迹。在诸多可再生能源电力系统之中，发电过程都不消耗化石能源，就主体工程建设的间接碳足迹来说，水电的碳足迹最小，具有较高的低碳优势。因此，水电目前被广泛地认为是一类可供人类大规模利用的低碳能源，水电的低碳优势往往在其项目审批过程中起到重要作用（Madani，2011）。

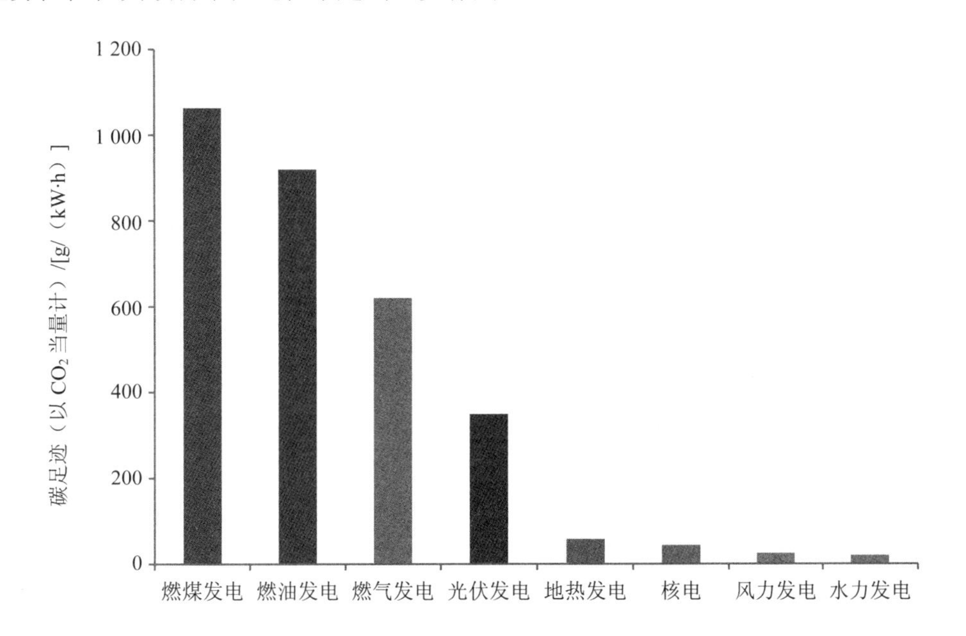


**图3-2　不同能源电力系统的碳足迹比较**

数据来源：Pascale et al.，2011；Kabir et al.，2012；Varun et al.，2012；Ou et al.，2011；Ármannsson et al.，2005。

然而，目前水电开发的间接碳足迹核算范围主要局限在水电站主体工程建设。由于目前水电开发过程中的生态环境保护和妥善解决水电移民的呼声越来越高，与生态环境保护和移民安置相关的诸多附属工程建设也会成为水电站间接碳足迹核算中不可忽略的组成部分。

### 3.2.1.2　直接碳足迹

仅仅关注水电的间接碳足迹并不足够，清洁发展机制（Clean Development Mechanism，CDM）就水电项目加入国际碳减排交易设定了更严格的碳减排核算方法，大型筑坝式水电站就因其直接碳足迹的不确定性被排斥在碳减排交易机制以外，而引水式或径流式小水电更受到 CDM 项目的欢迎（Barros et al.，2012）。CDM 就小水电项目的直接碳足迹给出了推荐值，可忽略装机密度大于 10 W/$m^2$ 的水电站的直接碳足迹，装机密度在 4～10 W/$m^2$ 的水电站的直接碳足迹（以 $CO_2$ 当量计）为 90 g/（kW·h）（Timilsina et al.，2006）。美国也评估了其境内小水电潜在的温室气体减排潜力可达 28.81 亿 t $CO_2$ 当量，约占 2003 年其境内能源消费的温室气体排放总量的 49.8%（Kosnik，2008）。尽管大水电因涉及较大面积的湖库而使其直接碳足迹存在较大的不确定性，但是不可否认，水电在未来中国的碳减排行动中都将扮演重要角色。

水电站大坝建设形成的湖库会直接排放大量温室气体，类似于化石能源电力系统在发电过程中化石能源消耗的直接温室气体排放，水电站湖库蓄水后被淹植被的厌氧发酵也会直接排放温室气体。水库温室气体直接排放途径大致可以分为 3 个：①水体中溶解的温室气体在湖库表面挥发，温室气体的挥发量与风速、温度等气象条件非常相关。②以气泡形式从水底向水面逃逸，是湖库温室气体排放的主要途径，这种形式的温室气体排放主要是 $CH_4$，$CH_4$ 比 $CO_2$ 具有更低的可溶性，温度和水压是影响 $CH_4$ 排放速度的关键因素。③大坝下泄水造成的下游河流额外增加的温室气体排放，这种形式的温室气体排放与水流速度和气象条件都有关系（Demarty et al.，2011；Wang et al.，2011）。

水电站湖库的温室气体直接排放包括 $CO_2$、$CH_4$ 和 $N_2O$，其中 $CO_2$ 和 $CH_4$ 是湖库温室气体排放的主体。由于水电站湖库的温室气体排放行为受局地条件影响非常明显，湖库温室气体排放核算主要依赖于长期定位监测。表 3-2 列举了水电站湖库的温室气体排放强度（直接碳足迹）。

**表 3-2　不同地区水电开发的直接碳足迹比较**

| 湖库面积/$km^2$ | 所在国家 | 温室气体类型 | 排放量（以 $CO_2$ 当量计）/（t/a） | 排放强度（以 $CO_2$ 当量计）/[g/（kW·h）] | 参考文献 |
|---|---|---|---|---|---|
| 47.8 | 中国 | $N_2O$ | 4 128.6 | 2.27 | Liu et al.，2011 |
| 80.5 | 中国 | $N_2O$ | 3 659.7 | 3.95 | Liu et al.，2011 |
| 1 155 | 巴西 | $CH_4$，$CO_2$ | $2.29\times10^6$ | 1 074 | Demarty et al.，2011 |
| 758 000 | 巴西 | $CH_4$，$CO_2$ | $28.73\times10^6$ | 1 547 | Demarty et al.，2011 |
| 310 | 法国 | $CH_4$，$CO_2$ | $0.732\times10^6$ | 1 307 | Demarty et al.，2011 |

可以看出，热带雨林地区和温带地区的筑坝式水电站都具有很高的直接碳足迹。此外，水电开发的直接碳足迹与水电站的装机密度（单位面积的装机容量）有关，较大的装机密度具有较小的直接碳足迹（Dos Santos et al.，2006）。

### 3.2.2 水电开发的隐含碳收支系统

水电开发的碳足迹是指水电站建设、运行到废弃的全生命周期的温室气体排放总量，主要包括 $CO_2$、$CH_4$ 和 $N_2O$ 等 3 类温室气体，都以 $CO_2$ 当量来表征。

从 IPCC《国家温室气体排放清单指南》与 ISO《温室气体排放清单与验证标准》出发，基于第 2 章水电开发碳排放途径分析可以看出，水电开发的碳排放途径包括 4 个方面，分别是：①主体工程建设的间接碳足迹，主要来自建设期能源和材料消耗的隐含碳足迹。②附属工程建设的间接碳足迹，主要来自附属恢复工程的间接碳排放与附属影子工程的间接碳清除。③土地占用的间接碳足迹，主要来自土地利用变化后生态系统固碳量的变化。④水电站湖库的直接碳足迹，主要来自水电站蓄水运营后，被淹植被腐化分解的温室气体排放。因此可以从上述 4 个方面来构建水电开发的隐含碳收支系统。

为了将水电开发的碳排放行为进行有效归类，本研究将水电站的水力发电过程视为产品生产过程。电力供给和水源涵养是该生产过程的主产品，而环境污染、水土流失、连通阻断、土地占用和生境破坏等库区周边其他负效应则是该生产过程的副产品。水电开发的隐含碳收支系统由各类主产品和副产品的隐含碳足迹组成（如表 3-3 所示）。

表 3-3　水电开发的隐含碳收支系统

<table>
<tr><th>排放清单</th><th>碳排放（清除）行为</th><th>分类</th></tr>
<tr><td>水源涵养（1）</td><td>抵消影子工程建设的能源和材料消耗</td><td>碳清除</td></tr>
<tr><td>电力供给（2）</td><td>主体工程建设的能源和材料消耗①</td><td rowspan="8">碳排放</td></tr>
<tr><td>环境污染（3）</td><td rowspan="3">增加恢复工程建设的能源和材料消耗</td></tr>
<tr><td>水土流失（4）</td></tr>
<tr><td>连通阻断（5）</td></tr>
<tr><td>土地占用（6）</td><td>改变生态系统的固碳能力</td></tr>
<tr><td rowspan="2">生境破坏（7，8）</td><td>湖库形成后的温室气体直接排放（7）</td></tr>
<tr><td>增加人类生境恢复（移民安置）工程建设的原材料和能源消耗（8）</td></tr>
</table>

① 清单（2）和清单（7）是水电开发的传统碳足迹研究范畴，其余是本研究新增的水电开发的碳足迹研究范畴。

水源涵养功能是水电站在电力供给之外额外增加的生态系统服务。库区水源涵养可以进一步发挥防洪、供水、便航和局地气候调节等多种功能，给库区周边和下游流域带来一系列社会效益、经济效益和生态效益。额外增加的生态系统服务可以抵消相应的影子工程建设，继而减少影子工程建设过程能源和材料消耗的碳排放。因此，水电开发的水源涵养功能属于碳清除范畴，是一种间接清除行为。

电力供给的隐含碳足迹主要指电力产生之前的上游产业链的碳排放。上游产业链是指水电站在筹建期和建设期的原材料制造、运输和组装过程，形成水电站主体工程。上游产业链主要涉及大量的工程建设，原材料和能源消耗的碳足迹，组成了水电站主体工程的间接碳足迹。

环境污染、水土流失、连通阻断的隐含碳足迹是指相应恢复工程建设过程中能源和材料消耗的碳排放。由于环境污染、水土流失和连通阻断都会降低库区周边相应的生态系统服务功能，为了将这些生态系统服务功能恢复到原有水平或者近似水平，需要额外投入相应的恢复工程建设。这类隐含碳足迹属于生态服务供给相关的碳足迹范畴，而根本上是工程建设的间接碳足迹。

水电站的土地占用直接造成库区周边的土地利用变化后，该区域净生态系统生产力（NEP）变化带来固碳能力的变化，而减少（增加）的固碳量等同于增加（减少）了相应量的碳排放。因此，土地占用的隐含碳足迹属于生态系统服务供给相关的碳足迹范畴，也是间接碳足迹。

生境破坏的隐含碳足迹包括两方面：①陆地生物生境淹没后，大量植被在厌氧条件下腐化分解，直接造成碳排放，属于直接碳足迹范畴。②库区蓄水可能淹没部分人类居住地，人类生境破坏后涉及移民安置工程建设，移民安置作为人类生境破坏的恢复工程，由于原材料和能源消耗，造成碳排放，这类隐含碳足迹属于生态服务供给相关的碳足迹范畴，而根本上是工程建设的间接碳足迹。

因此，水电开发的隐含碳收支系统由主体工程建设的间接碳排放、湖库形成后的直接碳排放、附属工程建设的间接碳排放、土地利用变化的间接碳排放以及湖库形成后带来的间接碳清除等 5 部分组成，同时包括碳排放行为和碳清除行为。其中前二者是传统碳足迹研究范畴，后三者是本研究重点补充的与生态服务供给相关的碳足迹范畴。生态服务供给影响主要指水电开发导致的库区周边生态系统服务的增加或降低，影响空间范围未包括下游生态系统服务变化。原因有三：①由于下游地域辽阔，生态系统组成复杂，上游水电开发对流域下游的影响范围很难准确划定。②下游河道、近河岸和河口同时承载着除水电开发以外众多其他人类活动，水电开发对其的影响程度也很难确定。③库区周边高强度的工程建设活动不可避免地造成大规模的生态环境影响，这种影响经常需相应的恢复工程建设来消除或者减弱，而下游的生态环境影响一般没有恢复工程建设，是通过水电站的运行来消除或者减弱。

因此，基于水电开发的隐含碳收支系统来核算水电开发的碳足迹方法如式（3-5）所示。

$$\mathrm{CF}=\sum_{i=2}^{8}\mathrm{CF}_i-\mathrm{CF}_1 \tag{3-5}$$

式中：CF —— 水电开发的碳足迹；

$CF_1$ —— 水电开发的碳清除；

$CF_i$ —— 水电开发的碳排放，$i$=2，3，…，8，分别代表电力供给、环境污染、水土流失、连通阻断、土地占用、湖库形成和人类生境破坏的碳排放。

下文分别研究各项碳排放与碳清除行为的量化方法。

#### 3.2.2.1 隐含碳排放

根据不同隐含碳排放清单的排放特征，采用以下两类不同方法来量化水电开发的不同碳排放行为。

（1）基于 EIO-LCA 核算碳排放

电力供给、环境污染、水土流失、连通阻断和人类生境破坏的隐含碳排放本质上都属于工程建设的碳排放，即工程建设过程中材料和能源消耗带来的碳排放。可基于经济投入-产出生命周期评价模型（EIO-LCA）来核算此类由工程建设带来的隐含碳排放。

在基于 EIO-LCA 模型的具体核算过程中，该模型的输入量是该产品（工程）的生产价，模型的输出量就是该产品（工程）的隐含碳排放。以核算“电力供给”的隐含碳排放为例，其具体的碳排放行为是水电站的主体工程建设，而水电站主体工程的生产价（成本）可以分为土木工程成本和机电设备成本，然后通过 EIO-LCA 分别核算土木工程和机电设备的碳排放，合计两者的碳排放总量就是“电力供给”的隐含碳排放。采用 EIO-LCA 具体运算土木工程和机电设备的部门选择如表 3-4 所示。

**表 3-4　EIO-LCA 模型运算的部门和行业选择**

| 清单 | 影子（恢复）工程/工程细分 | 主体部门 | 部门细分 |
|---|---|---|---|
| 电力供给 | 土木工程 | 公用事业与建筑施工 | 电力和蒸汽生产与供应 |
| | 机电设备 | 电力、电子设备 | 发电机 |
| 环境污染 | 水处理系统等 | 专业服务 | 水利 |
| 水土流失 | 固土工程 | 公用事业与建筑施工 | 建筑施工 |
| | 植被工程 | 农、林、牧、渔 | 林业 |
| | 监测系统 | 专业服务 | 地质勘查 |
| 连通阻断 | 鱼类人工放养系统 | 农、林、牧、渔 | 渔业 |
| | 鱼类洄游通道 | 专业服务 | 环境资源与公共基础设施 |
| 生境破坏 | 移民工程（房地产建设） | 专业服务 | 房地产 |

由于针对中国的 EIO-LCA 模型是基于中国 2002 年的投入产出表，因此，为了获得更精确的碳排放结果，需要对模型的输入量和输出量都做必要调整。根据式（3-6）将产品在目标年的初始成本转换成 2002 年不变价后再作为 EIO-LCA 的输入量，同时根据式（3-7）将模型的初始输出量（2002 年不变价尺度的碳足迹）转换成目标年当年现价尺度的碳排放。

$$P_{2002} = P_n \times \frac{\mathrm{PPI}_{2002}}{\mathrm{PPI}_n} \tag{3-6}$$

$$E_n = E_{2002} \times \frac{I_n}{I_{2002}} \tag{3-7}$$

式中：$P_{2002}$ —— 某产品从目标年（$n$）的价格转换成 2002 年的不变价，元；

$P_n$ —— 产品在目标年（$n$）的价格，元；

$\mathrm{PPI}_n$ 和 $\mathrm{PPI}_{2002}$ —— 目标年（$n$）和 2002 年的生产价格指数；

$E_n$ 和 $E_{2002}$ —— 该产品在目标年（$n$）和 2002 年的碳排放（以 $CO_2$ 当量计），t/a；

$I_n$ 和 $I_{2002}$ —— 目标年（$n$）和 2002 年的碳排放强度（以 $CO_2$ 当量计），g/（kW·h）。

根据式（3-6）和式（3-7）调整模型输入量和模型输出量的过程中用到的中间参数如表 3-5 所示，包括生产价格指数、GDP 指数、国家碳排放总量、碳排放强度等。

表 3-5 EIO-LCA 模型输入量和输出量调整的中间参数

| 参数 | 2002 年 | 2005 年 | 2007 年 | 2008 年 | 2009 年 | 2010 年 | 2011 年 |
|---|---|---|---|---|---|---|---|
| 生产价格指数 ① | 292.6 | 333.2 | 353.8 | 378.2 | 357.8 | 377.5 | 400.2 |
| 碳排放量/$10^6$ t ② | 3 776.83 | 5 463.70 | 6 326.36 | 6 684.65 | 7 573.38 | 7 997.04 | 8 175.31 |
| GDP 指数 ③ | 897.8 | 1 210.4 | 1 557.0 | 1 707.0 | 1 864.3 | 2 059.0 | 2 250.4 |
| 碳排放强度（以 $CO_2$ 当量计）/[g/（kW·h）]④ | 4.21 | 4.51 | 4.06 | 3.92 | 4.06 | 3.88 | 3.63 |
| 西藏房屋建造价格/（元/$m^2$）⑤ | — | 553.51 | 596.58 | 689.20 | 587.49 | 775.29 | 877.98 |

① 基于 1985 年的不变价（National Bureau of Statistics of the People's Republic of China，2012）；
② Energy Information Administration，2013；
③ 基于 1978 年的不变价（National Bureau of Statistics of the People's Republic of China，2012）；
④ 温室气体排放强度= 温室气体排放量 / GDP 指数；
⑤ 西藏自治区统计局等，2012。

因此，在核算电力供给、环境污染、水土流失、连通阻断和人类生境破坏的隐含碳排放时，只需要找到相应主体工程建设的造价和相应附属工程（恢复工程）的造价，再结合 EIO-LCA 的部门选择，可得到相应碳排放行为产生的隐含碳排放。

环境污染的恢复工程包括废水处理系统、废气处理系统、噪声防护装置和固体废物处理系统等。水土流失的恢复工程主要包括固土工程、植被工程和监测系统。连通阻断的恢复工程主要包括鱼道建设和鱼类放养系统建设。在连通阻断的恢复工程方面，本研究没有考虑库区泥沙淤积的恢复工程建设。虽然泥沙淤积会损失水库库容，可能会降低水库的水源涵养功能，然而，水电站一般已根据河流输沙特征预留足够的死库容来堆积泥沙，泥沙淤积一般不会影响水库的调节库容和防洪库容。此外，水电站自身也能够定期进行泄洪排沙来降低库区的泥沙淤积。因此，本研究假设库区泥沙淤积表现为碳中和。

上述环境污染、水土流失和连通阻断的附属工程建设造价与主体工程建设造价都可以从相应的水电站环评报告中获得。

人类生境破坏后就涉及移民安置工程，包括旧居拆迁、新居建设、新居配套设施建设和再就业服务等（Sun et al.，2010）。然而，由于移民安置工程的复杂性，细节上多个环节（旧居拆迁和再就业服务）的成本无法准确量化。因此，本研究的移民安置工程造价重点关注新居建设的成本，并假定新居建设后的人均居住面积不小于旧居的人均居住面积。移民安置工程造价的计算公式如式（3-8）所示。

$$C = A \times \bar{C} \times P \tag{3-8}$$

式中：$C$ —— 移民安置工程的造价，元；

$A$ —— 旧居的人均居住面积，$m^2$；

$\bar{C}$ —— 移民安置目标年单位面积新居建设的平均成本，元/$m^2$；

$P$ —— 移民数量。

获得相应的工程造价后，基于 EIO-LCA 核算人类生境破坏的隐含碳排放的部门选择如表 3-4 所示。

（2）基于土地利用变化核算碳排放

土地占用的碳足迹涉及生态系统的固碳量变化，根据具体的土地利用变化过程核算其隐含碳排放。

水电站工程建设和湖库形成后的土地占用对库区周边造成土地利用变化，将更多的其他土地利用类型转化为建筑用地和水域后，造成原有生态系统生产力变化。净生态系统生产力（NEP）是生态系统在无外界干扰（如人为收获、动物取食等）下，生态系统自身固碳能力的表征。固碳量的减少等同于相应量的碳排放，计算公式如式（3-9）、式（3-10）所示。

$$\mathrm{NEP_d} = (\mathrm{NEP_{wa}} \times A'_{wa} + \mathrm{NEP_b} \times A'_b) - (\mathrm{NEP_g} \times A'_g + \mathrm{NEP_f} \times A'_f + \mathrm{NEP_w} \times A'_w + \mathrm{NEP_u} \times A'_u) \tag{3-9}$$

$$\mathrm{CF_6} = \mathrm{NEP_d} \times (44/12) \times T \tag{3-10}$$

式中：$NEP_d$ —— 库区周边净生态系统生产力的变化量（以 C 计），g/a；

NEP —— 相应土地利用类型的单位面积净生态系统生产力变化量(以 C 计)，g/(m²·a)；

$A'$ —— 相应土地利用类型的面积变化，$m^2$；

下标 g、f、w、u、wa 和 b —— 草地、耕地、林地、未利用地、水域和建筑用地；

$CF_6$ —— 土地占用的间接碳足迹（以 $CO_2$ 当量计），g；

$T$ —— 水电站的运行年限，a。

由于水电站运行周期越长，运行期内的维修材料投入造成间接碳足迹的不确定越大，因此，本研究采用较为保守的 30 年作为筑坝式水电站和引水式水电站的设计运行寿命（Varun et al.，2012）。

在西藏地区，研究人员已经对草地生态系统和湿地生态系统的 NEP 进行了较多的模拟与实测研究，但是众多的研究结果因方法、地域、时期的不同而存在较大的差异。为了减少 NEP 结果因时空差异导致的不确定性和误差，本研究通过综述西藏不同地区不同时间跨度的相关研究结果，取其平均值作为本研究草地生态系统和湿地生态系统的 NEP。而目前针对西藏地区林地、耕地、建筑用地和未利用地的 NEP 研究较少，本研究采用东亚案例的相关研究结果作为本研究的 NEP 值（如表 3-6 所示）。

**表 3-6 基于文献统计的西藏不同土地利用类型的 NEP 值**

| 土地利用类型 | NEP 平均值（以 C 计）/[g/（$m^2$·a）] | | 参考文献 |
|---|---|---|---|
| 草地 | 78.5 | 98.2 | 西藏自治区统计局等，2012；Sun et al.，2010；Zhao et al.，2006；Kato et al.，2006 |
| | 91.7 | | |
| | 192.5 | | |
| | 58.5 | | |
| | 75.5 | | |
| | 76.9 | | |
| | 113.65 | | |
| 湿地 | −101.4[①] | −85.0 | Hirota et al.，2006；Zhao et al.，2010 |
| | −44.0 | | |
| | −173.2 | | |
| | −130.4 | | |
| | 24.1 | | |
| 林地 | 119 | | Ito，2008 |
| 耕地 | 35.4 | | Sasai et al.，2011 |
| 未利用地 | 0.0 | | |
| 建筑用地 | −45.7 | | |

① “−”表示净碳排放。

水电站湖库的形成也可看作是土地利用变化过程，湖库形成后的直接碳排放源于库区周边植被淹没后的腐化分解。植被腐化分解的碳排放量与当地自然地理和气候条件密切相关，在缺乏长期的实地定点观测条件下，较难获得精确的碳排放总量。筑坝式水电站蓄水会造成较大面积的湖库，引水式水电站堰和引水设施建设同样会形成小面积的湖库。一般来说，水电站的装机密度（装机容量/湖库面积）越大，湖库的碳排放强度即单位装机规模的碳排放量越小（Bøckman et al.，2008）。

CDM 中的国际碳减排交易已经纳入了引水式水电站项目，在核算引水式水电站的核证减排量（Certified Emission Reductions，CERs）过程中，CDM 就引水式水电站直接碳足迹给出了推荐值，如表 3-7 所示。CDM 的国际碳减排交易对引水式水电站的装机密度设置了最低门槛，装机密度小于 4 $W/m^2$ 的引水式水电站被排斥在 CDM 项目之外；装机密度处于 4～10 $W/m^2$ 的引水式水电站的直接碳足迹（以 $CO_2$ 当量计）缺省值为 90 g/（kW·h）；装机密度大于 10 $W/m^2$ 的引水式水电站的直接碳足迹缺省值为 0。此外，纳入 CDM 国际温室气体减排交易的单座引水式水电站的装机规模不能大于 15 MW，而湖库面积也不能大于 1.5 $km^2$（Barros et al.，2012）。因此，本研究对于符合 CDM 温室气体减排交易机制的引水式水电站，其直接碳排放采用 CDM 推荐的缺省值；对于不符合 CDM 温室气体减排交易机制的引水式水电站，其直接碳排放根据下文筑坝式水电站的直接排放核算方法来计算。

表 3-7 CDM 推荐的引水式水电站直接碳足迹缺省值

| 装机密度/（$W/m^2$） | 碳足迹（以 $CO_2$ 当量计）/[g/（kW·h）] |
|---|---|
| ＜4 | — |
| 4～10 | 90 |
| ＞10 | 0 |

数据来源：Barros et al.，2012。

筑坝式水电站湖库的直接碳排放是水电开发碳排放相关研究的关注焦点，且筑坝式水电站也因其自身不可忽略的直接碳排放而使其低碳潜力备受质疑。由于受限于有限的实地观测条件，无法进行大规模和长时间序列的实地观测，本研究基于相关文献调研，分别统计热带地区和寒、温带地区水电站的直接碳排放，形成不同地域水电站的湖库的碳排放强度缺省值。结果表明：热带地区水电站湖库碳排放强度（以 $CO_2$ 当量计）显著大于寒带、温带地区的水电站，两者分别达 2 771.6 g/（$m^2$·a）和 574.9 g/（$m^2$·a）（如表 3-8 所示）。

表 3-8 水电站湖库的碳排放强度（以 $CO_2$ 当量计）分地域统计 单位：g/（$m^2$·a）

| 地域 | 碳排放强度 | 平均值 | 参考文献 |
|---|---|---|---|
| 寒带、温带 | 362.4 | 574.9 | Wang et al.，2011；Dos Santos et al.，2006；Tremblay et al.，2005；Soumis et al.，2004 |
| | 387.5 | | |
| | 1 195.7 | | |
| | 434.8 | | |
| | 152.3 | | |
| | 1 050 | | |
| | 441.7 | | |
| 热带 | 1 941.7 | 2 771.6 | Demarty et al.，2011；Dos Santos et al.，2006；Barros et al.，2011；Delmas et al.，2001；Fearnside，2002 |
| | 1 178.3 | | |
| | 2 909.5 | | |
| | 3 927 | | |
| | 3 511 | | |
| | 3 161.8 | | |

西藏地区地处我国青藏高原腹地，由于受到青藏高原地形地貌和“印度洋—太平洋—欧亚大陆”大气环流的影响，当地气候独特而复杂。西藏地区气候总体上具有“藏西北严寒干燥，藏东南温暖湿润”的特点。西藏地区气候类型也自西北向东南依次有高原寒带、高原亚寒带、高原温带、亚热带和热带等多种类型。西藏地区的水电开发活动集中于藏东南“一江三河”区域，但由于水电站多位于海拔较高的流域中上游地区，因此，本研究以寒、温带地区的湖库碳排放强度平均值来核算西藏地区筑坝式水电站湖库的碳排放，计算公式如式（3-11）所示。

$$CF_7 = 574.9 \times R \times T \tag{3-11}$$

式中：$CF_7$ —— 水电站湖库的碳排放（以 $CO_2$ 当量计），g；

$R$ —— 水电站的湖库面积，$m^2$；

$T$ —— 水电站的运行年限，a。

### 3.2.2.2 隐含碳清除

水电站库区的水源涵养功能可以进一步促进下游发挥农业灌溉、城市供水、防洪和便航等功能，同时也可以进一步促进库区周边发挥局地气候调节和文化娱乐价值。水电站对下游的诸多效益主要通过水源涵养量来实现，而对库区周边的诸多效益主要通过水源涵养面积来实现。通常情况下，水电站通过调节库容和防洪库容增加对下游的供水和防洪能力是水电站除发电之外最主要的功能，本研究通过水源涵养量来换算水电站水源涵养功能的隐含碳清除量。

按照生态服务价值评估中的影子工程原理（Tang et al.，2012），在未进行水电开发的前提下，要发挥与水电站相等的水源涵养功能，必须存在一个与水电站相同库容的影子水库。影子水库建造过程中能源和材料消耗会造成碳排放，因此，水电站水源涵养功能的隐含碳清除量就等于影子水库建造的隐含碳排放量，其计算公式如式（3-12）所示。

$$\mathrm{CF}_1 = f \times Q \tag{3-12}$$

式中：$\mathrm{CF}_1$ —— 水电站水源涵养功能的碳清除量（以 $CO_2$ 当量计），g；

$f$ —— 影子工程的单位库容的碳排放量（以 $CO_2$ 当量计），$g/m^3$；

$Q$ —— 水电站的调节库容和防洪库容总和，$m^3$。

以西藏地区拉萨河支流澎波曲上的松盘水库作为影子水库核算标准。松盘水库设计有效库容为 700 万 $m^3$，水库建设工程总投资为 1 373 万元，即单位库容的成本为 1.96 元/$m^3$。由于该水库规划于 2002 年，其单位库容价格可直接作为 EIO-LCA 模型的输入量，根据表 3-4 的部门选择后，可获得影子工程的单位库容的碳排放量 $f$（以 $CO_2$ 当量计）为 42.54 $g/m^3$。

## 3.3 水电开发的水-碳耦合系数

相较于化石能源电力系统，水电开发的碳足迹相对较小，因此，水电开发具有一定的碳减排潜力。然而，由于水电开发过程的水足迹存在，其水力发电依赖于河道径流，使得其碳减排潜力是以耗水为代价。也就是说，水电开发带来碳减排潜力的同时，不可避免地在影响河道径流，其水-碳耦合系数即单位装机规模的水电站达到单位碳减排潜力时的耗水量或径流利用量，计算公式如式（3-13）所示。

$$C = \frac{\mathrm{WF} \times T}{(\mathrm{CF}' - \mathrm{CF}) \times G} \tag{3-13}$$

式中：$C$ —— 水电开发的水-碳耦合系数（碳以 $CO_2$ 当量计），$m^3$/（g·MW）；

$\mathrm{WF} \times T$ —— 水电开发全生命周期的耗水量；

WF —— 水电开发的水足迹，$m^3$/（s·MW）；

$T$ —— 其全生命周期内满功率运行时长，s；本研究以年满功率运行 3 500 h、累积运行 30 年计算（Li et al.，2012）；

$(\mathrm{CF}' - \mathrm{CF}) \times G$ —— 水电开发全生命周期的碳减排潜力；

$\mathrm{CF}'$ —— 化石能源电力系统的平均碳足迹（以 $CO_2$ 当量计），g/（kW·h），本研究采用燃煤发电作为替代化石能源电力系统，燃煤发电系统的碳足迹（以 $CO_2$ 当量计）取值 1 200 g/（kW·h）；

$G$ —— 全生命周期的发电总量，kW·h。

为了与第 8 章案例流域的水电开发适度规模优化在地域上尽可能保证一致性，本研究集中选取 15 座水电站（如表 3-9 所示）作为案例来分别核算筑坝式水电站和引水式水电站的水-碳耦合系数。其中，6 座筑坝式水电站的装机容量分布在 30～510 MW，有日调节、周调节、月调节和年调节型水电站，从水电站规模到水电站调节类型方面基本上都保证了筑坝式水电站案例的多样性和代表性；另外 9 座引水式水电站的装机容量分布在 0.64～13.7 MW，在水电站规模上保证了引水式水电站案例的多样性和代表性。

**表 3-9　案例水电站的基本工程特征**

| 水电站 | | 装机容量/MW | 有效库容/$m^3$ 或引水速率/（$m^3/s$）① | 水域面积/$m^2$ | 装机密度/（$W/m^2$） | 备注 |
|---|---|---|---|---|---|---|
| 筑坝式水电站 | 1 | 510 | $1.31\times10^7$ | $2.70\times10^6$ | 188.89 | 日调节 |
| | 2 | 160 | $2.06\times10^7$ | $3.44\times10^6$ | 46.51 | 周调节 |
| | 3 | 120 | $3.30\times10^7$ | $7.11\times10^6$ | 16.88 | 周调节 |
| | 4 | 120 | $8.63\times10^8$ | $3.79\times10^7$ | 3.17 | 年调节 |
| | 5 | 100 | $1.07\times10^8$ | $1.37\times10^7$ | 7.30 | 月调节 |
| | 6 | 30 | $1.37\times10^5$ | $2.40\times10^4$ | 1 250 | 日调节 |
| 引水式水电站 | 7 | 13.7 | 2.26 | $8.32\times10^4$ | 164.66 | 无调节功能 |
| | 8 | 8 | 5.08 | $1.69\times10^4$ | 473.37 | |
| | 9 | 4 | 6.94 | $1.18\times10^4$ | 338.98 | |
| | 10 | 2.52 | 16.96 | $1.01\times10^4$ | 249.50 | |
| | 11 | 1.89 | 2.58 | $4.13\times10^4$ | 45.76 | |
| | 12 | 1.6 | 3.00 | 9 300 | 172.04 | |
| | 13 | 1.2 | 3.48 | $1.99\times10^4$ | 60.30 | |
| | 14 | 0.64 | 0.55 | 3 300 | 193.94 | |
| | 15 | 0.64 | 2.40 | 4 500 | 142.22 | |

① 有效库容是针对筑坝式水电站，指筑坝式水电站的调节库容与防洪库容之和；引水速率是针对引水式水电站。

根据式（3-1）～式（3-4），核算得到筑坝式水电站和引水式水电站的水足迹，在对不同水电开发类型的绝对水足迹和相对水足迹取平均值的过程中，先剔掉最低值和最高值后再平均，所得结果如表 3-10 所示。筑坝式水电站的绝对水足迹和相对水足迹分别为 0.003 $m^3$/（s·MW）和 0.598 $m^3$/（s·MW），引水式水电站的绝对水足迹和相对水足迹分别为 $1.6\times10^{-5}$ $m^3$/（s·MW）和 1.874 $m^3$/（s·MW）。综合水电站的绝对水足迹与相对水足迹后，筑坝式水电开发和引水式水电开发的水足迹分别为 0.601 $m^3$/(s·MW）和 1.874 $m^3$/(s·MW)。单位装机容量筑坝式水电站的水足迹小于引水式水电站的水足迹。

由于碳足迹是对碳排放总量的度量，而碳排放总量又与水电站规模相关。鉴于此，本研究将水电开发的碳足迹度量为水电站单位装机容量的碳排放总量，即水电开发的碳排放强度。基于式（3-5）～式（3-12），在对不同水电开发类型的碳足迹取平均值的过程中，先剔除掉最高值和最低值再取平均值，获得结果如表3-10所示。筑坝式水电站的隐含碳排放和隐含碳（以$CO_2$当量计）清除分别为33 741 g/W和183 g/W，碳足迹（以$CO_2$当量计）总计 33 558 g/W；引水式水电站的隐含碳清除可忽略不计，其碳足迹全部由隐含碳排放（以$CO_2$当量计）组成，为29 027 g/W。单位装机容量的筑坝式水电站的碳足迹大于引水式水电站的碳足迹。

**表3-10 不同水电开发类型的水-碳耦合系数**

| 水电站类型 | 隐含碳排放（以$CO_2$当量计）/（g/W） | 隐含碳清除（以$CO_2$当量计）/（g/W） | 碳足迹（以$CO_2$当量计）/（g/W） | 绝对水足迹/[$m^3$/（s·MW）] | 相对水足迹/[$m^3$/（s·MW）] | 水足迹/[$m^3$/（s·MW）] | 水-碳耦合系数（碳以$CO_2$当量计）/($m^3$/kg) |
|---|---|---|---|---|---|---|---|
| 筑坝式水电站 | 33 741 | 183 | 33 558 | 0.003 | 0.598 | 0.601 | 2.458 |
| 引水式水电站 | 29 027 | 0 | 29 027 | 0.000 016 | 1.874 | 1.874 | 7.305 |

基于式（3-13），以燃煤发电系统为参照，获得单位装机容量的筑坝式水电站和引水式水电站的水-碳耦合系数（碳以$CO_2$当量计）分别为2.458 $m^3$/kg和7.305 $m^3$/kg，表示单位装机容量的水电站达到单位碳减排潜力，引水式水电站要比筑坝式水电站利用更多的径流。

## 3.4 水电开发的水-碳耦合效应分析

水电开发的水-碳耦合效应定量评价涉及水电开发的水足迹、碳足迹和水-碳耦合系数，这些都是基于水-碳耦合过程构建流域水电开发适度规模计量模型的重要参数。下文分别针对不同水电开发类型的水足迹、碳足迹和水-碳耦合系数核算结果开展对比分析和不确定性分析。

### 3.4.1 水足迹分析

#### 3.4.1.1 对比分析

筑坝式水电站的水足迹小于引水式水电站的水足迹，表示单位径流分配给筑坝式水电站比分配给引水式水电站能承载更多的装机规模，或生产更多的电量。筑坝式水电站由于大面积人工湖库的形成，会同时存在绝对水足迹和相对水足迹，而引水式水电站未形成大面积湖库，绝对水足迹不明显，主要为相对水足迹。筑坝式水电站的相对水足迹小于引水式水电站的相对水足迹，而筑坝式水电站的绝对水足迹大于引水式水电站的绝对水足迹。然而，引水式水电站较低的绝对水足迹未能缓和其较高的相对水足迹，使得整体上引水式水电站的水足迹要大于筑坝式水电站的水足迹。

水力发电过程是将水的势能转化成电能的过程，某河段的水力发电可装机规模与该河段的水量和水头（有效落差）的乘积成正比（Mishra et al.，2011；Fitzgerald et al.，2012）。水电站的水头与其坝（堰）高成正比，筑坝式水电站的大坝建设形成较大面积的人工湖库。人工湖库的形成一方面会扩大水域面积，增加水电站的水资源蒸发的绝对消耗，增加了水电站的绝对水足迹；但人工湖库另一方面又为筑坝式水电站造就了更大的水头，降低了水电站蓄水对水资源的相对消耗，继而降低了水电站的相对水足迹。相较于引水式水电站，筑坝式水电站相对水足迹的降低抵消了其绝对水足迹的增加，从而使整体上筑坝式水电站的水足迹要低于引水式水电站的水足迹。

全球范围内的地下水耗竭、河水水位下降、水质低劣等水资源、水环境问题日趋严重，工农业生产和生活的水资源利用效率问题日益受到人们的重视（Kadigi et al.，2008）。因此，在水资源越来越紧缺的状况下，如何根据不同水电开发类型的水足迹来分配水资源就显得越重要。

针对资源性缺水地区的河流，水电开发活动应优先选择引水式水电站。资源性缺水地区多位于干旱和半干旱气候区，该区域的河流水资源总量往往不够丰沛，存在较为严重的生产、生活和生态用水矛盾。在该区域的河流上进行水电开发活动，应该优先选择引水式水电站开发。相较于筑坝式水电站，引水式水电站的绝对水足迹很低，主要为水资源的相对消耗，而引水式水电站的发电尾水回归河道后，水资源的相对消耗也几乎为0。因此，适度的引水式水电站开发不会挤占资源性缺水地区紧缺的生产和生活用水，但是引水式水电站的减水河段的形成可能会挤占河道的生态需水，需要对引水式水电站的站址和运行规律进行科学规划以缓解水电站的发电用水和河道生态需水的矛盾。

针对工程性缺水地区的河流，水电开发活动应优先选择筑坝式水电站。工程性缺水地区多位于地形地貌复杂的区域，该区域河水水资源总量丰沛，但往往存在较为明显的季节差异，加上复杂地形地貌造成较差的取水条件，共同造成工程性缺水。相较于引水式水电站，筑坝式水电站具有较好的调节性能，其调节库容可以实现河流水资源在年际和季节间的分配，将丰水年和丰水期富余的水资源预留给枯水年和枯水期。因此，适度的筑坝式水电站开发将会有效缓解工程性缺水地区的生产和生活用水不足的问题，但是筑坝式水电站对天然径流特征的平均化也可能会影响河道的生态需水，比如水电站汛期蓄水可能会挤占汛期河道的生态需水，枯水期放水发电的过程中会存在产业用水与发电用水之间的争夺，而蓄水形成的大面积湖库也会进一步减少河道径流总量。因此，需要从流域尺度对筑坝式水电站的规模和站址进行合理规划以缓解水电站发电用水、流域产业用水和河道生态需水三者之间的矛盾。

#### 3.4.1.2 不确定性分析

综合水电站的绝对耗水和相对耗水来核算水电开发的水足迹，是基于水电开发减少河道径流的角度来完善水电开发的水足迹研究框架。然而，在量化不同水电开发类型的水足迹过程中也存在方法上的不确定性。

水电站绝对水足迹的核算涉及当地多种气象因子的长时间序列数据，而西藏地区相关气象数据较为缺乏，条件上限制了绝对水足迹的准确核算。在这种情况下，考虑到水电站的绝对水足迹与其湖库面积成正比，本研究基于文献调研选取世界上 35 个水电站案例的绝对水足迹和湖库面积做相关性分析，拟合结果较好。然而，由于西藏地区地处青藏高原腹地，光照强烈，基于世界范围的蒸发平均值来核算西藏当地的水库蒸发，可能会使其核算结果偏小。基于相关性拟合方程，结合西藏地区的水电站案例的湖库面积，计算获得筑坝式水电站的绝对水足迹为 0.003 $m^3/(s \cdot MW)$，该值处于文献中水电站绝对水足迹的平均范围［0.002～0.007 $m^3/(s \cdot MW)$］以内（Mekonnen et al.，2012；Herath et al.，2011；Gerbens-Leenes et al.，2009）。因此，虽然数据缺乏使得本研究水电站的绝对水足迹核算存在方法上的不确定性，但是绝对水足迹核算结果处于合理范围。

水电站相对水足迹的核算涉及水电站自身的蓄水-放水循环周期，尽管不同调节型的水电站的循环周期是一定的，但其蓄水时间可能因河道径流特征、外部电力需求等因素而存在一定的波动性。例如，日调节型水电站可能因夜间电力需求的陡增而在夜间加大放水发电，周调节型水电站可能因周末电力需求的陡增在周末加大放水发电，两者都会减少水电站的蓄水时间。然而，鉴于本研究所涉及的水电站案例较多，且电力需求曲线和河道径流特征都具有突发性和随机性，一定时期内无法据此获得较为准确的蓄水时间的波动特征。本研究中除年调节型水电站之外，其他短期调节型水电站的蓄水时间都取其蓄水-放水循环周期的一半。因此，本研究在筑坝式水电站的相对水足迹核算方法上也存在不确定性。

此外，本研究选取 15 座水电站（6 座筑坝式水电站和 9 座引水式水电站）作为核算不同水电开发类型的水足迹的案例，基于不同水电开发类型的水足迹平均值分别获得筑坝式水电站和引水式水电站的水足迹。由于可获得的水电站案例个数的限制，其代表性存在不确定性。为此，本研究在取绝对水足迹和相对水足迹平均值的过程中，分别剔除了最高值和最低值，以减少案例点之间数据的波动性，提高案例代表性。

### 3.4.2 碳足迹分析

本研究建立的隐含碳收支系统主要是在传统的间接碳足迹和直接碳足迹基础上，结合了由水电开发生态环境影响造成的隐含碳收支。

#### 3.4.2.1 对比分析

筑坝式水电站的碳足迹大于引水式水电站，表示单位装机容量的引水式水电开发比筑坝式水电开发具有更高的碳减排潜力。虽然主体工程建设的碳足迹强度通常随着工程规模的扩大而降低，但是主体工程规模扩大造成生态环境影响所带来的间接碳足迹却抵消了这种规模效应。除主体工程建设的间接碳足迹之外，其他间接碳足迹都来源于水电站建设和运行全生命周期对库区周边生态系统的影响。其中，由土地占用和人类生境破坏的间接碳足迹是水电开发全部间接碳足迹的主要来源，而筑坝式水电站建设过程中通常涉及较多的移民数量。此外，由于西藏地区特殊的高原地形地貌，水电站多为峡谷型水电站，9 座引水式水电站的装机密度都远大于 10 $W/m^2$，装机容量和水域面积均符合国际清洁发展机制（CDM）。按照表 3-7 推荐的缺省值，引水式水电站的湖库直接碳排放皆为 0。而另外 6 座筑坝式水电站，根据其水域面积和表 3-8 的相关统计值核算出湖库直接碳排放。虽然湖库的形成也为筑坝式水电站带来了一定的碳清除，但湖库的间接碳清除无法抵消其湖库的直接碳排放。因此，引水式水电站的隐含碳排放小于筑坝式水电站的隐含碳排放，前者的碳足迹也小于后者的碳足迹。

目前，水电开发的碳足迹核算主要针对引水式水电站，虽然水电开发的直接碳足迹已经引起了多方关注，但直接碳足迹并没有广泛纳入水电开发的碳足迹核算中，而生态服务相关的碳收支则完全被忽略（Prakash et al.，2011；Hondo，2005；Varun et al.，2012）。因此，传统的水电开发碳足迹仅仅为水电站的主体工程建设的碳足迹。以直孔水电站为例，其传统碳足迹（以 $CO_2$ 当量计）约为 $1.88\times10^{12}$ g，结合其全生命周期发电量后，其碳排放强度（以 $CO_2$ 当量计）约为 92 g/（kW·h）。这个碳足迹数据较文献综述中水电开发的碳足迹偏高，偏高原因包括：①本研究直接采用水电站的实际发电量计算其碳排放强度，该实际发电量以水电站满功率年运行 3 500 h 计算，实际发电量比理论发电量偏小，理论发电量的水电站满功率年运行时长经常超过 5 000 h。②本研究中筑坝式水电站和引水式水电站的运行年限全部设置为 30 年，少于通常认为的水电站运行年限 50 年，设置为 30 年有利于减少水电站在运行过程中因维修而消耗能源和材料的不确定性。因此，本研究从年满功率运行小时和运行年限两方面面较为实际和保守的数据来计算水电站生命周期的发电总量，偏小的发电总量使得水电站单位发电量的碳足迹偏大。

然而，筑坝式水电站真实的碳足迹却远非如此。①库区被淹植被腐化分解的温室气体排放争论已久，植被腐化分解的温室气体排放正在成为质疑筑坝式水电站低碳潜力的主要证据（Demarty et al.，2011；Dos Santos et al.，2006）。②除库区淹没之外，筑坝式水电站建设和运营也会造成一系列生态环境影响，如鱼类洄游阻断、水土流失、环境污染和生境破坏等，这些相关生态服务功能的降低引起大众对筑坝式水电站的可持续性的质疑，这类负外部性应该纳入水电开发的可持续性评价中。③筑坝式水电站库区水源涵养功能会对下游地区进一步发挥供水、防洪、便航等社会经济效益，并在库区增加文化娱乐价值，这类正外部性也应该纳入水电开发的可持续性评价中。

水电开发的可持续发展必须是建立在保护自然生态系统和妥善解决移民利益的基础之上。本研究基于水电开发生态环境影响的角度，综合水电开发对自然和人群的影响，从碳收支的角度内化水电开发的环境外部性，补充水电开发的隐含碳排放行为后再结合隐含碳清除行为，形成了一套新的水电开发的隐含碳收支系统。仍以直孔水电站为例，依据本研究的水电开发隐含碳收支系统，直孔水电站的碳足迹（以 $CO_2$ 当量计）约为 $3.97\times10^{12}$ g［195 g/（kW·h）］，比水电开发的传统碳足迹增加了 111.7%，表明目前筑坝式水电站的低碳潜力被高估。

#### 3.4.2.2 不确定性分析

水电开发的隐含碳收支系统补充完善了水电开发碳足迹研究框架，协同面向水电开发的可持续发展和低碳发展。然而，基于碳收支系统在量化不同的碳排放行为的过程中也具有方法上的不确定性。

针对土地占用的隐含碳排放，本研究采用净生态系统生产力（NEP）的累积变化来核算。然而，NEP 并不是自然生态系统最终的碳固定量，在砍伐、动物取食、自然火灾等状况下 NEP 折合得出的净生物群区生产力（net biome productivity，NBP）才是自然生态系统最终的碳固定量。因此，本研究在其隐含碳排放核算方法上具有不确定性，可能是其结果偏大。然而，虽然自然条件下的 NEP 会有一部分遭受到生物取食，但是当生物取食总量不变的前提下，这部分 NEP 的取食能够抵消相邻其他地区的 NEP 被取食，总体上生态系统的 NEP 不变。因此，在 NBP 无法准确获得的前提下，NEP 较为适合作为土地占用的隐含碳排放核算。

针对人类生境破坏的隐含碳排放，本研究采用简化后的移民安置工程来核算，可能造成其碳排放结果偏小。一方面，由于移民安置工程的复杂性，不同地区的安置方法并不统一，但是足够面积的新居建设是必不可少的；另一方面，新居配套设施的地区标准不统一以及旧居拆迁数据的获取难度，使得其隐含碳排放较难准确核算。因此，本研究采用新居建设工程投入核算人类生境破坏的隐含碳排放，前提是保证新居建设面积等于旧居面积。

针对土地占用和湖库形成的碳排放，本研究基于文献统计的相关平均值核算生态系统生产力下降的隐含碳排放和筑坝式水电站的湖库直接碳排放。由于净生态系统生产力和湖库碳排放强度与当地气候、植被、地貌等自然条件密切相关，其相关数据的准确获得都需要长期实地定点观测。受限于偏远的地理条件，目前西藏地区相关的生态系统生产力研究也是基于空间技术模拟获得。为了防止局地或某年生态系统生产力以及湖库碳排放的波动性，本研究尽量选取自然条件类似的、不同地区的、时间跨度较长的相关研究结果，统计出平均值。虽然该平均值并不能准确代表西藏当地的实际情况，但统一用于西藏地区不同水电站之间的横向比较，可在一定程度上消除方法不确定性带来的系统误差。

此外，本研究分别采用西藏地区 6 座筑坝式水电站和 9 座引水式水电站核算筑坝式水电站和引水式水电站的碳足迹。从个例结果上升到一般结果的过程中，由于不同河流甚至同一条河流不同河段上水电站案例在工程和生态环境影响方面的独特性，本研究获得的筑坝式水电站和引水式水电站碳足迹并不能完全代表所有水电站。

### 3.4.3 水-碳耦合系数分析

单位可利用水资源分配给筑坝式水电站比分配给引水式水电站能够带来更多的发电量。虽然就单位发电量而言，筑坝式水电站比引水式水电站具有更大的碳减排潜力，然而在筑坝式水电站与引水式水电站之间，两者在发电量上的差异更为明显，使得筑坝式水电站的水-碳耦合系数低于引水式水电站的水-碳耦合系数。表明单位装机容量的水电站达到单位碳减排潜力，筑坝式水电站比引水式水电站消耗更少的水资源，也可理解为影响更少的河道径流。

筑坝式水电站的径流利用过程是通过蓄水形成高水头来发电，引水式水电站的径流利用过程是通过引水形成较低水头来发电。单位发电量或者单位碳减排潜力的产生，筑坝式水电站需要的蓄水总量小于引水式水电站的引水总量。

当然，水-碳耦合系数核算结果也具有一定的不确定性。本研究是采用燃煤发电系统作为参照来核算不同水电开发类型的碳减排潜力。燃煤发电系统在众多发电系统中具有最高的碳足迹，以最高的碳足迹作为参照在一定程度上削弱了筑坝式水电站与引水式水电站在碳减排潜力上的差异性。当参照系统的碳足迹更小时（不小于水力发电系统的碳足迹），筑坝式水电站与引水式水电站在碳减排潜力上将具有更明显的差异性，从而两者的水-碳耦合系数将更为接近。然而，燃煤发电是我国电网的最主要供电来源，也是未来我国电力结构调整的重要目标电力系统，采用燃煤发电系统作为本研究的参照系统，是顺应了我国能源结构调整的大方向，符合我国的能源国情。

## 3.5 小结

本章综合考虑不同水电开发类型的水足迹和碳足迹，定量评价了水电开发过程中的耗水与碳减排的耦合效应。基于水电开发的耗水途径分析，构建了水电开发的复合水足迹系统，包括水电开发的绝对水足迹和相对水足迹。水电开发复合水足迹系统在传统水电站湖库表面蒸发的绝对水资源消耗基础上，重点补充水电站蓄水引水过程的相对水资源消耗。基于水电开发的碳排放途径分析，构建了水电开发的隐含碳收支系统，包括水电开发的隐含碳排放和隐含碳清除。水电开发隐含碳收支系统在传统水电开发工程建设的间接碳排放和湖库形成的直接碳排放基础上，重点补充水电开发生态环境影响造成的碳收支，总共量化了包括水源涵养、电力供给、环境污染、水土流失、连通阻断、土地占用、陆地生物生境破坏（湖库形成）和人类生境破坏等 8 大类的隐含碳排放（清除）行为。

西藏地区 15 座水电站案例的核算结果表明：单位装机容量的筑坝式水电站的水足迹小于引水式水电站的水足迹，即单位可利用径流分配给筑坝式水电站比分配给引水式水电站，前者能够承载更多的水电装机规模，即筑坝式水电站的用水效率要高于引水式水电站的用水效率。单位装机容量的筑坝式水电站的碳足迹大于引水式水电站的碳足迹，即单位发电量的碳减排潜力，引水式水电站要高于筑坝式水电站。同时，单位装机容量的水电站达到单位碳减排潜力，引水式水电站比筑坝式水电站要利用更多的径流。

水电开发的水-碳耦合效应研究旨在承接水电开发的水-碳耦合理论模型研究的基础上，进一步基于水电站以定量评价水电开发的水足迹、碳足迹和水-碳耦合系数。水足迹作为水电站对河道径流的利用程度的度量，也可理解为水电站的用水效率或用水强度。水电开发的水足迹是分析流域可利用径流在不同水电站类型之间分配的必要参数，由水电开发的水足迹和下文水电开发的水资源约束共同组成基于水-碳耦合过程的流域水电开发适度规模优化的约束条件。碳足迹则作为水电开发的碳排放总量的度量，是分析不同水电开发类型在能源替代后的碳减排潜力的必要参数，而碳减排潜力最大化是开展水-碳耦合的流域水电开发适度规模优化的目标函数。

# 第4章　水电开发适度规模计量模型

水电开发的水-碳耦合效应研究的出发点是使水电站利用有限的水资源达到最大的碳减排效果。因此，水电开发的碳减排潜力大小与水资源可利用量相关。从多年平均的角度可将流域水资源总量看作恒定值，该部分的水资源量担负着流域的生产、生活和生态用水。河道径流开发通常是流域水资源开发的主要形式，水电开发作为对河道径流开发利用的主要方式，涉及水电站发电用水、河道生态需水和流域其他产业用水三者之间的争夺。优先考虑河道生态需水和流域其他产业用水后，可供水电站利用的水资源将是稀缺的，形成水电开发的水资源约束。稀缺的水资源承载着流域水电可开发规模。为此，本章将统筹考虑水电开发的水足迹、碳足迹和水资源约束，构建水-碳耦合的流域水电开发适度规模计量模型。

## 4.1　水电开发的适度规模优化方法综述

水电开发的适度规模是在水电理论蕴藏量、技术经济可开发量的基础上，兼顾其他目的发展而来的，适度规模的主旨在于不能穷尽水能蕴藏潜力来开发水能资源。由于局部的单级水电站的适度规模优化经常无法达到流域尺度上水电开发规模的优化，因此下文分别介绍单级水电开发和梯级水电开发的适度规模优化方法。

### 4.1.1　单级水电开发

由于单级小水电（径流式水电站或引水式水电站）的生态环境影响较小，一般不会对下游河道造成显著的不可恢复的破坏。此外，小水电在电网中通常都担负基荷供电，其供电价格较低，并且其发电能力主要受制于天然径流，供电不够稳定，小水电工程的经济效益潜力较为有限。因此，小水电的适度规模通常较少兼顾河流生态环境保护，而表现为其自身的经济最优规模，即工程经济效益最大化为目标来设计单级小水电的最佳装机规模，具体主要表现在涡轮机规模的选择与组合上（Dos Santos et al.，2006；

Anagnostopoulos et al.，2007）。

多目标线性规划和非线性规划在小水电适度规模优化中得到了广泛应用。在掌握了河流水文规律的基础上，适度规模优化基础参数包括涡轮机类型、涡轮机规模、建设成本、净现值、内部收益率等。此外，除以常规的工程经济效益为优化目标之外，其他目标诸如发电水资源利用率、设备利用率、设备年利用小时、发电效率等多种目标也逐渐加入小水电适度规模优化目标中（Santolin et al.，2011；Yoo，2009；Mishra et al.，2011）。

由于单级大水电（筑坝式水电站）的生态环境影响相对较大，能在库区周边造成较大面积的淹没，并在蓄水过程中威胁下游河道的生态需水以及下游流域的生产生活需水。此外，大水电在电网中能同时担负基荷和峰荷供电，其供电价格较高，加上大水电自身的水资源调蓄能力，使其全年发电能力也较为稳定，大水电工程通常都具有较大的经济效益潜力。因此，大水电的适度规模优化通常都同时兼顾生态环境保护和供电，具体主要表现在水库水资源的优化调度（Reddy et al.，2006；Jager et al.，2008）。

多目标线性规划和非线性规划在大水电适度规模优化过程中也得到了广泛应用。单级大水电适度规模优化通常以发电能力最大化为目标，同时以水量平衡、水库最小蓄水、最小下泄生态流量（兼顾生态环境保护）、最小出力等作为约束条件，开展适度规模优化，获得最佳的水库调度规律。此外，除了常规的供电能力目标，大型水电站的供水、防洪等其他功能也逐渐加入大水电适度规模优化目标之列。为了有效解决适度规模优化过程中的非线性问题，遗传算法、混沌神经元网络、粒子群优化等数据挖掘方法都正在被用来研究水电站的蓄水放水规律，以实现在兼顾生态环境保护的前提下，最大限度地发挥大型水电站的综合效益（Li et al.，2009；Zhang et al.，2013；Ma et al.，2013）。

### 4.1.2 梯级水电开发

流域尺度上梯级水电站的无序开发正是导致我国水电站年平均利用小时数正在逐步降低的主要原因。从20世纪80年代至今，我国水电站的年平均利用小时数已经从5 000～6 000 h下降到2 000～3 000 h，水电站的发电效率正在逐步降低（卢祖贵，2009）。因此，流域尺度上水电开发的适度规模优化尤其必要。流域尺度上的水电开发规模可分为理论蕴藏规模、技术可开发规模、经济可开发规模以及适度开发规模。

水电理论蕴藏规模指河流的天然径流从高流到低而产生的能量，在天然情况下这些能量损耗于各种摩擦阻碍（如冲刷河槽、输移泥沙等），水电理论蕴藏规模可用功率（kW、MW和TW）或年发电量（kW·h、MW·h和TW·h）来表示，水电理论蕴藏规模的大小与水量和水头（落差）的乘积成正比（Kucukali，2010）。传统的水电理论蕴藏规模的核算方法是通过实测河道地形，基于有限元法，将天然河段分成无数个断面后，沿河长积分求得，该传统方法数据量大且计算繁琐。近年来开始引入空间分析技术来探测河流水电理论蕴藏潜力。地理信息系统（GIS）、遥感技术（RS）结合数字地形模型已经被广泛地应用于土耳其（Fitzgerald et al.，2012）、印度（Dudhani et al.，2006）、南美洲（Palomino et al.，2013）等的水电理论蕴藏潜力核算和水库最佳选址确定。水电技术可开发规模是所有已开发的和现有技术条件下能够开发的水电站址合计的水电规模，不考虑经济或其他条件。水电经济可开发规模是指当今地区经济条件可行的情况下，已开发和将要开发的资源量，是技术可开发规模中与其他能源相比更具有竞争力、更具有经济开发价值的水电资源（艾明建等，1997）。

世界范围内的水电理论蕴藏规模、水电技术可开发规模以及水电经济可开发规模如表 4-1 所示。其中，水电技术可开发规模约占理论蕴藏规模的 34.2%，经济可开发规模约占技术可开发规模的 50.0%。

**表 4-1 世界水电理论蕴藏规模、技术可开发规模和经济可开发规模比较** 单位：TW

| 地区 | 理论蕴藏规模 | 技术可开发规模 | 经济可开发规模 |
|---|---|---|---|
| 北美洲 | 5 817 | 1 509 | 912 |
| 南美洲 | 7 533 | 2 868 | 1 199 |
| 西欧 | 3 294 | 1 822 | 809 |
| 中、东欧 | 195 | 216 | 128 |
| 苏联 | 3 258 | 1 235 | 770 |
| 中东和北非 | 304 | 171 | 128 |
| 撒哈拉以南非洲 | 3 583 | 1 992 | 1 288 |
| 南亚 | 3 635 | 948 | 103 |
| 亚太地区 | 5 520 | 814 | 142 |
| 其他地方 | 7 645 | 2 370 | 1 486 |
| 世界总计 | 40 784 | 13 945 | 6 965 |

数据来源：Yüksel，2012。

流域水电开发的适度规模是在流域生态环境保护的呼声中发展而来的，针对水电开发对河流生态系统造成的不可逆影响，人们开始思索水电开发的可持续发展模式，不再仅以技术可开发和经济可开发为基准。有学者较早就提出了综合河道生态需水、流域景观形态、生物多样性等多种指标来综合评价绿色水电和环境可开发规模（environmentally compatible hydropower），但该方法仅适合于评价已建水电站是否绿色或环境可开发，目前还无法用于流域水电开发的适度规模规划（Bratrich et al.，2004）。

总体来看，保障河流生态需水是已经纳入流域水电开发适度规模优化案例中的较为成熟的理念（Babel et al.，2012）。我国学者通过大量水电站样本数据分析，拟合了我国西南地区水电站装机规模与水电站下泄的相关关系，获得了两者的平衡点，根据平衡点和不同生态需水量要求，获得了我国西南地区考虑下游不同生态需水要求下的水电开发适度规模（Fang et al.，2011；Fang et al.，2010）。

## 4.2 流域水电开发适度规模计量框架

基于水-碳耦合原理的流域水电开发适度规模是利用有限的径流资源达到最大的碳减排效果。因此，流域水电开发的碳减排潜力最大化为其优化目标，流域水电开发的可利用径流为其约束条件。水电开发的水足迹从需水角度考虑，流域可利用径流从供水角度考虑，两者双向组成流域水电开发适度规模的约束方程。水电开发的碳足迹是在列出碳减排潜力目标函数时的基础参数。流域尺度上的水电开发通常都是梯级开发模式，主要包括筑坝式水电站、引水式水电站和径流式水电站的混合梯级开发。不同的水电站类型具有不同的水资源利用方式和固碳效率。水电站之间除竞争性用水之外，还存在梯级水电站之间的合作。因此，流域水电开发适度规模的优化结果是不同水电站类型的组合以及不同水电站类型的规模，其实质是稀缺的水资源在不同水电站之间的优化分配问题（如图4-1所示）。

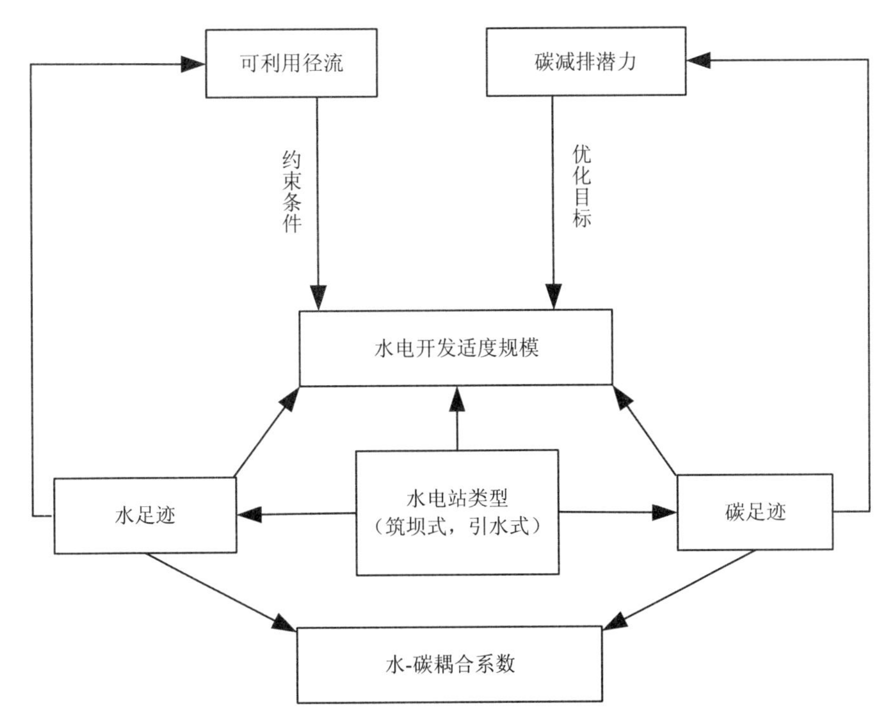


图4-1 基于水-碳耦合原理的流域水电开发适度规模计量框架

因此，基于水-碳耦合原理来获得流域水电开发适度规模的必要条件包括不同水电开发类型的碳足迹和水足迹以及目标流域可供水电开发的径流总量。不同水电开发类型的碳足迹与水足迹在前文已经获得，而目标流域可供水电开发的径流总量依赖于其水资源约束，下文将基于水电开发的水资源双限约束框架来构建流域水电开发适度规模的计量模型。

## 4.3 流域水电开发的水资源双限约束

下文先开展流域水电开发的水资源双限约束原理分析，再构建流域水电开发的水资源约束核算方法。

### 4.3.1 水资源双限约束原理分析

长期以来人们对河流水资源的开发利用是以满足农业、工业和生活用水为出发点，对河流生态系统本身必须留存和消耗的水资源重视不够。工农业用水与生态需水的争夺，不合理的用水配置使得流域面临着枯水季断流、湿地萎缩、河道泥沙淤积等一系列严重的水生态问题，河流水资源的可再生性受到严重威胁（杨志峰等，2006）。

水电站水库的运行通常以满足生产生活的供电和供水为主要目标，并没有兼顾河流生态系统的长期保护。这种以经济效益最大化的水库运行机制无法保证合理的下游径流情势以维持河流生态系统的生态功能。河流生态系统在水质净化、水气循环、地下水补给和水生生境维持等方面发挥着重要作用。筑坝式水电站水库运行或引水式水电站引水对下游径流情势的改变都可能会影响河流生态系统，进而削弱其生态功能。因此，水电开发的水资源约束表现在必须保证河道内有充足的水资源来维持河流生态系统基本的生态功能。

河流生态系统的基本生态功能主要表现在能够提供足够空间的生物生境，并能维持一定的生物数量和生物多样性。当然，生物生境供给是以保证一定的河道流量为基础。因此，维持河流生态系统基本生态功能的水资源约束通常表现在三方面：维持生物生境、维持生物数量和保证河道最小生态需水。

通常选取多种鱼类（特有种或常见种）作为目标物种，并通过测算目标物种的非生物环境来评价生物生境约束状况。鱼类的非生物环境主要体现在水动力学方面，以水深和水速为主要特征。此外，非生物环境还包括溶解氧、水温等水质条件（Jager et al.，2008）。水质条件可与水速建立起相关关系，最后获得保证一定水质条件下的生物生境所需的最佳水电站蓄水放水规律，即为维持生物生境的水资源约束，而该约束通常表现为最小或最佳的河道基本流量（Yi et al.，2010）。

生物数量约束状况也通常选取多种鱼类作为目标物种或目标群落进行测算，通过目标物种的种群数量或目标群落的生物多样性来测算其种群或群落概况。大坝建设造成洄游性鱼类数量减少已是不争的事实，上游梯级大坝的建设甚至会威胁下游渔区的食品安全（Orr et al.，2012）。由于鱼类在不同龄期的生境要求不同，为了保证鱼类顺利完成其生命周期来达到鱼类生物多样性或种群数量的连续性，随时间不断变化的河道流量是必要条件（Harman et al.，2005）。因此，维持生物数量的水资源约束通常表现为河道基本流量与河道动态流量之和。

保证河道最小生态需水约束不再以生物种群的生境或数量为基础，而是以河道自身的历史流量为基础。河道最小生态需水是指维持河流生态系统的基本生态功能，河道内应保持的最小的流动水量（钟华平等，2006）。该环境约束具有假定的前提条件，即保证河道最小生态需水状况下，河流能够保证自身的生态系统健康来维持生物生境和生物数量及诸多其他生态功能。由于保证最小生态需水的实际可操作性更强，河道最小生态需水约束在水电开发规划与水电站运行中应用最为广泛（Fang et al., 2010; Fang et al., 2010; Babel et al.，2012；Pérez-Díaz et al.，2010）。

因此，维持河流生态系统基本生态功能的三类水资源约束的表现方式具有共同点，即必须保证一定的河道基本流量，而不同点在于生物生境约束和生物数量约束作为更严格的资源约束条件，除河道基本流量之外，还要求有动态流量或者最佳的流量区间。因此，综合上述三类水资源约束，水电开发的水资源约束表观方式可归结为一点，即形成逐月的河道径流可变区间。在天然状况下，逐月的河道径流区间存在最小生态流和最大洪水流，该区间是生物经过长期适应的栖息区间。因此，河道径流可变区间由河道最小生态流和最大洪水流组成，形成水电开发的水资源双限约束。同时，流域工农业用水的争夺会使得该径流区间缩小，进一步限制水电开发对河道径流的改变幅度（如图4-2所示）。

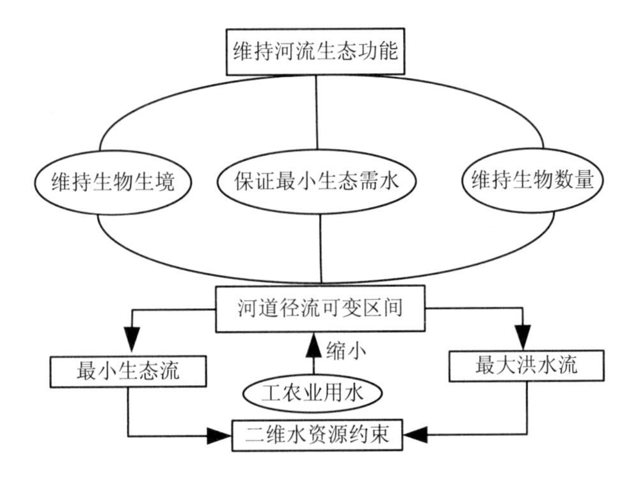


图4-2　水电开发的水资源双限约束框架

### 4.3.2 水资源双限约束核算方法

基于上述水电开发的水资源约束原理分析，下文采用逐月的最小河道生态需水和最大河道洪水位组成河道径流可变区间。河道生态需水的计算方法包括水文学法、水力学法、水文-生物分析法、生境模拟法、综合分析和环境功能设定法等（杨志峰等，2003；郭新春等，2009；孙涛等，2005）。与其他河道生态需水核算方法相比，基于河流历史径流量的水文学法较为简单且所需数据易获取，较为适合对精度要求较低的河流前期规划阶段的生态需水核算。基于水文学法来计算生态需水在我国也得到了广泛的应用（宋兰兰等，2006；倪晋仁等，2002）。在长期的应用过程中，水文学法也存在一些弊端，主要表现在河道生态需水在年内的分布是随着季节变化而动态变化，而常规的水文学法是试图估算出静态的生态需水量。学者们通常是将水文学法与其他核算方法相结合来获得动态的最小生态需水（王西琴等，2007；杨志峰等，2006），但这个核算过程需要额外大量的基础数据，计算过程过于复杂而较难广泛应用。

有学者构建了分期展布的河道生态需水估算方法，发展了水文学方法在河道生态需水动态性方面的应用。分期展布的河道生态需水是指根据河流天然径流特征将年内径流分为若干时期，分别核算各个时期的最小生态需水，从而体现出河道生态需水的年内动态性。该方法结合年内各月最小月均径流量的年均值（简称最小年均径流量）与多年年均径流量，两者之比得到同期均值比，并通过该同期均值比与各月多年月均径流量的乘积来展布计算河道每月的最小生态需水（潘扎荣等，2013）。同理，本研究结合年内各月最大月均径流量的年均值（简称最大年均径流量）与多年年均径流量，两者之比得到同期均值比，并基于此来展布计算河道最大洪水位。两者结合继而获得不同径流期的河道径流可变区间。河流天然最小月均径流和最大月均径流是能够满足河流基本生态环境功能的径流区间，在这个区间内，水生生物能够保持正常的群落结构，河流生态系统也不会遭受不可恢复的破坏。

径流分期以各月多年月平均径流为基础数据，根据各月多年月平均径流大小，基于SPSS 16.0实现聚类分析，获得3个类别，即平水期、汛期和枯水期。基于上述的径流分期原理和生态需水核算原理，不同径流期的河道径流可变区间计算方法如式（4-1）～式（4-4）所示。

$$\overline{Q}=\frac{1}{m}\sum_{i=1}^{m}\overline{q_i}，\quad \overline{q_i}=\frac{1}{n}\sum_{j=1}^{n}q_{ij} \tag{4-1}$$

$$\overline{Q}_{\min}=\frac{1}{m}\sum_{i=1}^{m}q_{\min(i)}，\quad q_{\min(i)}=\min(q_{ij}) \tag{4-2}$$

$$\overline{Q}_{\max}=\frac{1}{m}\sum_{i=1}^{m}q_{\max(i)},\quad q_{\max(i)}=\max(q_{ij}) \tag{4-3}$$

$$\eta_1=\overline{Q}_{\min}/\overline{Q},\ \eta_2=\overline{Q}_{\max}/\overline{Q},\ Q_i=[\eta_1,\eta_2]\times\overline{q}_i \tag{4-4}$$

式中：$\bar{Q}$ —— 某径流期内河道多年平均径流量，$m^3/s$；

$\bar{q}_i$ —— 第 $i$ 个月的多年月均径流量，$m^3/s$；

$q_{ij}$ —— 第 $j$ 年第 $i$ 个月的月均径流量，$m^3/s$；

$\bar{Q}_{\min}$ 和 $\bar{Q}_{\max}$ —— 某径流期内河道多年最小年均径流量和最大年均径流量，$m^3/s$；

$q_{\min(i)}$和 $q_{\max(i)}$ —— 第 $i$ 个月的多年最小月均径流量和最大月均径流量，$m^3/s$；

$\eta_1$ 和 $\eta_2$ —— 同期均值比（小）和同期均值比（大）；

$Q_i$ —— 第 $i$ 个月的河道水文情势区间，由河道最小生态需水和河道最大洪水位组成，$m^3/s$；

$n$ —— 统计年数；

$m$ —— 某径流期持续的月数。

水电开发活动通过改变下游河道水文情势，对下游河道、近河岸和河口生态系统产生一系列生态环境影响。由于水电开发对水温的影响河段长度相对较短，水电开发改变河道水文情势主要表现为影响下游河道水量，而且河道水量的改变通常也直接影响河流的输沙、输盐、水气循环等其他生态过程。水电开发对下游河道水量的影响包括两个方面：①在蓄水和引水过程中降低下游河道径流。②筑坝式水电站放水过程会增加下游河道径流。因此，水资源双限约束框架下，水电开发对下游河道径流的降低程度应该限制在最小生态流以上，水电开发对下游河道径流的增加应该限制在最大洪水流以下。

流域水电开发的水资源双限约束是从供水的角度，面向维持河流生态系统的基本生态功能，同时充分考虑流域产业用水，研究河道径流总量、河道径流可变区间和流域产业用水三者协同对水电开发产生的水资源约束，核算出水资源约束下水电开发的可利用水资源，作为下文水电开发适度规模优化计量模型的约束条件。

## 4.4 流域水电开发适度规模计量模型

基于水-碳耦合过程的流域水电开发适度规模优化的计量模型包括目标函数与约束方程。

### 4.4.1 目标函数

水电开发的主要目标是满足区域的电力需求，同时水电作为最具有碳减排潜力的低碳能源之一，是国家碳减排背景下重要的替代能源。因此，下文分别从供电导向和低碳导向设置流域水电开发适度规模优化的目标函数，供电导向与低碳导向下的水电开发适度规模优化共同组成流域水电开发的适度规模区间。

#### 4.4.1.1 供电导向

水电开发的首要目标是供电。西藏地区近期社会经济发展面临着巨大的电力缺口，其丰富且待开发的水能资源不仅可以满足当地社会经济发展的电力需求，也能补给我国中东部地区能源需求。由于光伏发电和风力发电的不稳定性，以及西藏当地煤炭资源的贫乏，巨大的水能蕴藏量使得在西藏地区通过水力发电比其他形式的发电系统更可行。

供电导向的目标函数分为两个层次，第一层次是流域水电开发适度规模以满足流域内部近期的电力需求为目标；第二层次是面向远期的藏电外送计划，流域水电开发适度规模以水电装机规模最大化为目标。

（1）满足流域内部近期的电力需求

西藏水电开发规划的近期目标（2020 年之前）以满足西藏当地电力需求为主，因此，满足流域近期内部的电力需求的目标函数如式（4-5）所示。

$$X_1 + X_s \geqslant D \tag{4-5}$$

式中：$X$—— 水电开发规模，MW；

下标 l 和 s —— 筑坝式水电站和引水式水电站；

$D$ —— 流域近期内部的电力需求，MW。

（2）面向远期的藏电外送计划

西藏水电开发规划的中长期目标（2020 年之后）中，水力发电将纳入藏电外送计划。面向未来的藏电外送需求总量的不确定性，供电导向下流域水电开发的优化目标设计分为流域水电开发规模的最大化，最大化的供电有利于满足未来藏电外送需求，目标函数如式（4-6）所示。

$$\max f(X) = X_1 + X_s \tag{4-6}$$

#### 4.4.1.2 低碳导向

与供电主要目标相比，水电开发的另一目标是碳减排。我国承诺到 2020 年，单位 GDP 的温室气体排放强度比 2005 年下降 40%～45%。与调整产业结构、提高能源利用效率等措施相比，提高可更新能源利用比例以升级能源供给结构才是同步满足经济发展需求和碳减排需求的根本措施。尤其在西藏地区，其巨大的水力蕴藏量将对改变我国未来的能源供给结构发挥重要作用。

碳减排潜力的实现发生在水电替代其他电力系统的过程中，而其减排潜力的估算与被替代的电力系统的碳排放强度相关。由于不同的电力系统的碳排放强度不同，除水力发电之外，还存在化石能源电力系统、风力发电系统、光伏发电系统和地热发电系统等。因此，不同的替代电力系统将使得碳减排潜力估算存在很大的不确定性。

为了减小水力发电替代其他不同能源电力系统的碳减排潜力的不确定性，低碳导向下的流域水电开发优化目标设置为：不管是面对近期流域内部电力需求还是远期藏电外送计划，流域水电开发以最为低碳的方式供电。当流域水电开发自身的碳足迹最小时，替代其他任何电力系统，都能产生最大化的碳减排潜力，其目标方程如式（4-7）所示。

$$\min f(X) = (X_1 \times \mathrm{CF}_1 + X_s \times \mathrm{CF}_s) \times 10^6 \tag{4-7}$$

式中：CF —— 水电开发的碳足迹（以 $CO_2$ 当量计）；

下标 l 和 s —— 筑坝式水电站和引水式水电站；

$CF_l$ 和 $CF_s$ —— 33 558 g/W 和 29 027 g/W。

### 4.4.2 约束方程

在流域尺度上，年调节型水电站通常作为流域的龙头水电站，且年调节型水电站对河道径流的调节作用是改变河道水文情势的主要因素。本研究以年调节型筑坝式水电站和引水式水电站为例，分析水电开发在不同径流时期对河道径流的影响特征，继而列出流域水电开发适度规模优化的约束方程。

筑坝式水电站在丰水期蓄水，减少下游河道径流，在坝下形成减水河段，如图 4-3 所示。筑坝式水电站在枯水期放水，增加下游河道径流，在坝下形成增水河段，如图 4-4 所示。引水式水电站无径流调节功能，丰水期和枯水期都在引水，在引水口和尾水汇入口之间形成减水河段，待尾水完全回归河道后，引水式水电站的径流减少效应消失，如图 4-5 所示。

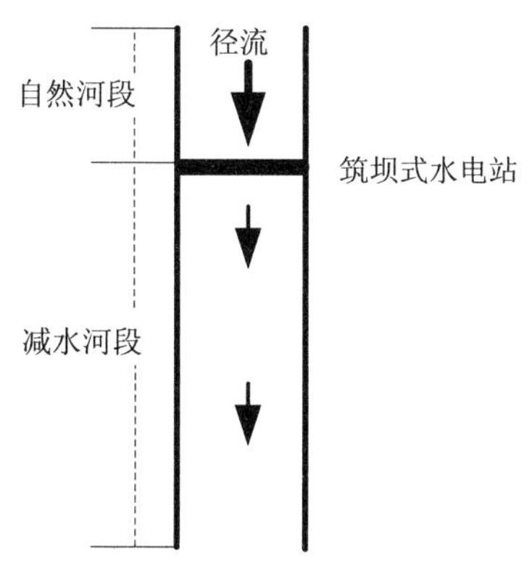


**图 4-3　丰水期筑坝式水电站运行对河道径流的影响**

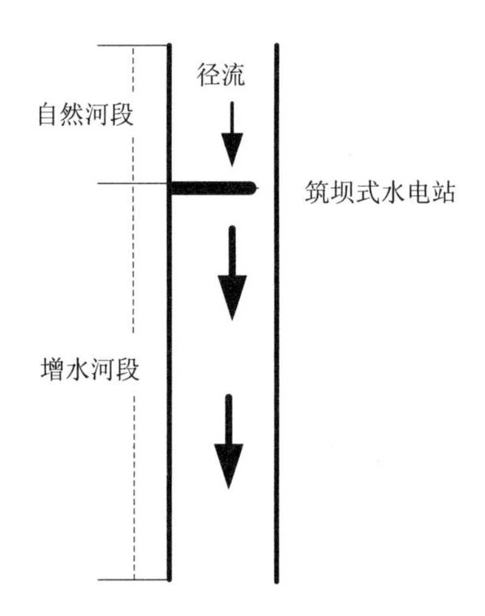


图 4-4　枯水期筑坝式水电站运行对河道径流的影响

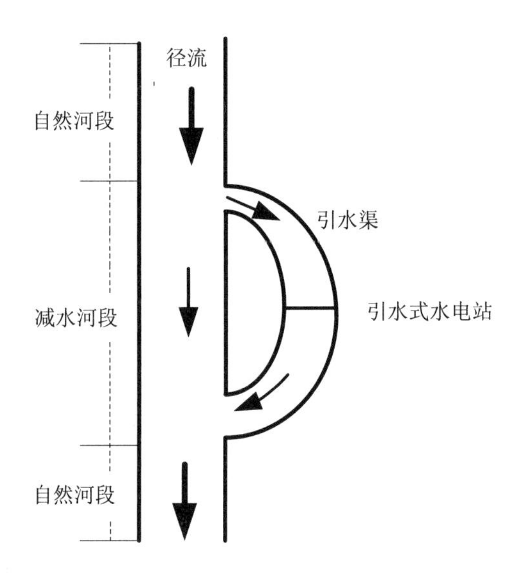


图 4-5　引水式水电站运行对河道径流的影响

在水资源双限约束框架下，水电开发对下游河道径流的降低程度应该限制在最小生态流以上，水电开发对下游河道径流的增加应该限制在最大洪水流以下。也就是说，在满足河道最小生态流和最大洪水流约束下，水电开发对河道径流的减少量不能超过满足河道生态需水后的剩余可利用径流，同时，水电开发在枯水期对河道径流的增加量不能超过满足枯水期最大洪水流约束后的剩余可增加径流。

一般情况下，筑坝式水电站位于流域中上游，引水式水电站位于流域下游，上游筑坝式水电站对径流的调节作用有助于提高下游引水式水电站的发电负荷。考虑到水电站满功率年平均运行时长仅 3 500 h，在可利用水资源不充足的状况下，水电站多是降低功率运行或停运。因此，本研究基于满足不同径流期的水资源约束后的最大可利用瞬时流量来列出不同层次的约束方程，实现水电站在满足水资源约束下充分利用径流发电。流域水电开发适度规模优化的约束方程如下。

在丰水期，拉萨河流域水电开发适度规模的水资源约束表现为：筑坝式水电站的水足迹（相对水足迹和绝对水足迹之和）以及引水式水电站的相对水足迹（引水式水电站的绝对水足迹相对较小，可忽略不计）之和不超过满足水资源约束后的河道最大可利用流量，其约束方程如式（4-8）所示。

$$X_1 \times \mathrm{WF}_1 + X_s \times \mathrm{WF}_{2s} \leqslant \max(\mathrm{UF}_1) \tag{4-8}$$

式中：$\mathrm{WF}_1$ —— 筑坝式水电站的水足迹，等于 0.601 $m^3$/（s·MW）；

$\mathrm{WF}_{2s}$ —— 引水式水电站的相对水足迹，等于 1.874 $m^3$/（s·MW）；

$\max(\mathrm{UF}_1)$ —— 满足丰水期河道径流可变区间后的河道最大可利用流量。

在枯水期，筑坝式水电站在丰水期的相对水足迹（蓄水总量）将成为增加枯水期河道径流的额外水源。因此，枯水期的约束方程分别表现在以下两个方面。

（1）扣除引水式水电站的相对水足迹和筑坝式水电站的绝对水足迹后，筑坝式水电站最终净增加的河道径流量不超过满足水资源约束后的河道最大可增加流量，其约束方程如式（4-9）所示。

$$X_1 \times (\mathrm{WF}_{21} - \mathrm{WF}_{11})\frac{T_1}{T_2} - X_s \times \mathrm{WF}_{2s} \leqslant \max(\mathrm{UF}_2) \tag{4-9}$$

式中：$\mathrm{WF}_{21}$ —— 筑坝式水电站的相对水足迹，为 0.598 $m^3$/（s·MW）；

$\mathrm{WF}_{11}$ —— 筑坝式水电站的绝对水足迹，为 0.003 $m^3$/（s·MW）；

$T_1$ —— 丰水期持续的时间，等于 13 219 200 s；

$T_2$ —— 枯水期持续的时间，等于 18 316 800 s；

$\max(\mathrm{UF}_2)$ —— 满足枯水期河道径流可变区间后河道的最大可增加流量。

（2）筑坝式水电站的绝对水足迹和引水式水电站的相对水足迹之和不超过筑坝式水电站最终增加的河道径流量与满足水资源约束后河道的最大可利用流量之和，其约束方程如式（4-10）所示。

$$X_s \times \mathrm{WF}_{2s} + X_1 \times \mathrm{WF}_{11} - X_1 \times \mathrm{WF}_{21} \times \frac{T_1}{T_2} \leqslant \max(\mathrm{UF}_3) \tag{4-10}$$

式中：$\max(\mathrm{UF}_3)$ —— 满足枯水期河道径流可变区间后的河道最大可利用流量。

从上述三类约束方程式可以看出，引水式水电站的相对水足迹和筑坝式水电站的绝对水足迹贯穿全年（丰水期和枯水期），筑坝式水电站的相对水足迹只存在于丰水期，而丰水期的相对水足迹能转变为枯水期增加河道径流的额外水源。流域水电开发适度规模优化的水资源约束在于：水电开发对下游河道流量的累积减少程度必须以保证河道最小生态需水为前提，且水电开发对下游河道流量的累积增加程度必须以保证不超过河道最大洪水位为前提。满足水资源约束后的流域水电开发适度规模优化实质上是根据目标函数在不同水电开发类型之间分配剩余可利用水资源。

## 4.5 小结

基于水-碳耦合原理的流域水电开发适度规模计量拟利用稀缺的水资源量达到最大的碳减排潜力。以水资源约束下流域剩余可利用水资源作为约束条件，以流域水电开发的碳减排潜力最大化为优化目标（低碳导向），形成基于水-碳耦合过程的水电开发适度规模优化的计量模型。同时，鉴于流域水电开发最主要的目标是供电，同时设置流域水电开发的装机规模最大化为优化目标（供电导向）。低碳导向与供电导向的流域水电开发适度规模优化将共同组成流域水电开发适度规模区间。

水资源双限约束框架是在传统的河道最小生态需水基础上，结合河道最大洪水位，形成河道径流可变区间，该区间是天然状况下水生生物经过长期适应后的栖息区间。水资源双限约束框架针对水电开发平衡河道径流的年内分布状况，创新性地提出设置最大上限，即水电开发对河道径流的降低程度不应该超过河道最小生态需水，以及水电开发对河道径流的增加程度也不能超过河道最大洪水位。同时，流域产业用水对水电站发电用水的争夺效应会进一步缩小河道径流可变区间，形成更小范围的水资源双限约束。

基于水-碳耦合原理构建流域水电开发适度规模的计量模型后，第 8 章将以拉萨河流域为案例，在获得拉萨河流域水电开发的水资源约束的基础上，核算出拉萨河流域水电开发适度规模。

# 第5章　水电开发生态补偿类型与方法

## 5.1　生态补偿内涵与类型

生态补偿首先是生态学意义上的概念，亦指自然生态补偿，可以看作生态负荷的还原能力（《环境科学大辞典》编委会，1991）。后来，由于环境污染问题的产生和加剧，生态补偿被认为是对生态破坏地的恢复，或新建生态场所对原有生态功能或质量的替代。也有学者将其定义为“对在发展中的生态功能和质量所造成损害的一种补助，这些补偿的目的是提高受损地区的环境质量或者用于创建新的具有相似生态功能和环境质量的区域”（Cuperus et al.，1996）。20世纪90年代以来，为了解决经济社会发展中存在的大量资源耗竭和生态破坏问题，一些国家和地区尝试采用经济手段调整人们的生产与生活方式，促进生态环境的保护与建设，逐步形成“生态补偿”这一资源环境保护的经济手段（燕守广，2009）。

### 5.1.1　国外生态补偿研究

国际上开展的生态补偿按补偿原则可分为以下两种：第一种是基于“污染者付费”的生态补偿，由生态环境破坏者向破坏的生态环境和因此导致的受害者进行补偿或赔偿，主要表现为环境污染损害的生态补偿项目。第二种是基于“受益者付费”的生态补偿，由生态系统服务受益者向生态系统服务提供者或生态工程建设者因保护生态环境所造成的损失进行补偿，即为环境服务支付或生态服务付费（paying for environmental/ecosystem services，PES）项目，国内许多学者将生态补偿与PES等同对待。以上两种补偿项目在国际上开展较为成熟，对于我国的生态补偿未来建设具有重要的借鉴意义，因此本小节对其研究展开如下综述。

#### 5.1.1.1 环境污染生态补偿研究进展

环境污染损害的生态补偿是美国国家海洋和大气管理局（National Oceanic and Atmospheric Administration，NOAA）于 1997 年提出，用于解决石油泄漏带来的海洋污染的生境修复问题（Dunford et al.，2004）。这是一种基于“污染者赔偿”的生态补偿，通过建立恢复工程直接对受损生境和环境服务进行补偿。

美国是最早建立完备环境损害评估和赔偿制度的国家，现已形成一套较为完整的自然资源环境损害评估制度和法律体系，如《清洁水法》、《综合环境反应、赔偿和责任法》和《石油污染法案》，分别针对石油物质泄漏、有毒有害物质排放和危险固体废物不当处置造成的当地污染和资源环境损害进行应急响应、责任追究和治理恢复（张红振等，2013）。2004 年，欧盟颁布了第一部具有严格环境责任并强制执行的环境责任指令（Environmental Liability Directive，ELD），该指令在借鉴美国环境损害立法经验基础上，以环境污染损害预防和受损生态环境恢复为理念对生态环境损害范围进一步明确，包括栖息地、水体污染和土壤污染 3 个方面（Martin-Ortega et al.，2011）。与环境污染损害补偿类似，日本在应对污染公害事件中也形成了健康受害补偿制度，其早在 1973 年制定的《公害健康受害补偿法》中规定了相对完善的环境行政补偿制度，主要用于政府指定的公害病，由政府以及企业共同出资，建立补偿基金来救济公害受害人。其在补偿原则、补偿项目和分摊比例、赔偿者范畴、赔偿的规则都有明确规定，补偿标准根据环保支出占 GDP 比例而定（林黎等，2011）。

相对于生态系统服务付费项目，国际环境污染损害生态补偿制度有较为完备的法律支持，在立法中对各方权责关系、评估模式、资金来源等做了明确规定。在环境污染损害生态补偿机制中，一般由政府各部门作为自然资源受托人开展自然资源环境损害评估，在对损害因果关系判定与量化、确定受损害资源提供的服务数量和质量后，向潜在责任方提交交纳损害赔偿金和评估费用的书面要求。生境等价分析法、资源等值法、等值分析法等自然资源环境损害评估采用的方法，现已广泛应用于美国具体环境损害案例中，并向欧盟成员国应用推广（Cox，2007）。欧盟提出在评估环境损害和选择修复项目时使用 REMEDE 工具包，其通过运行一系列的经济学和生态学方法，确定补充和补偿性修复措施的类别和规模。实践的成功案例有西班牙的大坝库区和港口修建、德国的煤矿开采以及瑞典的铁路建设等（Ozdemiroglu et al.，2009）。

从环境损害补偿可以看出，一方面，生态补偿的有效执行需要通过政策介入，而对于环境损害的这种破坏性补偿则需要强制性政策介入；另一方面，从环境损害补偿研究来看，资源环境价值评估依然是补偿核算的中心，但由于资源环境服务不能完全在市场中体现，补偿模式也逐渐从基于货币化表征向基于服务等价的生境补偿转型。

#### 5.1.1.2 生态系统服务付费研究进展

PES 是一种为了实现生态环境保护，将外在的、非市场环境价值转化为当地参与者提供生态服务的财政激励机制的方法，其项目发生需要 5 个条件，即存在一种自愿的交易，有明确定义的生态系统服务或保证此种服务的土地，有至少 1 个生态系统服务购买者，至少1个提供者，当且仅当服务提供者能够保障服务的供给，PES才能够开展（Wunder，2005）。这种将外在的、非市场环境价值转化为当地参与者提供生态服务的财政激励机制有效地推动了生态环境保护的发展。PES 项目已在英国、美国、尼加拉瓜、哥斯达黎加、哥伦比亚、墨西哥、南非等国家和地区广为开展，主要集中在森林固碳、流域水环境保护、生物多样性保护等方面（Kosoy et al.，2007；Dobbs et al.，2008；Muñoz-Piña et al.，2008；Turpie et al.，2008；Barton et al.，2009）。

从各国的实践来看，PES 是一个有效的激励机制，同时也是一种筹资机制，项目的组织形式主要取决于项目的付费来源，是环境服务的使用者、政府或是第三方团体（Wunder et al.，2008）。确定土地利用提供的生态服务是界定 PES 补偿范围的前提，但是一般根据不同项目的组织形式以机会成本法或协商法确定具体的付费标准。换言之，PES 环境服务付费项目是基于环境服务的项目，但对环境服务的付费并不完全是环境服务的价值（Kosoy et al.，2007）。

尽管 PES 机制受到全世界学者关注，也有大量的有关研究，但是对于 PES 尚未有公开的条例或说明文件。较之生态补偿，PES 项目以自由交易为前提，多种组织方式共存，是一种通过实践发展而不断完善的体制。根据对已有文献调研，现阶段对 PES 研究主要集中在以下三方面。

（1）PES 实施的有效性研究。由于生态系统服务与人类活动的定量关系难以确定，使得PES实施的具体成效难以估量，因此PES的实施效率成为学者们讨论的热点（Kemkes et al.，2010）。当生态服务使用者支付预期效益的机会成本时，PES 被认为是有效的，否则会带来社会的低效（Engel et al.，2008）。由此，从环境保护成本、社会成本、付费方式等角度对 PES 项目的成本效率分析广泛开展（Persson，2013）。

（2）PES 实施过程中的公平性研究。为促进生态环境和地区的整体发展，在 PES 项目中环境保护与利益分配问题一并存在，但是效率与公平在实践中难以兼顾，不同组织形式的 PES 也会带来不同的公平问题（Sommerville et al.，2010）。因此 PES 的公平与效率权衡成为学者们争论的焦点，基于公民的参与意愿（Schroeder et al.，2013）、支付偏好（García-Amado et al.，2011）、效益分配（Sommerville et al.，2010）、公平与效率权衡（Pascual et al.，2010）内容的 PES 研究近些年逐步展开。

（3）PES 机制研究。在一些实践中 PES 作为“多重功效”的工具，改善环境的同时，减少贫穷、促进区域发展。随着 PES 项目实践过程中效率、公平问题的讨论深入，学者们开始对 PES 机制从福利经济学等角度进行分析和审视（Tacconi，2012）。PES 已不是最早利用公共政策于市场配置的方法，其更主要是对政府-市场-团体关系的重置安排（Vatn，2010）。考虑了效率-公平，使得 PES 不再仅是内化环境外部性的一种工具（Pascual et al.，2010），PES 实施过程中需要考虑分配问题、社会嵌入性问题、各方权利范围等问题（Muradian et al.，2010）。

### 5.1.2 国内生态补偿研究

现阶段，我国的生态补偿逐渐向经济学和法学方向发展，成为一种政策或制度的表达。生态补偿被认为是一种为了改善、维护和恢复生态系统，提高生态系统服务功能，根据生态系统服务价值、生态保护成本、发展机会成本，运用财政、税费、市场等手段，调整相关利益者的环境利益及其经济利益分配关系，以内化相关活动产生的外部性的一种管理手段或制度安排（李文华等，2010；毛显强等，2002；王金南等，2006）。

我国的生态补偿起步较晚，但在近十几年迅速发展，包括自然保护区生态补偿、重要生态功能区生态补偿、流域水资源生态补偿、大气环境保护生态补偿、矿产资源开发区生态补偿、农业生产区生态补偿以及旅游风景开发区生态补偿，以流域水资源生态补偿研究最多（陈尉等，2010）。目前，我国已颁布的生态补偿政策主要集中在 5 个领域，包括流域生态补偿、森林生态补偿、草地生态补偿、矿产资源开发的生态补偿以及重点生态功能区生态补偿。不同领域的生态问题特点各异，因而对应的生态补偿机制也各有不同。根据已实施的生态补偿政策，从内化外部性的角度来看，本研究认为生态补偿包含三种类型：第一种是生态保护补偿，主要是针对保护生态环境者的补偿。如建立的森林生态效益补偿基金，对集体和个人所有的国家级公益林进行补偿，在重点生态功能区的生态保护专项资金，通过限制社会经济活动实现保护生态环境目标；第二种是资源开发补偿，主要是对受损的生态环境的补偿，如建立的矿山环境恢复治理保证金，用于治理恢复在矿产资源开发活动中产生的生态损害，恢复生态服务功能；第三种是生态损害（污染）赔偿，主要是对产生的生态损失和利益主体的赔偿，如在跨界流域建立的污染赔偿制度，即要求致使跨界断面水质不达标的上游经济责任主体赔偿下游的用水主体。从发展历程来看，前两种生态补偿制度产生于生态损害赔偿制度，即从“末端”的污染治理，发展为“前端”的预防保护和“中端”的维持恢复，这也是一种将生态利益逐步内化的发展进程。而从生态补偿立法的角度来看，新的《中华人民共和国环境保护法》明确了建立生态保护补偿制度，可见是对生态补偿内容的逐步法制化和规范化。在理论方法层面，生态补偿的研究内容也逐步深入，主要包括以下几个方面。

① 生态补偿机制的理论研究，学者们分别从不同角度，如博弈理论、成本效益、福利经济学等角度，就某一类的生态补偿问题的补偿原则、补偿思想、补偿方式等内容进行论述，探讨补偿机制如何构建。

② 生态补偿量化及标准研究，主要针对生态补偿核算方法的科学性及准确性、补偿量和补偿标准制定等内容（张翼飞等，2007；闫峰陵等，2010；韩美等，2012）。

③ 生态补偿空间分区研究，在补偿机制、补偿核算的研究基础上，结合遥感信息技术，面向具体补偿实施过程中的补偿次序、空间优先等级问题开展研究（Johsta et al.，2002；戴其文，2010；金艳，2009；宋晓谕等，2012）。

通过以上国内外生态补偿机制的研究内容和方向的发展综述，总结如下。

①就内容而言，国际上开展的生态服务付费和环境损害补偿分别对应我国生态补偿两层内容，即生态补贴和生态赔偿。因此，就一定程度而言，我国的生态补偿是综合了生态服务付费和环境损害补偿的内容的一种体制。

②就体制而言，国际的生态补偿形成的生态服务付费和环境损害补偿两种机制特点分明，分别实现了以市场机制和法律机制带动生态补偿政策的有效实施。我国的生态补偿机制需要根据我国实际特点，充分考虑国际生态补偿的成功模式和实践过程中出现的问题，从而建立健全我国的生态补偿机制。

③就发展程度而言，国际的生态补偿开展较早，在实践中逐步完善体制。我国生态补偿尚处于理论研究阶段，生态补偿研究逐步细化深入，其中补偿标准的确定是生态补偿研究的重点和难点，直接影响着补偿机制的构建与运行。

## 5.2 水电开发生态补偿核算方法

补偿量的核算问题一直是生态补偿研究的核心，也是众多学者研究的热点。补偿反映的是一种平衡思想，生态补偿是为了平衡人类活动对自然生态系统和人类利益分配产生的不同影响。综合国内外的生态补偿研究方法，补偿标准可分别根据生态系统服务价值、生态保护成本、补偿主客体实际意愿而制定。

### 5.2.1 基于生态服务理论的补偿核算方法

#### 5.2.1.1 生态系统服务价值法

以生态系统服务价值作为生态补偿度量依据的理论思想是对所研究的生态系统每种服务功能价值进行评估，用以直接对环境保护的生态效益或破坏生态系统的生态损失进行价值量化（Costanza et al.，2011）。我国的生态补偿内涵之一就是对生态环境本身或生态服务功能的补偿，从经济学角度，生态系统服务功能和生态补偿是一种“投入和产出”或“理想费效比”的关系，即通过科学的生态补偿投入获得生态系统优化，从而产生所需的生态效益（王振波等，2009）。因此以生态系统服务价值作为补偿核算依据在国内外广为应用，如表 5-1 所示。

表 5-1 基于生态系统服务价值的生态补偿研究

| 序号 | 生态补偿类型 | 补偿思想 | 核算服务类别 | 参考文献 |
|---|---|---|---|---|
| 1 | 库区水源地生态补偿 | 库区土地资源生态服务功能 | 水源涵养、生物多样性、居住就业、农作物生产、旅游价值 | 徐琳瑜等，2006 |
| 2 | 饮用水水源保护区生态补偿 | 生态公益林对水源支持功能 | 涵养水源和水土保持服务价值 | 赵旭等，2008 |
| 3 | 区域生态补偿 | 区域内生态系统服务价值 | 森林、草地、农田、湿地的全部生态系统服务功能 | 王女杰等，2010 |
| 4 | 洪都拉斯 Jesus de Otora 流域生态补偿 | 流域上下游开展的基于水质保护的市场交易 | 木材供给、土壤保持、气候调节 | Kosoy et al.，2007 |
| 5 | 尼加拉瓜 San Pedro del Norte 流域生态补偿 | 流域水环境保护部门征收保护水环境费用 | 木材供给、气候调节 | Kosoy et al.，2007 |

从已有研究可以发现，对于不同类型的生态补偿，核算的生态系统服务类别不一，使得各补偿核算缺乏可比性，且对于生态系统服务非市场价值的核算难以定量，致使各类生态补偿核算的结果准确性颇受争议。另外，PES 项目实践表明 PES 相关方意愿、制度自身、上游机会成本、当地经济发展等多种价值衡量均需要考虑。

生态系统服务价值法的意义是以货币形式去衡量人类所享用的来自生态系统服务的价值，并非在于对生态系统服务进行交易定价，因此以生态系统服务价值评估思想作为生态补偿理论基础，但需针对不同补偿对象采取不同补偿模式。

#### 5.2.1.2 生境等价分析法

基于生态系统服务评估理论，生境等价分析法（habitat equivalency analysis，HEA）由美国国家海洋和大气管理局（NOAA）在 1995 年提出，并于 2000 年加以修正，用来确定由于原油泄漏或其他有害物质排放而导致自然资源损害的索赔数量（Martin-Ortega et al.，2011）。

由于生态服务难以货币价值量化，因此运用生境等价分析法可以通过恢复工程直接对受损生境和生态服务流进行补偿（Strange et al.，2002）。该方法根据“服务-服务”的等值分析，通过建立生境或对其他相似生境进行建设和保护，用补偿区域增加的“服务量”补偿受损区域的生态系统服务损失量。其以生态指标作为直接度量单位，规避了生态系统服务非市场价值难以价值量化的困扰，直接有效地实现了对自然生态系统的补偿。具体而言，HEA 可分为三步：①量化自然资源服务损失量的当前价值；②量化每单元补偿性修复工程能够提供的服务的当前价值；③计算能够提供相等的自然资源服务价值的恢复项目的规模（Thur，2007）。

作为环境损害评估的主要方法，生境等价分析法在国外司法实践中已广泛开展，应用于珊瑚礁修复、盐沼湿地修复等各领域补偿（Milon et al.，2001；Ambastha et al.，2007）。目前我国对这一方法使用较少，有学者将其应用于煤炭开采的草地生境补偿研究（张思锋等，2010）。

该方法是指通过生境恢复项目提供另外同种类型的资源，用以补偿公众的生境资源损失，它考虑了环境损害中的动态性问题，考虑了对生态系统造成的潜在受损情况，补偿计划可以是真实的也可以是虚拟的，因而不同于自然资源受损评估领域传统的经济分析方法，在环境自身损害经济评估中具有很大的优势（Quétier et al.，2011）。尽管如此，生境补偿法依然有一些不足，主要原因在于其研究过程依据过强的假设条件，并且仅以生态系统服务损失作为补偿依据，缺乏对社会成本、福利和相关利益人群效用的考虑，致使在实践研究中发现基于 HEA 的补偿项目并不一定是最经济高效的（Cole，2013；Zafonte et al.，2007）。

### 5.2.2 基于生态保护成本的补偿核算方法

随着生态系统服务价值研究深入发展，其作为生态补偿依据的不合适之处也逐渐被众多学者发现。一方面生态服务价值化的方法缺乏实际市场定价基础，作为实际经济权衡和行为依据尚存阻碍（段靖等，2010）。因此，不能仅仅从生态保护的“效益”确定补偿额度，而需要结合生态的“成本-效益”综合进行补偿核算，由此，生态保护成本同样是生态补偿的重要依据之一。

根据已有基于生态保护成本的生态补偿研究（如表 5-2 所示），可以看出明确不同生态保护项目或工程的各类成本是该方法的关键，主要包括建设成本、机会成本、发展成本 3 类。其中，作为与生态补偿的补偿标准最为直接相关的生态系统服务提供者的机会成本是众多学者的研究重点。机会成本在经济学中被定义为"为得到某种东西必须放弃的东西"，与直接成本核算相比，机会成本核算的争议和不确定性较大，以对照差别法进行核算是一般机会成本的研究思路，选择机会成本的最佳载体是进行补偿核算的重点和关键。

表 5-2 基于生态保护成本的生态补偿研究

| 序号 | 生态补偿类型 | 成本类别 | 补偿思想 | 文献来源 |
| --- | --- | --- | --- | --- |
| 1 | 南水北调一期水源生态建设补偿 | 工程建设成本、机会成本、发展成本 | 结合生态建设成本与生态系统服务价值，基于效益决定成本分担模式 | 蔡邦成等，2008 |
| 2 | 丹江口库区水土保持生态补偿 | | | 闫峰陵等，2010 |
| 3 | 海南中部山区（生态功能区）生态补偿 | 机会成本 | 橡胶和槟榔经济作物产值 | 李晓光等，2009 |
| 4 | 吴起县退耕还林生态补偿 | 机会成本 | 退耕还林后不同产业结构调整的实际投入产出差值 | 秦艳红等，2011 |
| 5 | 羌塘草原野生动物保护生态补偿 | 恢复成本、机会成本 | 参与野生动物保护的直接成本和禁牧的经济损失 | Lu et al.，2012 |

### 5.2.3 基于受偿/补偿意愿的补偿核算方法

从福利经济学角度分析，生态补偿机制可看作为一种卡尔多-希克斯改进，通过对利益相关者的利益关系协调以实现社会福利最大化。从经济学角度分析，人类因环境变化带来的利益或损失可根据为保护和改善环境质量的社会偏好而度量，通过将个人的"支付意愿（willingness to pay，WTP）或受偿意愿（willingness to accept，WTA）"转化为货币进行计算。因此，相关利益者的支付意愿和受偿意愿可作为生态补偿核算的另一种重要依据。随着意愿调查研究的不断推广和深入，其研究手段和方法也逐步完善和发展，主要包括条件价值法和选择实验法。

#### 5.2.3.1 条件价值法

条件价值法，也称意愿调查法（contingent valuation method，CVM），是把生态补偿利益相关方的收入、直接成本和预期等因素整合为简单的意愿，分别对补偿主体的支付意愿（WTP）和补偿客体的受偿意愿（WTA）直接进行询问调查，以此确定补偿额度。该方法由 Ciriacy-Wantrup 在 1947 年提出，之后在世界各国尤其是发达国家应用广泛，其研究成果可直接贡献于项目的成本收益分析和损害评估，也大量应用于非市场化物品的价值评估（Gunawardena，2010；Ressurreição et al.，2012）。意愿调查法获得的数据一般用来作为复杂分析的基础数据，通过计量经济学模型进行经济学分析（杨光梅等，2006；Ambastha et al.，2007）。相对于发达国家，条件价值法在发展中国家的理论与应用研究开展较少，我国的研究案例在 20 世纪 90 年代出现，2000 年后应用研究较多，应用于对保护候鸟、封洲禁牧等保护湿地措施的受偿意愿调查（姜宏瑶等，2011）、移民建镇和退田还湖的生态建设工程补偿（韩鹏等，2012）以及农田的生态补偿（杨欣等，2012）等方面。

意愿调查法直接易行，既避免了大量的基础数据调查，又反映了利益相关者自身的偏好，应用范围很广。但由于主观因素过强，支付意愿和受偿意愿评价时往往有较大差异，因而存有一定的风险性（Ressurreição et al.，2012）。

#### 5.2.3.2 选择实验法

选择实验法（choice experiment，CE）与条件价值法均属于陈述偏好法，都是通过构建环境变化的假想市场，对相关利益者进行问卷调查，从消费者的意愿偏好角度，实现对环境服务的非市场价值评估。由于 CVM 在实践中通常只能反映一种环境变化引起的福利变化或是对环境状态变化整体价值估计，基于对环境物品的多重属性的价值估计，近年来，选择实验法的应用越来越广泛（樊辉等，2013）。选择实验法最初由 Louviere 等发展起来，基于最大效用理论思想，需要受访者在不同的备选项之间进行选择和权衡，以此间接推断受访者对环境物品的价值的评估（Hanley et al.，1998）。选择实验方案设计的模型结构能将环境政策的生态结果表达得更为精确，对应结果是以既定环境政策生态结果为不同特征的效用函数。经过多年的发展，选择实验法研究已在国际上广泛开展，主要用于生态系统修复、生物多样性保护等领域的非市场价值评估（Li et al.，2004）以及补偿项目意愿研究，包括石油运输风险补偿、森林生态补偿、城市供水生态补偿（MacDonald et al.，2010）等。在我国，选择实验法的应用研究也有一定的开展，已有学者将其应用于耕地生态补偿额度的探讨中（马爱慧等，2012）。

从一定意义上来讲，选择实验法是在条件价值法的基础上发展而来，该方法对应用者要求较高，所需的实验设计和统计分析技术比较复杂，问题属性及其属性水平的选择与确定、实验设计及其统计结果分析，每一步骤实施都具有一定的障碍与难度。

不同的补偿类型可有不同的补偿标准核算方法，对比以上 5 种方法可知：

①生态系统服务价值理论是进行生态补偿的最直接依据，也是生态系统服务价值法和生境等价分析法的共同基础。生态服务类别的选择是两种方法共同的核心和关键。

②机会成本法运用较多，主要适用于生态工程建设的补偿，并与生态系统服务价值法结合制定补偿标准。但是对于机会成本本身的界定较为主观，是最具争议之处。

③应用条件价值法和选择实验法可以直接面向生态补偿的相关利益者，可充分揭示补偿主客体的意愿，但这两种方法中假想市场的建立、问卷的设计存有一定的挑战性，实地调查过程中也存有一定的主观性和风险性。

④综合来看，生态服务价值法、机会成本法、陈述偏好法适用于货币补偿模式，生境等价分析法适用于生境补偿模式。补偿模式在很大程度上影响着补偿核算体系的构建，明确补偿模式是建立补偿核算体系的前提。

⑤以上基于不同补偿思想的生态补偿方法均是自成体系，致使各补偿核算的结果难以比较和判断。在实际应用过程中，生态补偿机制需要考虑生态、社会、经济等各个方面的因素。因此，对于生态补偿量核算需要结合多种方法，取长补短针对生态补偿的具体实际情况建立合适的补偿核算模型。

## 5.3 水电开发生态补偿类型

随着水电开发生态影响的加剧，水电开发生态补偿逐渐提上日程、受到关注，水电开发的生态补偿研究可分为生态修复工程建设和生态调度、水电开发生态系统服务付费补偿、移民安置补偿三个方面。

### 5.3.1 生态修复工程建设和生态调度

为了缓解水电开发对环境和社会带来的不利影响，水电开发的利益相关者通过建设生态修复工程对受影响的陆域和水域生境进行修复，同时通过对水库的生态调度缓解筑坝的不利影响。

自 20 世纪起，由于水利大坝修建，美国的 Penobscot 河的大量迁移鱼群骤减，为此由电力公司、资源部门以及非政府保护组织联合发起了 Penobscot 河恢复工程，通过拆除 2 个在主要干流的大坝，改善鱼类通道，恢复河流生态系统，实现能源和环境可持续使用（Opperman et al.，2011）。同期，太平洋电力公司于 2010 年签署了《克拉马斯水电调解书》，计划拆除在俄勒冈州和加利福尼亚州境内的 Klamath 流域的 4 个大坝，以进行社会生态修复（Gosnell et al.，2010）。然而，拆坝工程也可能会破坏既成的生态系统，从而带来新的生态问题和社会问题，因此拆坝还需慎重考虑。

加拿大通过建设人工生境以减缓水电开发防洪排水对Rose Blanche河流生境的影响，其生境补偿措施主要包括改善原有鱼类通道系统、建设产卵通道以及增加饲养通道建设来代替受损的栖息地生态功能（Scruton et al.，2005）。此外，在奥地利，“近岸”的补偿栖息地建于Freudenau库区，主要为水生植物提供不同于经常泛滥的水体，且能够提供许多生态系统服务的栖息地（Zhou et al.，2009）。

人工生境的修建通过替代生境方法减缓水电工程的部分生态影响，但是对于直接缓解水文扰动影响需要另一种解决方案。其中能保持河流的生态可持续发展、被认为最有发展前景的措施是保证河流的环境流量，用以维持河流生态系统的关键生态价值、社会价值（吴乃成等，2007）。在水电开发建设和规划过程中，通过设计环境流量可以平衡自然生态系统和人类的用水需求（王赵松等，2009）。环境流量可以通过水库运行调度项目，根据河流自然的水流情势、生态系统健康和服务来确定，如图5-1所示（Xu et al.，2011）。水库的环境目标优化方案往往依据3种条件设计，即下泄流量满足有关法律条文规定，满足水质指标［如溶解氧（DO）、温度、营养元素］要求，以及尽可能地改善鱼类种群的健康（Manyari，2007）。

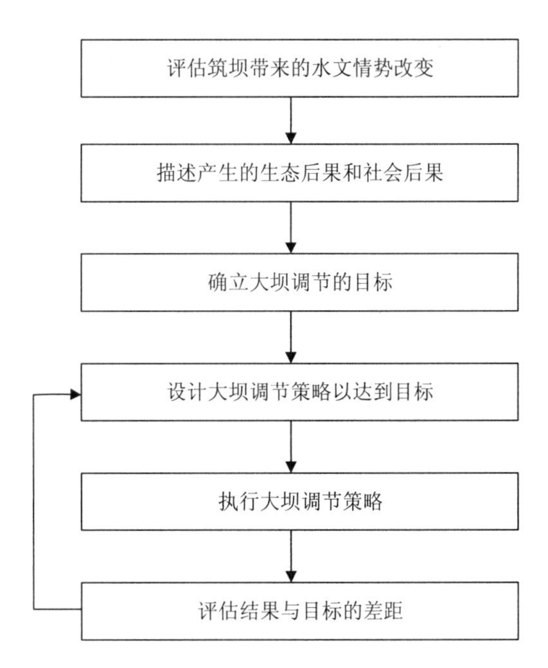


图5-1 大坝调节项目的规划与执行框图（Xu et al.，2011）

在美国亚利桑那州的Bill Williams河流域，开展了一项环境流量恢复项目研究，包括“流量-生态”的响应模型以及水文-水力和生物的响应模型。该研究表明了流量如何影响生物群，并量化了特定流动变化下流量和生态系统之间的相关关系（Hoekstra et al.，2007）。2002 年，在美国 Savannah 河上，由美国大自然保护协会和陆军工兵部队共同发起了 Thurmond 大坝的调度工程。它允许水库水位高于正常水位大约 0.5 m，以利于鱼类产卵和进入泛滥平原低洼地区，冲积牛轭湖，以及泛滥平原树种的分散（Xu et al.，2011）。一种“水文-环境-栖息地”的复合模型被用于估算我国丽江的适宜环境流量，该模型以我国本土的鲤科鱼光倒刺鲃作为目标保护物种（贾佳等，2012）。在瑞典，为了提高生态价值，《瑞典环境法典》要求电厂的业主预留的最小环境流量为其发电流量的 5%～20%，否则将予以一定的处罚；如果需要预留更高的环境流量改善鱼类的栖息地和鱼类洄游，则由政府提供资金补偿电厂的损失（王赵松等，2009）。

综合以上的国内外水电开发的生态修复和调度的补偿措施，总结对比如表 5-3 所示。

表 5-3　水电开发河流生态补偿主要措施

| 措施 | 内容 | 备注 |
|---|---|---|
| 修建鱼道、拆坝 | 上行过鱼设施如鱼道；下行设施如鱼栅 | 改善河流的纵向连通性 |
| 实施生态调度 | 调度面向不同对象和目标。保障生态基流，再考虑水文过程；分层泄水、取水装置，改善水质；增大泄水量和人工塑造异重流排沙 | 因为天然洪水脉冲过程具有重要的生态功能。调度这一部分的重点是要明确河流生态系统里最迫切需要恢复的指标，即明确调度目标是水生物保护还是岸边植被恢复等 |
| 河流生物栖息地重建 | 重建鱼类产卵场，人工阶梯-深潭系统 | 人工增殖放流 |
| 干支流协调规划和开发、支流生境替代保护 | 水电公司购买相关支流开发权，进行协调规划和开发 | 中国环境保护部 2012 年提出“开展‘干流和支流开发与保护’生态补偿试点” |

### 5.3.2　水电开发生态系统服务付费补偿

不同于直接的生态修复工程，水电开发生态补偿也可通过生态系统服务付费（PES）项目来实现水电开发过程中的生态环境保护，以保护流域森林生态服务功能的应用较多。

哥斯达黎加是最早开始实施 PES 项目的国家，在 1996 年，La Esperanza 河下游的水电开发公司（Energia Global）和上游的私人土地主达成交易。为了能够获得清洁水源，EG 水电开发公司向上游的私有土地主支付一定费用，以获取上游生态涵养林对水电站的生态服务支持。该交易要求上游土地主将土地用于造林，并进行林业保护。根据森林生态系统对水电开发的 4 种支持服务，包括减少温室气体、水源涵养、生物多样性保护、自然景观，该项目付费标准为 40 美元/（$hm^2·a$）（Rojas et al.，2001）。

随着大量研究表明库区泥沙淤积对下游河道航运、营养物质循环、防洪以及水土保持等带来大量不利影响（Fu et al.，2008；Kummu et al.，2010），Arias 等（2011）提出了为电力发展向森林付费的“FOR-POWER”的 PES 研究思路（如图 5-2 所示），通过对不同森林保护程度情景下的流域侵蚀和库区淤积进行模拟和估算，量化森林对水力发电的服务价值。该研究模式可为“柬埔寨菩萨电力向森林付费项目”提供建议，研究结果表明，费用支付可设为 4.26～5.78 美元/（$hm^2 \cdot a$）。

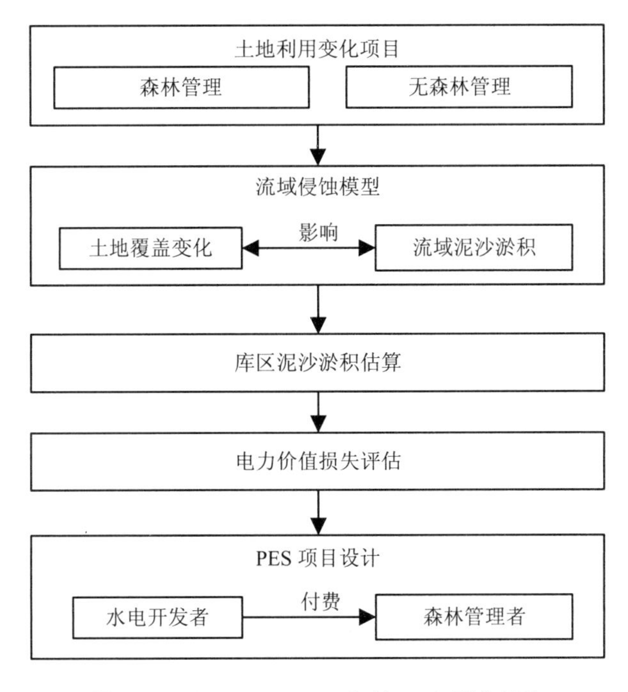


图 5-2　“FOR-POWER”的 PES 研究思路

在越南，PES 项目被视为一种缓解农村贫困和保护国家森林及生物多样性的关键战略。在其最新颁布的 PES 立法（99/2010/ND-CP 环境服务付费法律）中规定了 3 种生态服务受益者，包括电力企业、公共水务公司和生态旅游企业。其中水、电公司为森林的水土保持服务付费，旅游公司为景观娱乐服务付费。各公司的付费标准分别为：电力公司是 0.000 9 美元/（kW·h），水务公司是 0.001 8 美元/$m^3$，而生态旅游运营商需要贡献每年旅游收入的 0.5%～2%。这些费用统一支付给省政府，然后按一定比例下拨到地方的森林保护和发展基金，以及当地的居民家庭，用以鼓励居民植树造林、监督非法采伐、修剪枝条来保护森林（Singer et al.，2014）。

目前，泰国也在Sirikit大坝流域开展了PES项目的试点工作，设立Sirikit大坝南流域信托基金，用于支持流域上游Nan省的生境修复和森林可持续管理。该流域上游种植着大规模面积的玉米，为了能更好地涵养水源、保持水土，上游农民可在3年内得到2.5万泰铢用于改变单一的耕作模式，进行“退耕还林”，增加树木种植，减少玉米种植（Lebel et al.，2014）。

在水电开发过程中，除了开发区域的生态环境受到影响，需要保护，移民安置区的生态环境也受到移民活动影响而需要保护。为此，在近几年，水电开发的PES项目也在水电开发者和移民中展开，即移民需要保护当地生态环境而获得一定的补偿收入。

### 5.3.3 移民安置补偿

水电开发项目在建设过程中，有时需要人们被迫从一个地方迁移到他们生活和工作以外的另一个地方，从而扰乱被迁移人群的经济、文化生活，影响个人和当地社会的发展（石萍等，2014）。因此，水电开发生态补偿的另一重点内容即为移民的安置补偿。

不同于前面提到的水电开发产生的负面影响类型，非自愿移民安置是一个社会文化/经济过程，受影响的首先是人类，而非物理环境。根据受影响的人们的需求，也需要不同的补偿模式。例如，世界银行在2001年制定了《世界银行业务手册OP4.12-非自愿移民》，对其资助的水电开发项目制定了两种指导方针和安置程序，包括土地安置策略（一般用于农村的移民安置，如提供新住房土地、农业或园艺土地）和非土地安置策略（一般用于城市的移民安置，如提供各类服务部门、工业就业、自主创业）（Gerbens-Leenes et al.，2009）。在印度尼西亚，发展水库鱼笼养殖生产，水产食品的增长有益于协助减轻安置区当地的粮食和人口危机（赵丹丹等，2014）。日本在第二次世界大战后也积极推进水电建设，其移民安置方法也历经几个阶段，从最初的政府采取土地安置办法安置农民，到后来结合农业、第二产业和第三产业安置。再后来，日本政府对移民规划有了新的想法，即将移民的土地出租给水电开发机构而非出售，开发商每年向土地出租者支付租金，通过这种方式可以将移民与开发者的利益紧密结合（段跃芳，2006）。在泰国，除了直接的移民安置补偿模式，还有三种补偿模式用于帮助抵消水电开发对流域居民的不利影响，包括建立企业社会责任制、成立社区发展基金以及PES计划项目（Kabir et al.，2012）。越南推行了一些利益分享机制为安置人口进行补偿，包括对受影响的社会群体实施电气化供给、提供库区渔业发展计划以及PES项目（Hondo，2005）。

2013年，国务院修订《大中型水利水电工程建设征地补偿和移民安置条例》，在第二十二条规定：“大中型水利水电工程建设征收耕地的，土地补偿费和安置补助费之和为该耕地被征收前三年平均年产值的16倍。”2008年，四川省人民政府正式批复《四川省建立水电资源有偿使用和补偿机制的试点方案》，征收水电资源开发补偿费，建立水电开发生态补偿和利益共享机制。水电资源开发补偿费由容量费和电量费组成。容量费按审定装机容量每千瓦 100 元在项目核准前由项目法人向省财政厅缴纳。电量费按电站发电销售收入的 3%，由地税部门按季度征收。征收的水电资源开发补偿费主要用于改善电站建设地基础设施和当地居民生产生活条件、移民长效补偿、建设地生态恢复和环境治理、地方参股水电开发资本金和符合国家产业政策的优势特色产业的哺育扶持等。

从各国的实践来看，水电工程移民安置的补偿方式越来越多样化。由于每个人的需求都不同，因此货币补偿并不适合所有人，也会有相当多的一部分群体选择“土地换土地”的补偿方式（Gerbens-Leenes et al.，2009）。此外，如果一个水电开发工程涉及大量的重新安置人口，安置区的原有居民与安置人群间的社会矛盾将是移民安置过程中的另一个重大挑战。而对于国际水电工程，共同享有河流开发权的国家之间的利益共享将带有更多的模糊性和不确定性（Varun et al.，2012）。

## 5.3.4 水电开发生态补偿的实施难点

### 5.3.4.1 生境补偿和调度补偿的准确性问题

对于水电开发带来的自然生态系统损害的生态补偿，其补偿标准几乎是难以全面估计的。

水电开发的负面影响不仅局限于对开发工程所在地的环境影响，还包括对整个流域景观的大范围的环境影响，这与大坝规模和运作模式密切相关（Zhang et al.，2007）。李筱金等（2015）分别从坝址尺度、河流尺度、流域尺度的三个空间尺度对水电开发产生的生态效应进行评估。Rosenberg 等（1997）分别从不同的时空范围，对水电开发产生的四类影响进行总结分析。他们认为，甲基汞在生物体内积累产生的影响是水电开发最小尺度的影响；水库和下游排放温室气体产生的影响效应属于最大尺度的影响，库区温室气体排放时间相对较短，但最终有可能产生全球范围的影响；而对生物多样性的限制影响在空间和时间范围都属于中间尺度。因此，对于受损生态系统的恢复需要从某些具体方面和原则开始进行。

在实践中，加拿大基于生产力的无净损失（No Net Loss，NNL）制定生态补偿标准，补偿生境的规模通过栖息地分布和鱼类数量（密度、生物量）的基线调查来确定（Madani，2011）。然而，研究确定，在开发过程中，加拿大 63%的生态补偿项目都导致了栖息地生产能力的丧失。这表明想重建或复制一个具有相同生态功能生境的知识和能力水平都是有限的（Ou et al.，2011）。《加拿大渔业和水产科学杂志》曾列出了关于鱼类栖息地生产力的研究空缺（Kenny et al.，2010），如“大坝拆除如何影响鱼类，以及对坝上游和坝下游的鱼类栖息地有何影响？”“我们如何把水坝的影响、水电设施融入同一系统其他项目的累积影响评价当中？”

在理论研究上，大坝（水库）对河流水流量的调度通常被认为能够为进行大规模的假想的生态系统实验提供理想的可能（Manyari，2007）。然而，尽管已经有至少 200 种确定环境流量的方法用于量化生物种群、社会群体、河流生态系统本身的用水需求，对于环境流量和生态响应相关关系的理解还缺乏定论，因而不能很好地支持河流量管理（吴乃成等，2007；Kannan et al.，2007）。因此，在实践中的水库优化方案可能不会得到使水生生态系统最健康的水流变化规律（Manyari，2007）。除此之外，水电开发和生态保护目标的权衡分析、水电合同负载的确定等都需要在水电规划阶段完成（Wagner et al.，2011；Kagel et al.，2005）。

除了水流调度和河流生境修复，水电开发的库区淹没生态补偿同样重要，但目前仍缺乏足够的关注，需要进一步建设和完善。

#### 5.3.4.2 生态系统服务付费项目的适用性问题

生态系统服务付费（PES）旨在对提供环境服务的人们进行补偿，引导和促进生态环境保护行为（Hatten et al.，2009）。这种以市场为基础的自然资源管理办法已经在流域管理、水库生态保护、生物多样性保护等领域由一些水电公司、土地所有者和政府共同开展实施。

尽管 PES 项目能够通过引导增加正外部性，实现双方参与者利益的“双赢”，但是 PES 的应用是有一定条件限制的。实现 PES 项目，需要有 5 个必要条件：①是一种自愿交易。②有一种准确量化的生态系统服务（或一种土地利用能够提供生态系统服务）。③至少有一个生态系统服务的购买者。④至少有一个生态系统服务的提供者。⑤生态系统服务提供者必须保证生态系统服务的供给（Wunder，2005）。其中第二个条件，需要有“准确量化”的生态系统服务，是最难满足的条件，生态系统服务类型的选择以及非市场价值特点都为生态系统服务的准确量化增加难度。在以往的研究中，许多市场价值和非市场价值方法（如市场价格、影子价格、替代成本、机会成本、旅游成本、享乐价格等）都被用于生态系统服务的价值评估（Barros et al.，2012；Timilsina et al.，2006；Demarty et al.，2011）。然而，生态系统服务价值的评估结果往往较高而不能直接用作 PES 的付费标准，还需考虑相关者的支付意愿、组织安排、上游土地利用的机会成本以及当地经济发展等众多因素（Hatten et al.，2009）。

在 PES 实践中一般只选择重点或关键的生态系统服务进行支付，而支付费用金额大多取决于谈判而不是生态系统服务的价值评估。Vatn（2010）还指出许多 PES 项目主要由国家和机构来领导，因此在一定程度上也不能构成一种自愿的市场交易。考虑到 PES 费用确定的复杂性，交易双方并不容易达成协议，因此限制了 PES 项目的适用性。此外，当前的 PES 项目支付标准并没有考虑空间上的付费差异，这也将影响保护者参与的积极性（Dos Santos et al.，2006）。

#### 5.3.4.3 移民安置补偿的合理性问题

水电工程的移民安置是水电开发生态补偿中最重要的一部分，但也可能是最令人不满意的部分（Gerbens-Leenes et al.，2009）。这一困境主要是由于低估了水电开发对移民和当地发展产生的不利影响、水电开发与地方发展的矛盾冲突、国家政策未明确企业和当地居民的使用权以及当地经济发展与管理问题（Anagnostopoulos et al.，2007）。

大坝建设产生的社会影响范围广泛，涉及农村经济、基础设施、交通、住房、文化、健康等众多因素（Mekonnen et al.，2012）。有研究将水电开发对人类利益的影响分为 3 个维度（韩俊宇，2011），包括物质财富损失（这是可以用货币来衡量的部分）、内在财富损失（指由于生活环境改变，原本用于谋生的各种技能不能获取财富）和社会环境变化给移民利益带来一定的损失，后两部分都是难以货币衡量的。因此，实际的移民补偿可能仅够支付建造房屋等物质损失的成本，而不能补偿后两种类型的损失。

此外，移民的补偿要求也是因人而异，因此有效的水电移民安置需要仔细考虑移民的偏好。国外关于保护水电开发河流生态服务的支付意愿研究逐步展开，通过对不同水电开发情景下河流生态保护的支付意愿的调查，估算不同水电开发强度下的环境成本（Kataria，2009；Ponce et al.，2011）。该类研究能够促使水电开发工程在项目评估阶段兼顾生态成本与社会成本。其中，条件价值评估法（CVM）和选择实验法（CE）被广泛应用于揭示利益相关者的支付意愿（WTP）或受偿意愿（WTA），如表 5-4 所示。

表 5-4 水电开发利益相关者的意愿研究案例

| 意愿类型 | 研究内容 | 选用方法 | 参考文献 |
|---|---|---|---|
| WTP | 瑞典居民对改善水电开发河流的生态环境的支付意愿研究 | CE | Santolin et al.，2011 |
| WTP | 关于水电开发影响的河流景观损失的受偿意愿研究 | CVM | Yoo，2009 |
| WTP | 关于智利居民对不同电力开发（化石燃料和水力发电）的意愿偏好调查研究 | CVM | Mishra et al.，2011 |
| WTP | 澳大利亚公众对于城乡水电工程建设的意愿研究 | CE | Reddy et al.，2006 |

| 意愿类型 | 研究内容 | 选用方法 | 参考文献 |
|---|---|---|---|
| WTA | 基于森林所有者偏好和受偿意愿的森林保护补偿研究 | CE | Jager et al.，2008 |
| WTA | 基于库区居民受偿意愿的水库生态保护补偿研究 | CVM | Li et al.，2009 |

从表 5-4 可以看出，因为个体的差异对收益和损失的态度，WTP 和 WTA 之间存在一定的差距（Zhang et al.，2013）。在这种背景下，一个合理的移民安置补偿标准是在补偿和受偿双方之间的一个平衡结果。

通过对以上水电开发生态补偿的实践研究综述，可以看出国际的水电开发生态补偿模式多样，包括市场化的生态服务付费项目、河流恢复工程以及公众的意愿付费。同时，其补偿机制从仅有主体相关利益者（部门）参与向全部公众参与逐步发展。

### 5.3.5 我国水电开发生态补偿的关键问题

相对比国际开展的水电开发生态补偿实践探索，我国的水电开发生态补偿尚停留在理论探讨阶段，包括水电开发生态补偿的内涵、补偿核算依据、原则、主体、客体以及补偿的途径与方式。

目前对水电开发生态补偿内容的认识主要有以下两种：一种认为是水电开发者和受益者支付一定的费用，用于流域生态环境的修复；另一种认为应包括利益受损群体和区域的经济损失补偿以及受到生态环境影响区域的环境修复和长期保护两个方面（曹丽军等，2010）。可以看出，流域生态环境的修复和受损群体及区域的补偿是我国水电开发生态补偿的主要内容（曹丽军等，2010；吴涤宇等，2007）。政府补偿模式和市场化补偿模式共同开展是发展趋势（罗海维，2009）。在补偿核算体系研究方面，以生态系统服务价值评估水电开发的生态环境影响是研究热点，通过生态系统服务价值来量化水电开发的环境外部性可为建立水电开发生态补偿标准体系提供重要支撑。

然而综述相关研究来看，目前国内建立的水电开发生态系统服务价值评估体系的评价内容和方法并不统一，主要表现为：①大多数研究仅针对河流生态系统的服务类别进行核算，而对库区淹没和工程占用所带来的陆地生境的影响核算较少。②少数面向流域范围的生态服务研究缺乏对各类受影响的自然生态系统主体的厘清。③出现了一些生态系统服务类别核算遗漏、重复等现象。由此使得水电开发的生态补偿体系不够明确，对于补偿对象、补偿核算、补偿模式等问题尚需进一步的研究。

在实践方面，我国对水电开发的生态补偿政策也在逐步发展。西藏水利工程正在规划建设当中，尚无相应生态补偿机制建立。根据《西藏自治区生态补偿研究报告》，西藏急需建立的水环境生态补偿重点领域包括水资源保障和水电资源开发两方面。其中对水资源保障生态补偿提出了较为详细的补偿政策需求，主要包括水质水量保护的工程投入补偿、水资源保护的发展机会损失补偿、水源补给的生态效益补偿及冰川融化等灾害风险补偿 4 个方面。而对水电资源开发的生态补偿尚无系统研究，仅提出完善和落实水电项目环评制度和项目征地赔偿办法。然而，项目征地赔偿、移民补偿仅是水电开发生态补偿的重要部分之一，生态补偿不仅满足移民生产与发展需要，更需要保护生态环境，促进人与自然和谐发展。因此，针对水电开发的实际生态影响，建立适用于西藏地区的水电开发生态补偿机制是今后研究的重要方向。

# 第 6 章　水电开发的多元复合生态补偿理论

## 6.1　水电开发的多元特征分析

### 6.1.1　水电工程影响的多元性

水电开发产生的影响较为复杂，从工程实际影响的范围和对象来看，表现出明显的多元性特点，如图 6-1 所示。

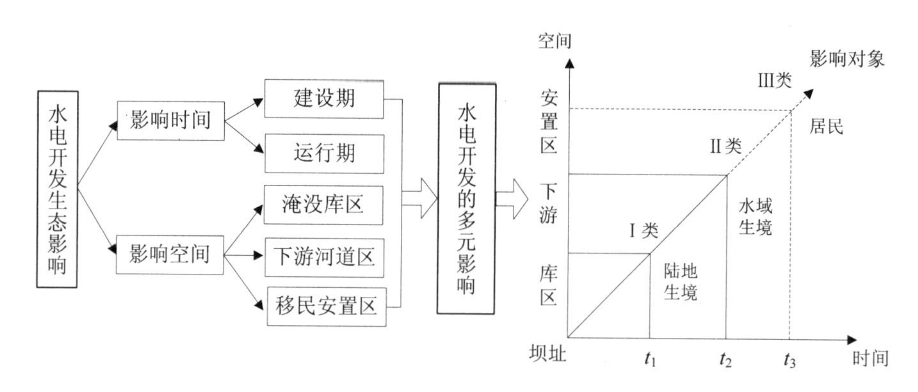


图 6-1　水电开发的多元影响

①从影响的时间尺度上，水电开发包括建设期和运行期，建设期修建水库、转移居民，运行期水库调度、运行发电，因此每一时期的工程特点不同，水电开发的影响呈现出阶段性的特点。

②从影响的空间尺度上，水电工程直接的影响区域包括库区淹没的陆地生态系统和开发的河流生态系统，间接的影响区域包括形成的库区和移民安置区。

③从影响的对象上，水电开发直接影响三类对象，分别是陆地生境、水域生境和流域居民。

### 6.1.2 水电开发利益相关者的多元性

水电开发活动影响广泛，因此涉及相关利益主体也较多，而生态补偿需要通过调节这些相关利益主体的利益关系，包括生态保护者、破坏者、受益者和受害者，以实现生态保护和建设。因此明晰水电开发的各利益相关者，也是确定水电开发生态补偿内容的重要基础。

弗里曼认为利益相关者是能够影响一个组织目标实现或者被组织目标实现而影响的人（Clarkson，1995）。通过利益相关者分析，能够确定某个组织目标的主要角色或相关方；通过评价他们在该组织目标实现过程中的利益性质及其在发展过程中所起的作用，能够分析不同利益相关方行为对组织目标的影响权重，进而为协调平衡各方利益主体提供依据。

按照弗里曼的利益相关者管理理论，任何一个组织目标的实现和发展都离不开利益相关者们的参与，这些利益相关者包括企业的股东、消费者、政府机关、当地居民，也包括自然环境、道德伦理等受到企业存在和发展直接或间接影响的客体。根据米切尔评分法，可通过合法性、权利性、紧迫性三种属性的具备情况对相关者进行分类：同时具备上述三种属性的相关者为确定型利益相关者，具备其中任意两种属性的相关者为预期型利益相关者，只具备其中一种属性的相关者为潜在型利益相关者（Mitchell et al.，1997）。其中，合法性是指某一行为主体是否具有对企业的索取权或所有权；权力性是指某一行为主体是否具有影响企业决策发展的地位、能力和手段；紧迫性是指某一行为主体的诉求是否能引起企业管理层的关注。

水电开发涉及的利益相关者众多，除了水电开发者本身，按照水电开发影响范围的远近，涉及的相关利益者依次为河流生态系统、库区淹没的生态系统和移民、流域受影响的其他人群、地方政府、国家政府、非水电开发流域的居民、非政府组织以及其他感兴趣的团体。按米歇尔评分的三种属性，在水电开发生态补偿这一组织目标实现的过程中，利益相关者的合法性是指某类行为主体在法律上是否拥有开发、利用资源的使用权或是所有权；权力性是指某类行为主体是否具备影响水电开发生态补偿实施的能力和手段；紧迫性是指某类行为主体的诉求能否引起环保行政部门或权威机构的关注。根据以上三要素评分法，本研究对上述的水电开发利益相关者进行评判分析（如表 6-1 所示）。

本研究将水电开发的主要利益相关者分为以下三类。

（1）核心利益相关者

核心利益相关者主要是水电工程直接相关的各方主体，包括水电开发公司、移民以及流域受影响的其他人群。他们的利益是最直接受到水电开发活动影响的，尤其是移民。

表 6-1 水电开发的利益相关者分析

| 利益相关者 | 合法性 | 权力性 | 紧迫性 |
|---|---|---|---|
| 水电开发公司 | 高 | 中-高 | 高 |
| 移民 | 高 | 中-高 | 中-高 |
| 流域受影响的其他人群 | 高 | 中-高 | 中-高 |
| 国家政府 | 高 | 高 | 高 |
| 地方政府 | 高 | 高 | 高 |
| 地方职能部门 | 高 | 中 | 高 |
| 非政府组织 | 低 | 低 | 低-中 |
| 非水电开发流域的居民 | 低 | 低 | 低-中 |
| 其他感兴趣的团体 | 低 | 低 | 低 |

注：本表主要对利益相关的个人或团体进行三要素分析，因此未包括生态环境。

在水电开发活动中，水电开发者是水电工程建设的执行者，通过工程实施进行水力发电获得收益，因此工程的投入-产出直接关系水电开发者的利益情况。移民是在水电开发过程中因修建库区而被迫迁移的群体，他们也是受水电开发影响最直接的利益相关者。在水电开发建设时，国家要求水电开发公司缴纳征地补偿费和移民安置费，移民可以获得相应的补贴费用。但是，这部分的补贴往往不够补偿移民在安置过程中的利益损失，比如移民区的农牧民因为耕地、草地被淹没，而使他们面临成为闲置农业劳动力。对于他们来说，水电开发意味着改变原有的生活习惯、环境以及生产方式，产生了诸多不利影响。如果他们靠后安置在新建成的水库周边，还需要承担库区生态环境的维护，增加了移民的负担。流域受影响的其他人群，包括受工程影响的但未搬迁的居民和安置区原有的居民，他们的利益也因水电开发和移民安置而受到不同程度的影响。但是，水电开发也为流域居民提供了电力、供水、灌溉、防洪的效益，因此流域居民受水电开发的影响是多重复杂的，不同的居民有着不同的影响。

（2）次要相关者的利益

次要相关者包括国家和地方政府以及地方水利和环保等相关职能部门。水电开发项目虽是由水电开发公司执行操作，但其项目规划设计多是由国家和地方政府为满足国家和地方的能源发展需求进行牵头和推动。与此同时，水电开发影响流域居民生产生活，而政府能够代表流域居民的整体利益。因此，政府是水电开发的次要利益相关者。水电开发关系着当地的水资源使用、影响着当地的生态环境，因此地方的一些职能部门也是水电开发的次要相关者。水利部门的主要职责是水资源生态保护、防汛抗旱、水库调度；环保部门的主要职责是污染防治、环境监测、生态多样性保护。

（3）边缘相关者的利益

边缘相关者包括非政府组织、非水电开发流域的居民、其他感兴趣的个人和团体。

他们在水电开发过程中没有直接的利益关系，但在一定程度上可以影响和推动水电开发及生态环境保护行为。因此，他们是边缘的利益相关者。

水电开发生态补偿的主要关键之一亦是平衡这些利益群体的利益关系，保障公平发展，因此这些核心的利益群体共同组成了水电开发生态补偿的主要主体和客体，决定了水电开发生态补偿的主要对象。

## 6.2 水电开发生态补偿的内涵与特征

### 6.2.1 水电开发生态补偿内涵

水电开发带来的生态影响不仅包括水电工程对库区、河道生态环境的占用和破坏，还包括由水电移民产生的对安置区生态环境的间接影响。因此，本研究认为，水电开发生态补偿是在水电开发过程中，为了保护流域生态环境、减少水电开发的生态影响，通过生态保护、恢复、重建，以及调整相关利益群体的环境利益等方式，实现对直接破坏的生境的生态修复和对间接影响区域的生态保护。

水电开发生态补偿包括两部分内容（如图 6-2 所示）：受损生境的生态补偿和安置区域的生态补偿。

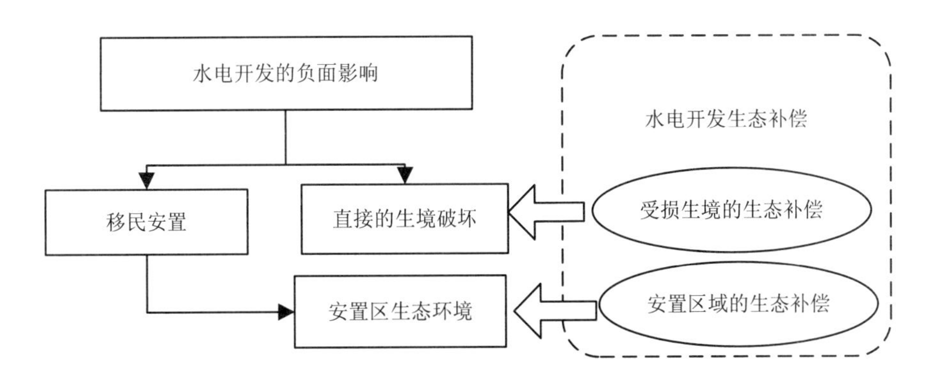


**图 6-2 水电开发生态补偿的内容结构**

具体来看：

（1）受损生境的生态补偿

该补偿是对水电开发直接破坏的自然生态系统的恢复补偿，包括淹没的陆地生态系统和河流生态系统。对这部分被占用和破坏的陆域生境和水域生境应建立相应的生态损害补偿，恢复原有的生态环境价值。

这部分补偿内容的实质是受损生境损失的生态服务功能，因此需要根据水电开发区原有的生态系统构成来确定。例如，水电开发前的土地利用类型为草地，那么生态恢复应为草地生态系统。此外，水电开发对于不同生态系统影响的程度不同，有的是影响全部生态服务功能，有的可能只涉及几个方面，因此对于不同受损程度的生态系统需设计不同的补偿方案。

（2）移民安置区的生态补偿

该补偿是对受水电开发间接影响的区域的生态保护，通过对移民进行补偿，提高移民福利水平，促进移民安置区的生态保护。尽管我国已有相关的移民安置办法和补偿政策，但主要是针对移民直接的物质收入损失的补偿，而对环境、文化、生活习惯等非物质因素改变而产生的福利损失尚未有考虑。此外，由于靠后安置是移民安置的主要方式，在这种安置情况下安置区位于库区范围内，安置区的生态环境要求更为严格。为防止移民带来新的生态环境问题，也需要通过建立激励机制，补偿移民的福利损失，引导其对当地生态环境进行保护。

然而，不同区域的社会文化和经济水平不同，不同的移民在安置过程中受到的影响不同，对安置区产生的生态压力也不同。因此对于安置的移民，需要结合地方的社会文化特征和移民实际需求来制定适宜的补偿方案。

### 6.2.2 水电开发生态补偿特征分析

由于水电工程影响复杂、涉及利益群体众多，因此水电开发的生态补偿与其他类型的生态补偿相比，具有一定的异质性，主要表现在以下几方面。

①水电开发的生态补偿主体具有阶段性特点，这主要是因为在不同的开发阶段水电工程涉及不同的经济利益主体。在水电开发建设期，大坝和水库工程建设淹没陆地生境、干扰河流生态系统服务功能，这一时期的水电开发以工程产生的生态损害为主，涉及的主要是经济责任主体——水电开发者。在水电开发运行期，水力发电同时具有供水、防洪、蓄水等功能，这一时期的水电开发以工程带来的生态效益为主，涉及的主要是经济受益主体——用水用电及其他的受益人群。因此在水电开发的不同时期，应遵循不同的生态补偿原则，由不同的补偿主体承担相应的补偿。

②水电开发生态补偿客体具有多元性，这主要是因为水电开发影响的对象具有不同的特征属性。包括受损的生态系统和相关利益人群，如淹没的陆地生态系统（农田、森林、草地等）、开发的河流生态系统、安置的移民等。

③补偿客体的多元性使得水电开发生态补偿方式具有多样性的特点。针对水电开发的直接生态影响，需要进行修复性的生态补偿，即水电开发受益者支付具有生态补偿性

质的相关费用而对陆地生态系统采取的就地、异地恢复或保护措施，以及对河流生态系统采取的河流连通性恢复、局部生境修复、鱼类产卵场营造等工程修复措施的投入和补贴。针对水电开发的间接生态影响，需要进行保护性的生态补偿，对移民采取实物和非实物的福利补偿方式，从而间接地保护生态环境。

④水电开发的生态补偿具有明显的个体特征。水电开发带来的生态影响在不同地区有不同的体现，其影响程度主要受到水电开发模式、自然资源条件、地质结构、社会文化等不同因素影响。因此，水电开发的生态补偿因具体的水电项目而异，需着重针对受影响区域的特殊影响而建立相应的补偿机制。此外，水电开发活动的生态影响行为是一次性的，非长时间连续的，但其需要长时期的生态修复和保护，这也增加了构建水电开发生态补偿机制的难度。

## 6.3 水电开发生态补偿理论模型研究

### 6.3.1 水电开发的外部性分析

外部性是指企业或个人向市场之外的其他人所强加的成本或效益（马中，1999）。自然生态系统及其所提供的生态服务具有公共物品属性，每个人都享有平等的生态环境福利。人类在生产和消费过程中产生的生态环境外部性主要反映在两方面：一是资源开发等破坏生态系统带来生态环境价值损失而产生的外部成本；二是保护生态环境而带来的外部效益。外部性的存在使得资源配置难以达到帕累托最优，较为有效的解决办法是庇古税和科斯定理，而二者在资源与环境保护领域的应用即为生态补偿手段，即通过内化外部性，实现对生态环境的保护（赖力等，2008）。

水电开发的外部性可从以下两方面进行分析：

①在宏观层面上，就水电工程的发展建设过程而言，首先流域的水资源规划会产生环境外部性，影响流域上下游的水资源配置；接下来水电项目建设时，工程开发影响生态环境和流域居民的生产生活环境；最后水电项目运行时，在节约煤炭、减少温室气体和有毒有害气体排放等方面，产生较多的外部环境效益。

②在微观层面上，就水电工程的自身建设而言，水电开发的不同时期带来不同的环境外部性。正外部性主要指水电开发带来的各项生态效益，如涵养水源、调洪蓄水、调节气候等生态效益；负外部性主要指水电开发带来的环境成本，包括水库蓄水淹没生境、筑坝截流改变水生生境，以及库区和安置区的生态保护成本。

本水电开发生态补偿研究主要针对微观层面上的水电开发带来的外部影响，具体而言是内化水电工程在建设和运行时期产生的环境成本，如图 6-3 所示。

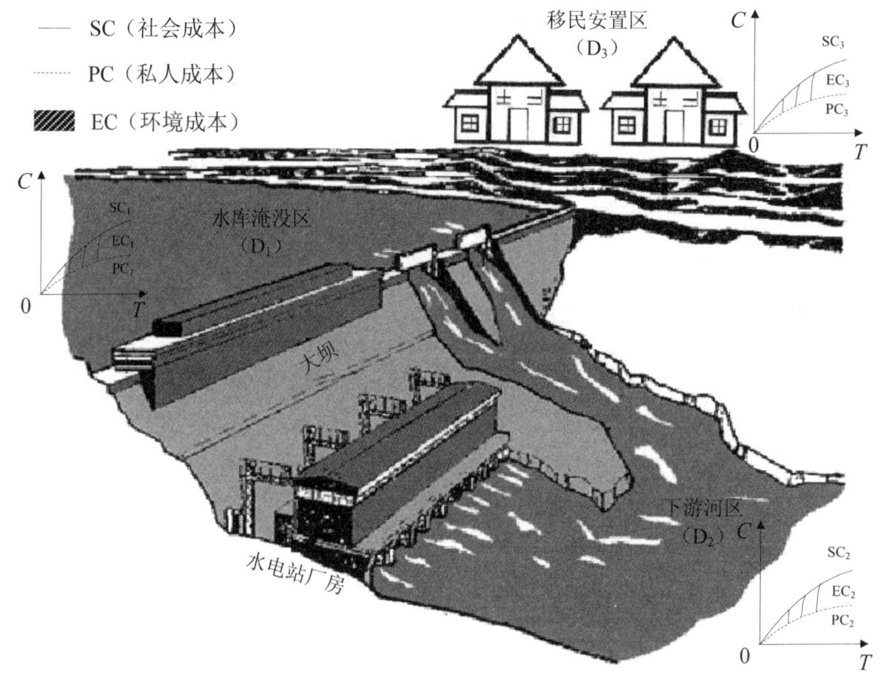


图 6-3　水电开发的多元外部性示意

如图 6-3 所示，水电开发产生的环境外部性主要涉及 3 个区域，分别是水库淹没区（$D_1$）、下游河区（$D_2$）、移民安置区（$D_3$）。由于存在环境外部性，在水电开发过程中实际的社会成本（SC）高于私人成本（PC），二者的差值即为环境成本（EC）。而水电开发的生态补偿即是为了内化水电开发过程中在各影响区域产生的环境成本，使外部生产者私人成本等于社会成本，优化资源配置。

具体来看，水库修建淹没原有陆域生境，破坏生态系统，随着建设时间的增加，库区淹没面积增加，环境成本呈递增趋势；运行阶段，水电开发影响河流下游生态系统服务功能，因此随着水电运行，环境成本将逐渐增加。对此，实施修复性生态补偿，对库区和下游河流生态系统产生的环境成本进行内化，使得水电开发的私人成本等于社会成本。另外，水库淹没带来大量移民，水电开发的外部性区域为移民安置区，随着移民数量增加，该区域的环境成本也逐渐增加。对此，实施保护性的生态补偿，通过建立鼓励机制，提高移民等利益相关群体福利水平，内化其生态保护的成本。

## 6.3.2　水电开发的多元复合生态补偿理论模型

针对水电开发的多元环境外部性特征、各区域生态影响的阶段性特征，结合生态修复理论和边际效用理论，本研究构建了水电开发的多元复合生态补偿理论模型。如图 6-4 所示，水电开发生态补偿通过修复性生态补偿（R-EC）和保护性生态补偿（P-EC），分别内化了淹没区的环境成本（$EC_1$）和下游河流的环境成本（$EC_2$）以及安置区保护的环境成本（$EC_3$）。该水电开发生态补偿理论模型的复合性主要表现在以下两方面。

（1）水电开发的 R 型生态补偿是分阶段分对象的复合生态补偿。水电开发工程包括建设期（$t_1$）和运行期（$t_2$）两个阶段。其中淹没库区的环境成本来自建设期，随着建设时间的增加，库区淹没面积增加，环境成本呈递增趋势；而下游河区的环境成本主要来自运行期，大坝调度影响河流下游生态系统服务功能，因此随着水电运行，环境成本将逐渐增加。因此，淹没区的环境成本（$EC_1$）和下游河流的环境成本（$EC_2$）共同构成了水电开发“建设—运行”全过程的受损生境的生态补偿量。

（2）水电开发生态补偿是一种“生态-经济”的复合补偿。水电开发的生态补偿对象具体主要包括陆地生境、水域生境和移民三类。根据不同对象的补偿需求，水电开发的生态补偿需要通过生态手段和经济手段来内化三类影响区域的环境成本（$EC_1+EC_2+EC_3$）。具体包括：①对淹没库区的生态修复（$EC_1$）。水库修建使得一部分陆地生境变为水域生境，这一转变不可逆转，使得原库区的生态功能完全受损。因而，不能对库区进行原地修复，需要通过异地重建类似的生境，补偿损失的生态系统服务功能。②对开发河流的生态修复（$EC_2$）。水利工程的修建改变了河流的自然结构，这种影响一般也是不可逆转的，除非将大坝移除。因此，需要采取生态工程的措施，对开发河流进行生态恢复，减缓水电开发对河流的不利影响。③对安置移民的激励引导（$EC_3$）。通过经济手段调整移民的效用水平，提高其福利水平，以内化安置区生态保护的成本。

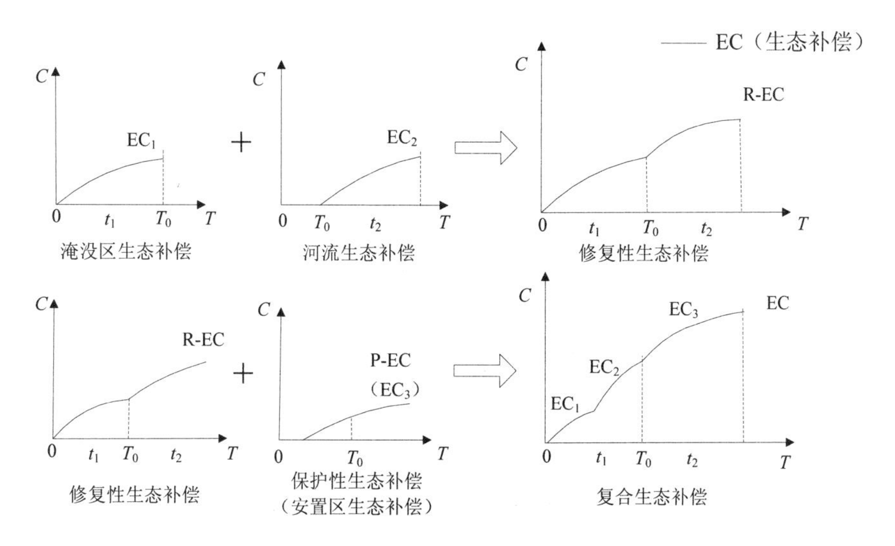


**图 6-4　水电开发的多元复合生态补偿理论模型**

## 6.4 水电开发生态补偿的计量方法研究

根据水电开发的多元复合生态补偿理论模型，水电开发生态补偿包含两类生态补偿。其中，修复性的生态补偿主要包括淹没库区生态补偿和受影响河段的生态补偿，保护性的生态补偿主要为移民安置区生态补偿。由于各级生态补偿的受偿对象类别不同，测算单元也不相同，为此，本研究针对各补偿对象特点，构建多元化的水电开发生态补偿计量方法研究框架。

### 6.4.1 库区生态补偿计量框架

生态价值是由生态系统所承载的对人类和社会生存发展的价值的总称。环境外部性的根本原因就是忽略了生态环境的自身价值，使私人成本低于社会成本，导致生态环境污染和破坏。联合国千年生态系统评估提出了生态系统评估的概念框架，其认为生态系统服务包括生态系统的产品和服务，分为四大类，分别是供给服务、调节服务、文化服务和支持服务，并进一步确定了生态系统评估的技术途径（Millennium Ecosystem Assessment，2005）。

水电开发修建水库改变了库区的土地利用方式，使得库区原来陆域生境的生态功能丧失，针对这部分生态损害，本研究构建基于“服务-服务”的生境等价补偿计量模型，以补偿具有相似功能生境的规模作为测算标准。具体而言，根据服务对等的等价分析，通过建立生境或对其他相似生境进行建设和保护，用补偿区域增加的服务量补偿受损区域的生态服务损失量（如图 6-5 所示）。

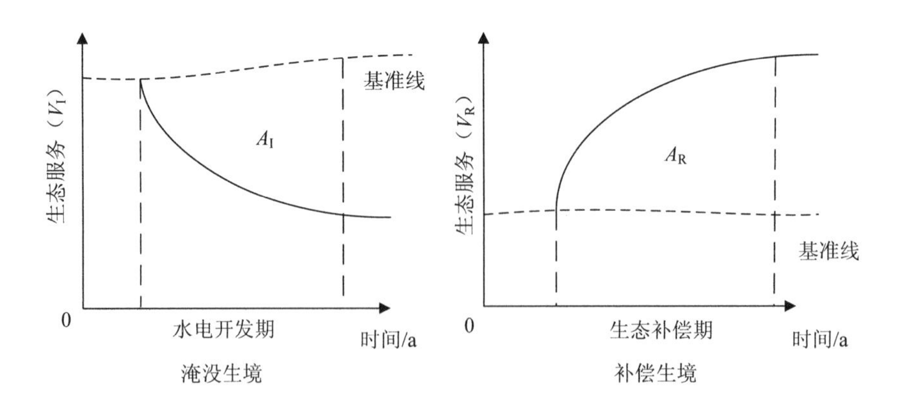


图 6-5 基于“服务等价”的水电开发库区生态补偿原理示意

其中，

$$A_R = V_I A_I I(1+r)^{-t_I} / V_R R(1+r)^{-t_R} \tag{6-1}$$

式中：$A_R$ —— 补偿规模，$hm^2$；

$V_I$ —— 受损生境的生态系统服务损失值，万元；

$A_I$ —— 受损的生境面积，$hm^2$；

$I$ —— 受影响的程度，%；

$r$ —— 贴现率，%；

$t_I$ —— 影响的时间期限，a；

$V_R$ —— 补偿的生态系统服务增加值，万元；

$R$ —— 补偿的程度，%；

$t_R$ —— 补偿的时间期限，a。

### 6.4.2 河流生态补偿计量框架

水能开发增加了河流的供水、发电、防洪、蓄水等生态服务，却也干扰了河流自身的生态过程，严重降低了土壤保持、水质净化、泥沙输送等生态服务。从这一角度来看，水电开发的生态效应可看作是一种生态系统服务交易，是人类为满足自身能源发展需求而对自然生态系统服务的一种权衡分析。而不同生态服务类型产生的生态效应不能转化和抵消，库区大坝建设产生的调节功能不能抵消原生态系统的水文调节等服务的损失，因而需要对开发河流进行生态修复和补偿。其中，水电开发后，河流生态系统减少的服务价值可作为水电开发河流生态补偿的投入成本。

$$C_R = \sum_{i=1}^{n} V_{ij} \tag{6-2}$$

式中：$C_R$ —— 开发河流生态补偿量，万元；

$V_{ij}$ —— 第 $i$ 年第 $j$ 种生态系统服务价值减少量，万元。

各项生态系统服务价值评估方法如表 6-2 所示。

**表 6-2 主要的生态系统服务价值评估方法**

| 评估方法 | 具体内容 |
| --- | --- |
| 替代工程法 | 人工建造一个替代工程来代替原来的环境功能，用所建新工程的费用来估计原环境生态价值。如以污水处理工程的处理成本表示水质净化功能的价值损失 |
| 恢复费用法 | 用恢复或防护一种资源不受污染所需的费用，作为环境资源破坏带来的最低经济损失。如根据单位体积泥沙清淤费用计算水电站运行时期库区泥沙淤积损失价值 |

| 评估方法 | 具体内容 |
| --- | --- |
| 影子价格法 | 以市场上与其相同的产品价格作为“影子价格”来估算该“公共商品”的价值。以碳税和造林成本的影子价格估算库区温室气体排放带来的生态损失 |
| 防护费用法 | 以个人在自愿基础上为消除或减少环境恶化的有害影响而承担的防护费用作为环境产品和服务的潜在价值。以水电项目附属鱼道或养鱼设施等工程建设成本核算鱼类栖息地损失价值 |

### 6.4.3 安置区生态补偿计量框架

库区淹没还将产生大量移民，在移民安置的过程中，移民的福利水平与安置区的生态环境关系密切且相互影响，因此，移民的福利变化也是移民安置区生态补偿研究的重要基础。

移民的效用水平能够反映出移民在不同生活环境状态下的福利水平。本研究结合意愿调查法和选择实验法，对移民的受偿意愿和支付意愿进行研究，揭示移民的偏好。在此基础上，通过测算移民的效用函数，获得移民的福利变化。

$$\Delta U_n = U_n\left(X_n^1, X_n^2, \cdots, X_n^j\right) - U_n'\left(X_n^{1'}, X_n^{2'}, \cdots, X_n^{j'}\right) \tag{6-3}$$

式中：$\Delta U_n$ —— 安置前后移民的福利变化；

$U_n$ —— 移民在安置前的效用水平；

$U_n'$ —— 移民在安置后的效用水平；

$X_n^j$（$j$=1，2，3，…，$n$）—— 移民在不同生活条件下的各方面属性，包括经济、文化、社会、环境等方面；

$n$——安置后某一年，a。

一般来说，效用水平是个体生活环境状态的体现，良好的自然环境、文化环境和社会经济环境都会提高个体的效用水平。

在水电开发前后某库区移民的效用变化如图 6-6 所示，库区淹没致使流域居民效用由 $U_1$ 降至 $U_2$。假设水电开发后居民效用在 $B$ 点，若使居民效用提高到水电开发前的 $A$ 点，则需要通过改变影响移民效应水平的各属性条件 $X^1$、$X^2$、$X^3$、$X^j$，使居民效用由 $B$（$X_1^1$、$X_1^2$、$X_1^3$、$X_1^j$）到 $A$（$X_2^1$、$X_2^2$、$X_2^3$、$X_1^j$），或到 $C$（$X_1^1$、$X_2^2$、$X_3^3$、$X_2^j$），即效用水平由 $U_2$ 提升到 $U_1$。

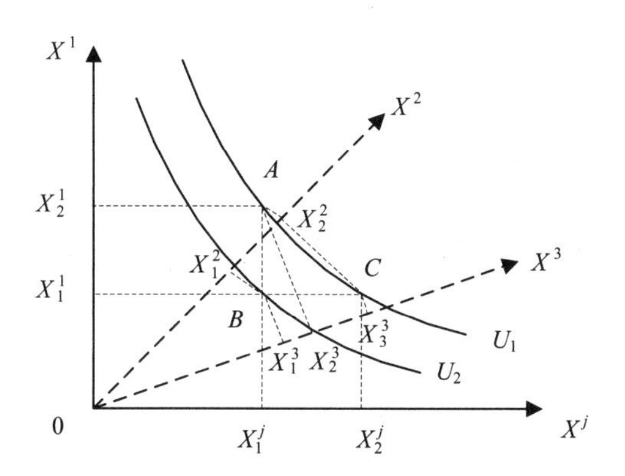


**图6-6 水电开发移民效用的变化**

根据以上对各类水电开发生态补偿的量化分析，综合考虑水电开发影响的阶段性、多元性特点，构建包含“生境-价值-效用”的水电开发生态补偿多元计量模型，以内化水电开发全过程的环境外部性。即水电开发生态补偿量按式（6-4）计量。

$$\mathrm{EC} = A_{\mathrm{R}} + U_n + C_{\mathrm{R}} \tag{6-4}$$

水电开发生态补偿的多元计量模型统筹考虑了水电开发不同阶段的生态需求和相关主体利益需求，通过直接的生境恢复和间接的移民补偿，实现水电开发全过程的生态保护。

# 第7章　西藏地区水电开发生态适宜性与生态效应评价

## 7.1　水电开发的生态适宜性评价方法

通过对西藏重点流域内生态资源的调研，运用专家判断等进行决策分析，确定具有代表性的因子作为区域生态适宜性判断的影响因子。运用层次分析法确定各因子的权重，构建流域水电开发的生态适宜性评价模型。并通过GIS的空间分析功能进行评价，获得流域水电开发的生态适宜性分布图，确定西藏地区水电开发的适宜区域。

### 7.1.1　生态适宜性评价指标体系构建

指标选择主要遵循以下几个原则：①代表性原则，选取的指标可以代表和反映自然生态系统某方面的特性。②综合性原则，选取的指标可以综合反映系统特征现状和未来演化趋势。③可量化原则，尽量选择客观可测量的指标，以量化分析生态适宜性水平。基于以上原则，确定具有代表性的10项指标作为区域生态适宜性判断的影响因子，从环境、生态、社会经济3个子系统进行评价（如表7-1所示）。此外，为保证生态保护区的健康发展，将生态敏感区作为限制因子。

根据所选评价指标，将各因子的统计数据用评价标准进行定量化处理，确定评价因子适宜度评分值。单因子适宜性评分值分为1～4级，赋值按照等级高低分别为100、75、50、25，分值越高，表示适宜性越好。综合评价中，适宜度根据不同因子加权求和确定，因子权重取决于某一特定因子对适宜性的贡献程度。为提高评价过程的可操作性，力求最大限度地降低评价工作中的主观性和片面性，指标权重采用层次分析法与专家打分法相结合的方法确定。具体的评分和权重结果如表7-1所示。

表 7-1　西藏地区水电开发生态适宜性评价指标体系

| 目标层 | 准则层 | 指标层 1 | 指标层 2 | 等级 | 指标 | 权重系数 |
|---|---|---|---|---|---|---|
| 生态适宜性等级 A | 环境子系统 $B_1$ | 地形指标 $C_1$ | 高程/m | 1 | ≤3 000 | 0.086 3 |
| | | | | 2 | （3 000，3 500] | |
| | | | | 3 | （3 500，4 000] | |
| | | | | 4 | ＞4 000 | |
| | | | 地貌 | 1 | 谷地区 | 0.083 0 |
| | | | | 2 | 峡谷区 | |
| | | | | 3 | 湖盆区 | |
| | | | | 4 | 高山区 | |
| | | 环境质量指标 $C_2$ | 地表水质等级 | 1 | 优于III类 | 0.082 1 |
| | | | | 2 | III～Ⅳ类 | |
| | | | | 3 | Ⅳ～Ⅴ类 | |
| | | | | 4 | 劣于Ⅴ类 | |
| | | 土地利用 $C_3$ | 土地覆盖类型 | 1 | 河流 | 0.280 9 |
| | | | | 2 | 其他 | |
| | 生态子系统 $B_2$ | 气候 $C_4$ | 年平均气温/℃ | 1 | ≥15 | 0.091 0 |
| | | | | 2 | [7，15） | |
| | | | | 3 | [0，7） | |
| | | | | 4 | ＜0 | |
| | | | 年平均降水量/mm | 1 | ≥500 | 0.098 3 |
| | | | | 2 | [350，500） | |
| | | | | 3 | [200，350） | |
| | | | | 4 | ＜200 | |
| | | 生态质量 $C_5$ | EI 指数① | 1 | ≥60 | 0.089 4 |
| | | | | 2 | [45，60） | |
| | | | | 3 | [30，45） | |
| | | | | 4 | ＜30 | |
| | 社会经济子系统 $B_3$ | 密集程度 $C_6$ | 人口密度/（人/$km^2$） | 1 | ≤1 | 0.081 2 |
| | | | | 2 | （1，5] | |
| | | | | 3 | （5，10] | |
| | | | | 4 | ＞10 | |
| | | 经济水平 $C_7$ | 生产总值增长速度/% | 1 | ≥16 | 0.053 9 |
| | | | | 2 | [13，16） | |
| | | | | 3 | [10，13） | |
| | | | | 4 | ＜10 | |
| | | | 人均 GDP/（万元/人） | 1 | ≥3.5 | 0.053 9 |
| | | | | 2 | [2.5，3.5） | |
| | | | | 3 | [1.5，2.5） | |
| | | | | 4 | ＜1.5 | |

①生态环境指数是反映被评价区域生态环境质量状况的一系列指数的综合。计算方法为：EI＝0.25×生物丰度指数＋0.2×植被覆盖指数＋0.2×水网密度指数＋0.2×土地退化指数＋0.15×环境质量指数。

### 7.1.2 水电开发生态适宜性评价模型

通过对各单因子的加权叠加运算进行生态适宜性综合评价，计算公式如式（7-1）所示。

$$S = \sum w_i \times x_i \tag{7-1}$$

式中：$S$—— 生态适宜性等级；

$w_i$—— 第 $i$ 种评价因素的权重，量纲一；

$x_i$—— 第 $i$ 种评价因素的得分，量纲一。

## 7.2 水电开发的生态效应评估方法

水电开发的生态效应是指水电工程全生命周期内对生态系统的结构和功能产生的扰动影响。

### 7.2.1 生态效应评估体系

按照生态环境影响的空间范围，水电开发的生态效应可分为库区生态效应和下游生态效应。下游生态效应的产生来源于水电站对下游河道的水文干扰，从而改变下游洪泛区和河口生态系统的生态过程。一般来说，在满足下游河道生态需水的前提下，水利工程对下游的生态环境影响程度是可以接受的，不至于使下游生态系统损害到难以恢复的程度。因此，本研究重点评估水电开发的库区生态效应。

针对库区生态效应，根据生态系统服务理论，从供给、调节、文化、支持 4 个方面，利用生态系统服务价值的方法核算水电站建设和运行对库区生态系统产生的生态效应总量。由于水电站建设对库区生态系统结构的扰动，使其生态效应主要体现为负效应，并表现在以下两方面：①水电站大坝（堰）建设阻断河流连通性，造成库区泥沙淤积和水生生物多样性下降；②库区蓄水后改变原有土地利用类型，使林地、草地、耕地和未利用地向水域和建筑用地转化，改变了一系列库区原有的生态系统服务功能（如表 7-2 所示）。

表 7-2 西藏地区水电开发生态效应核算指标体系

| 空间范围 | 影响指标 | 核算方法 |
|---|---|---|
| 库区 | 农林作物产量损失 | 市场价值 |
| | 固碳释氧功能损失 | 影子价格 |
| | 土壤侵蚀 | 机会成本<br>恢复费用 |
| | 水分流失 | 影子工程 |
| | 水质下降 | |

| 空间范围 | 影响指标 | 核算方法 |
| --- | --- | --- |
| 库区 | 景观娱乐功能损失[①] | 条件价值 |
| | 人类栖息地损失 | 影子工程 |
| | 鱼类栖息地损失 | |
| | 泥沙淤积 | 恢复费用 |
| 下游 | 下游洪泛区和河口生态系统的生态过程受扰 | 在满足下游河道生态需水的前提下，对下游的负效应处于可接受水平 |

① 水电站建设一般避免涉及寺庙、文化遗产等敏感人文景观，因此本研究不核算景观娱乐功能损失。

### 7.2.2 生态效应评估模型

（1）农林作物产量损失

森林、草地以及农田生态系统被淹没转化为水域后，为人类提供粮食、牧草等产品功能下降，利用市场价值法衡量生态系统的产品供给功能的损失［如式（7-2）所示］。

$$V_{pro}=\sum P_i\times A_i\times T \tag{7-2}$$

式中：$V_{pro}$ —— 生态系统产品供给价值，元；

$P_i$ —— 第 $i$ 类陆地生态系统单位面积产值，元/（$hm^2 \cdot a$）；

$A_i$ —— 第 $i$ 类陆地生态系统面积，$hm^2$；

$T$ —— 水电运行年份，小水电站 $T$ 取 30 a，大水电站 $T$ 取 50 a。

（2）固碳释氧功能损失

森林、草地以及农田生态系统被淹没转化为水域后，陆地生态系统的固碳释氧功能下降，其损失的价值核算以净初级生产力为依据，根据水库建设淹没地区植被所固定 $CO_2$ 和释放 $O_2$ 量两部分计算得到［如式（7-3）、式（7-4）所示］。

$$N_{CO_2}=\sum NPP_i\times A_i\times T\times\alpha_{CO_2} \tag{7-3}$$

$$N_{O_2}=\sum NPP_i\times A_i\times T\times\alpha_{O_2} \tag{7-4}$$

式中：$N_{CO_2}$ —— 水库蓄水带来的固碳增加量，t；

$N_{O_2}$ —— 水库蓄水带来的氧气增加量，t；

$NPP_i$ —— 第 $i$ 类陆地生态系统净初级生产力，t/（$hm^2 \cdot a$）；

$T$ —— 水电运行年份，小水电站 $T$ 取 30 a，大水电站 $T$ 取 50 a；

$\alpha_{CO_2}$ —— $CO_2$ 转化系数，量纲一；

$\alpha_{O_2}$ —— $O_2$ 转化系数，量纲一。

根据光合作用公式，由于植物生产 1 g 干物质可吸收 1.62 g $CO_2$，同时释放 1.2 g $O_2$，则 $\alpha_{CO_2}=1.62$，$\alpha_{O_2}=1.2$。

固碳释氧价值$V_{C\&O}$（元）利用影子价格计算得到［如式（7-5）所示］。

$$V_{C\&O} = P_{CO_2} \times N_{CO_2} + P_{O_2} \times N_{O_2} \tag{7-5}$$

式中：$P_{CO_2}$ —— 固定$CO_2$价格，取273.3元/t；

$P_{O_2}$ —— 释放氧气价格，取369.7元/t（余新晓等，2005）。

（3）土壤侵蚀

库区原有陆地生态系统转化为水域生态系统后，陆地生态系统的土壤保持功能经济价值损失包括三方面，即保持土壤养分价值损失、减少废弃土地经济价值损失以及减少泥沙淤积经济价值损失。土壤养分价值主要指生态系统保持土壤中N、P、K营养物质的经济价值，因土壤侵蚀而造成的废弃土地经济价值采用机会成本法核算，泥沙淤积经济价值利用工程恢复费用法核算。土壤保持功能经济价值损失计算方法如式（7-6）所示。

$$V_{soil} = \sum v_{soil,i} \times A_{soil,i} \times T \tag{7-6}$$

式中：$V_{soil}$ —— 土壤保持功能经济价值损失，元；

$v_{soil,i}$ —— 第$i$类（$i$=1，2，3，分别表示森林、草原与农田）陆地生态系统单位面积年均土壤保持功能经济价值损失，元/（$hm^2 \cdot a$）；

$A_{soil,i}$ —— 水库蓄水第$i$类陆地生态系统淹没面积，$hm^2$。

（4）水分流失

陆地生态系统转化为水域生态系统后，陆地的涵养水源功能下降，其水分流失价值采用影子工程法计算得到，如式（7-7）、式（7-8）所示。

$$V_{wc} = v_{wc} \times \sum W_i \times A_i \times T \tag{7-7}$$

$$W_i = R_i - E_i = \theta_i \times R_i \tag{7-8}$$

式中：$V_{wc}$ —— 水分流失价值，元；

$v_{wc}$ —— 建设1 $m^3$库容需投入成本；

$W_i$ —— 第$i$类陆地生态系统涵养水量，mm/a；

$R_i$ —— 第$i$类陆地生态系统年均降雨量，mm/a；

$E_i$ —— 第$i$类陆地生态系统年均蒸发量，mm/a；

$\theta_i$ —— 第$i$类陆地生态系统径流系数，%。

（5）水质下降

陆地生态系统转化为水域生态系统后，陆地生态系统水质净化价值也随之下降，采用影子工程方法计算水质下降损失，陆地生态系统水质净化价值$V_{wp}$（元）计算公式如式（7-9）所示。

$$V_{wp} = v_{wp} \times Q_i \times A_i \times T \tag{7-9}$$

式中：$V_{wp}$ —— 水质净化价值，元；

$v_{wp}$ —— 单位体积水质净化费用，元/t；

$Q_i$ —— 各生态系统年均水源涵养量，t/（$hm^2 \cdot a$）。

（6）人类栖息地损失

水库蓄水淹没人类生境，产生移民，造成人类栖息地损失。利用《西藏统计年鉴》中农村人均住宅面积以及单位住宅面积造价得到库区移民安置费用，利用该价值估算电站初期蓄水时期人类生境损失［如式（7-10）所示］。

$$V_{humanhabitat} = \mathrm{Pop}_{emigrant} \times A_{house} \times P_{house} \tag{7-10}$$

式中：$V_{humanhabitat}$ —— 水库蓄水造成人类生境损失价值，元；

$\mathrm{Pop}_{emigrant}$ —— 库区淹没导致的移民总人数，人；

$A_{house}$ —— 当地人均住宅面积，$m^2$/人；

$P_{house}$ —— 当地单位面积住房价格，元/$m^2$。

（7）鱼类栖息地损失

水电站的大坝蓄水使库区原有的天然河流生态系统变为人工湖泊生态系统，河流连通性的阻断造成局部鱼类栖息地损失。采用影子工程法，利用水电站附属鱼道或养鱼设施等工程建设成本核算鱼类栖息地损失价值。

（8）泥沙淤积

大坝建设一方面阻断河流连通性，另一方面也使得入库径流流速下降，造成径流的挟沙能力下降，出现泥沙淤积，降低水库蓄水效益。利用多年平均悬移质入库沙量以及多年平均推移质入库沙量得到水库运行期泥沙淤积造成的水库库容损失量。针对引水式水电站和径流式水电站，由于其坝高较低或者无坝，泥沙淤积损失为0。针对筑坝式水电站，若泥沙淤积的损失库容小于水电站的死库容，泥沙淤积损失价值为0；若泥沙淤积的损失库容大于水电站的死库容，利用工程恢复法，根据单位体积泥沙清淤费用计算水电站运行时期库区泥沙淤积损失价值［如式（7-11）所示］。

$$V_{sd} = \mathrm{Vol}_{sd} \times P_{sd} \tag{7-11}$$

式中：$V_{sd}$ —— 泥沙淤积损失价值，元；

$\mathrm{Vol}_{sd}$ —— 水库泥沙淤积总体积，$m^3$；

$P_{sd}$ —— 单位体积泥沙清淤费用，元/$m^3$。

## 7.3 水电开发生态适宜性评价结果

从综合的评价结果可以看出，拉萨市为最适宜进行水电开发的区域，昌都、日喀则、山南和林芝 4 个地区较适宜进行开发，那曲地区较不适宜进行开发，而阿里地区的水电开发条件相对较差。

相对于传统的数值评价方法，基于 GIS 的适宜性评价方法将地面信息的获取、数值计算和空间数据的处理有机结合，能够简单、直观、方便和快速地实现定量分析。本研究在生态调查的基础上，综合考虑环境、经济社会、生态等因素，遵循“生态优先”的原则选取评价指标。采用层次分析法与专家打分法相结合的方法确定各评价指标的权重，减少了权重评价的主观性。运用多因素综合评价模型对西藏地区进行水电开发生态适宜性评价，为后续研究提供了支持。

## 7.4 水电开发生态效应评估结果

本研究选取西藏雅鲁藏布江与三江流域15座具有代表性的水电工程作为生态效应评估案例点。根据《水利水电工程等级划分及洪水标准》(SL 252—2017)，将装机容量大于 50 MW 的水电站定义为大中型水电工程，装机容量小于 50 MW 的水电站定义为小型水电站工程。15 座水电站中，大中型水电站 5 座，均为筑坝式；小型水电站 10 座，除觉巴为筑坝式以外，其余 9 座均为引水式水电工程。核算得到的大中型水电站和小型水电站单位装机容量生态效应如表 7-3 所示。整体而言，大中型水电站单位装机容量的生态损失大于小型水电站，分别为 8.98 元/W 和 2.47 元/W。

表 7-3 西藏地区水电开发的生态效应

| 电站 | 装机容量/MW | 单位装机容量的生态效应/（元/W） | 备注 |
|---|---|---|---|
| 1 | 510 | 2.35 | 大型水电工程单位装机容量生态效应平均值为 8.98 元/W |
| 2 | 160 | 4.05 | |
| 3 | 120 | 7.72 | |
| 4 | 120 | 26.66 | |
| 5 | 100 | 4.15 | |
| 6 | 30 | 0.82 | 小型水电工程单位装机容量生态效应平均值为 2.47 元/W |
| 7 | 13.7 | 2.44 | |
| 8 | 8 | 1.82 | |

| 电站 | 装机容量/MW | 单位装机容量的生态效应/（元/W） | 备注 |
| --- | --- | --- | --- |
| 9 | 4 | 5.60 | 小型水电工程单位装机容量生态效应平均值为2.47元/W |
| 10 | 2.52 | 0.87 | |
| 11 | 1.89 | 1.65 | |
| 12 | 1.6 | 1.53 | |
| 13 | 1.2 | 6.73 | |
| 14 | 0.64 | 2.10 | |
| 15 | 0.64 | 1.17 | |

## 7.5 基于生态适宜性的水电开发选址

水电开发的生态适宜性评价充分考虑西藏地区的生态功能分区、生态敏感区、自然保护区、重点宗教文化保护区、地质、地貌、植被、气候等生态限制和社会限制因素，确定水电开发的适宜区域。基于生态适宜性的水电开发选址对于衔接和协调西藏地区的能源发展需求与生态建设和环境保护需求具有积极作用，形成水电开发的合理布局。

生态适宜性评价结果表明，拉萨市为最适宜进行水电开发的区域，昌都、日喀则、山南和林芝 4 个地区较适宜进行开发，那曲地区较不适宜进行开发，而阿里地区的水电开发的条件相对最差。

昌都地区、林芝地区地处澜沧江和怒江上游，水资源丰富，综合考虑生态、环境、社会经济各方面也能达到较适宜开发的条件；日喀则地区也为较适宜开发地区，但是目前开发的水电站并不多，且没有大型水电站，在日后的开发规划中，可以考虑适当加大开发力度；阿里地区由于气候和海拔等因素并不适宜开发，另外在阿里地区有大面积的生态敏感区，需要在开发过程中特别注意，所以在能保证居民用电需求的情况下，控制开发规模。

# 第 8 章　西藏地区拉萨河流域水电开发的适度规模

水资源约束下拉萨河流域可供水电站利用的水资源是稀缺的，继而在一定程度上限制了流域尺度上水电的可开发规模。然而水电作为碳减排背景下能源结构调整的重要替代能源，限制水电的可开发规模并不利于碳减排目标的实现。因此，水资源约束前提下如何深入挖掘流域水电开发的碳减排潜力，这类研究显得尤为必要。

基于前文的水电开发的水-碳耦合效应研究，单位装机容量的筑坝式水电站的碳足迹大于引水式水电站的碳足迹，而单位装机容量的筑坝式水电站的水足迹小于引水式水电站的水足迹。也就是说，单位装机容量的引水式水电站比筑坝式水电站具有更高的碳减排潜力，而单位可利用水资源分配给筑坝式水电站比分配给引水式水电站能承载更大的装机容量。因此，在不同的优化目标下，有必要对稀缺的可利用水资源在筑坝式水电站与引水式水电站之间进行有效分配，使得流域水电开发总规模达到既定的优化目标，而这个分配问题实际上也就是水资源约束下流域水电开发适度规模优化的核心问题。

本章将以拉萨河流域为案例区，核算出拉萨河流域水电开发的水资源双限约束，基于水-碳耦合的流域水电开发适度规模计量模型，获得拉萨河流域水电开发的适度规模区间。

## 8.1　西藏地区水资源特征及开发现状

水资源总量丰富，湖泊、冰川与地表径流共生。西藏全区人均水资源占有量约为 152 969.2 $m^3$，数十倍于全国人均水资源占有量。西藏冰川面积和储量分别占全国的 48.2% 和 53.6%，冰川蕴含的水资源总量约 3 000 亿 $m^3$，每年冰川融水径流量达 325 亿 $m^3$。西藏的湖泊面积达 40 000 多 $km^2$，占全国湖泊总面积的 30%。同时，亚洲著名大河如长江、湄公河、萨尔温江、伊洛瓦底江、布拉马普特拉河、恒河、印度河均源于或流经西藏，西藏多年平均出境水量达 3 900 亿 $m^3$。

水能蕴藏量丰富，待开发潜力巨大。西藏全区共有 356 条河流，河流径流充沛，落差巨大。根据《西藏自治区“十二五”时期水利规划》，西藏全区水能资源理论蕴藏量为 2.01 亿 kW，占全国水能资源总量的 30%，居全国首位。全区 500 kW 以上的水电站技术可开发资源量为 1.1 亿 kW，占全国的近 20%，居全国第二位。目前，西藏自治区开发水电站约 400 座，年发电量约 430 亿 kW·h，只占技术可开发量的 6.99%，开发率仅为全国平均水平的一半。

水质良好，废污水排放呈减少趋势。根据《西藏自治区水资源公报 2009》，西藏全区河流水质以Ⅱ类和Ⅲ类水为主，占全部河长的 90%以上，水质超标河长仅占全部河长的 2%以下，且湖库水质和跨界水体水质均达到Ⅱ～Ⅲ类。根据《中国统计年鉴》(2009—2012 年)，西藏全区工业废污水排放呈减少趋势，年均工业废污水排放减少 6.8%。

水资源季节和地域分配不均，工程性缺水严重。境内河流补给主要源于降水、冰雪融水和地下水，降水和径流地区差异大。在地域上，水资源多分布于南部雅鲁藏布江中下游及东部横断山脉的怒江、澜沧江和金沙江，而占全区面积近 2/3 的藏北高原，水资源只占全区的 1%～2%。水资源年内分配也极不均匀，河流径流丰枯特征十分明显，雨季（6—9 月）降雨量占全年降雨量的 80%以上。加上境内调节性水库容量不足，使西藏面临工程性缺水。

## 8.2 拉萨河水资源开发现状

本研究选择拉萨河流域作为水电开发适度规模优化的目标流域。拉萨河流域作为西藏地区为数不多的重点开发区域，也是近期西藏地区水电开发的热点区域。因此，下文将从水电开发现状和近期电力需求等方面介绍拉萨河流域概况。

### 8.2.1 拉萨河流域水电开发现状

拉萨河为雅鲁藏布江中游左岸最大的一级支流，干流全长 551 km，流域面积 32 875 km$^2$，平均海拔高程约 4 500 m。拉萨河多年平均径流总量为 104 亿 m$^3$，地表径流丰枯季节特征十分明显。拉萨河多年平均年输沙量为 72.4 万 t，丰水期输沙量占到全年输沙量的 97.3%。拉萨河流域地处西藏“一江两河”的中心地区。流域内多年平均降水量为 450 mm，多年平均蒸发量为 1 400 mm。拉萨河干流天然落差 1 620 m，河口多年平均流量为 320 m$^3$/s，水能资源理论蕴藏量为 2 547.8 MW。

根据《西藏自治区“十二五”时期水利规划》，拉萨河流域水利发展的主要目标包括农村安全饮水工程、城市饮用水水源工程、农牧灌溉水利设施、流域洪涝和地质灾害防治等方面，包括地表径流、湖泊和地下水资源开发。水能开发特别是大型水利枢纽建设，通常集水力发电、供水、防洪等多种功能于一体。目前拉萨河流域的水资源开发通常以发电和灌溉为主，兼顾防洪、城市供水和流域治理等其他方面。流域内现已建成纳金、献多、平措、直孔等 4 座水电站，总装机容量为 115.1 MW，以引水式水电站和筑坝式水电站为主。旁多水电站正在建设，拟装机容量为 120 MW。其他支流上的引水式水电站如西郊梯级水电站、夺底水电站等都已经停运多年。

纳金水电站是具有日调节性能的混合式水电站，电站装机容量为 7.5 MW，电站将拉萨河干流径流自引水渠引入纳金水库，形成一定的调节性能。然而，纳金水电站的调节能力较差，尤其在枯水季，拉萨河干流径流减少，很难自流进入引水渠，限制了纳金水电站的发电能力。

献多水电站是引水式水电站，装机容量为 2.6 MW。献多水电站与纳金水电站的尾水相接，利用纳金水电站的尾水发电，需要与纳金水电站同步运行。

平措水电站为引水式水电站，装机容量为 5 MW。平措水电站位于达孜灌区，水电站的发电尾水不返回拉萨河河道，注入灌区发挥农业灌溉功能。此外，与纳金水电站和献多水电站相比，平措水电站具有更高的发电水头。

直孔水电站是具有月调节性能的筑坝式水电站，装机容量 100 MW。直孔水电站位于墨竹工卡县的拉萨河干流与雪绒藏布交汇处附近，是拉萨河流域目前唯一在运行的大型水电站，始建于 2003 年，并于 2007 年竣工发电。直孔水电站的死水位和正常蓄水位分别为 3 878 m 和 3 888 m，是目前藏中电网内部重要的电源。

旁多水电站是具有年调节性能的筑坝式水电站，装机容量 120 MW。旁多水电站始建于 2008 年，位于林周县的拉萨河干流与拉曲交汇处附近。作为拉萨河流域的龙头水电站，其正常蓄水位将达到 4 095 m，在自身发挥电力供给功能的同时，旁多水电站将提高下游众多水电站的保证出力。旁多水电站的建成运行对拉萨河下游用水的调峰补缺和藏中电网的调峰都具有重要作用。

### 8.2.2 拉萨河流域近期电力需求预测

拉萨河流域地处藏中电网内部，藏中电网的覆盖范围包括拉萨市、日喀则市、山南地区、林芝地区和那曲地区。目前藏中电网的电力供给结构中水电比例超过 85%，而火电主要担任高峰用电期的调峰功能以及枯水期水力发电不足时的紧缺电力补给功能。拉萨河流域水电开发主要就近为拉萨市供给电力，本研究着重于近期（2020 年之前）拉萨市的电力需求预测。

藏中电网近期的供电目标为藏中电网内的居民生活用电和工农业生产用电。由于西藏地区经济发展的特性，藏中电网中的工农业负荷约占 40%，居民生活用电负荷约占60%，市政用电负荷所占比重较小。因此，本研究基于居民生活用电的增长和工农业用电的增长来预测近期拉萨地区的用电需求，计算公式如式（8-1）和式（8-2）所示。

$$\Delta D = \Delta D_1 \times 60\% + \Delta D_2 \times 40\% \tag{8-1}$$

$$\Delta D_1 = r_u \times \Delta d_u + r_r \times \Delta d_r \tag{8-2}$$

式中：$\Delta D$ —— 目标年电力需求比基准年的增加率；

$\Delta D_1$ 和 $\Delta D_2$ —— 居民生活用电和工农业用电在目标年比基准年的增加率，由于短期内单位产值的能耗量一般变化不大，本研究采用工农业产值的增加率来预测工农业用电的增加率；

$\Delta d_u$ 和 $\Delta d_r$ —— 城市居民和乡村居民生活用电在目标年比基准年的增加率，由于短期内人均生活用电一般变化不大，本研究采用人口增加率来预测居民生活用电的增加率；

$r_u$ 和 $r_r$ —— 城市居民和乡村居民的生活用电在总生活用电中所占的比例，且两者的加和等于 1。

基于拉萨市农村人口、城市人口和工农业产值的历史数据[①]，以连续 10 年为 1 个数据段和预测段，即已知 1991—2000 年和 2001—2010 年 2 个连续 10 年段的相关数据，得到第 2 个 10 年段（2001—2010 年）在第 1 个 10 年段（1991—2000 年）基础上的变化率，将这个变化率作为第 3 个 10 年段（2011—2020 年）在第 2 个 10 年段（2001—2010 年）基础上的变化率，继而获得第 3 个 10 年段（2011—2020 年）的预测变化率（如表 8-1 所示）。

**表 8-1　拉萨地区人口增长率和工农业产值增长率预测**　　单位：%

| 时期 | 农村人口年平均增长率 | 城市人口年平均增长率 | 工农业产值年平均增长率 |
|---|---|---|---|
| 1991—2000 年 | 1.12 | 3.74 | 19.68 |
| 2001—2010 年 | 0.96 | 3.15 | 18.52 |
| 2011—2020 年（预测） | 0.80 | 2.56 | 17.36 |

① 相关数据来自《西藏统计年鉴》、《拉萨市统计年鉴》和《拉萨志》。

2010 年拉萨河流域城市居民的全年人均用电量为 457 kW·h，拉萨河流域农村居民的全年人均用电量为 248 kW·h。结合 2010 年拉萨河流域的用电总量（9.98 亿 kW·h），根据西藏人口和工农业产值的预测增长率，若水电站的年平均满功率运行时间为 3 500 h，预测拉萨河流域 2015 年和 2020 年以前的电力需求如表 8-2 所示。

表 8-2 拉萨河流域近期用电预测

| 年份 | 年需电量/（亿 kW·h） | 装机容量/MW | 增加率/% |
|---|---|---|---|
| 2010 | 9.98 | — | — |
| 2015（预测） | 14.03 | 400.9 | 40.5 |
| 2020（预测） | 18.07 | 516.3 | 81.1 |

预测到 2015 年，拉萨河流域的电力需求量将比 2010 年增加 40.5%，对应的水电装机容量需达到 400.9 MW；预测到 2020 年，拉萨河流域的电力需求量将比 2010 年增加 81.1%，对应的水电装机容量需达到 516.3 MW。

## 8.3 拉萨河流域水电开发的水资源双限约束

当水电开发引起流域出现严重的水生态问题后，被动地去研究河道径流可变区间并补给生态需水，效果并不理想，而主动地去研究水资源充足且水资源需求潜力大的西部河流的河道径流可变区间，有助于避免未来水资源开发过程中出现严重的水生态问题。面向拉萨河流域潜在的水资源开发需求，就拉萨河的径流情势现状，核算出拉萨河河道径流可变区间。

### 8.3.1 拉萨河河道径流情势现状

拉萨河径流具有非常明显的丰枯特征，加之当地引水工程建设缓慢，使拉萨河流域长期以来都存在较为明显的工程性缺水问题。汛期大量可利用的水资源得不到有效利用，而枯水期紧缺的可利用水资源无法满足下游农牧区在冬春旱期的农灌用水，限制了下游农牧业的发展。近年来在拉萨河上游陆续修建直孔水电站（始建于 2003 年）和旁多水电站（始建于 2008 年）等大型水利工程后，水利工程的水资源季节调节作用大幅度改变了拉萨河下游河道的水文情势。汛期下游河道最大径流量呈降低趋势，而枯水期下游河道最小径流量呈增加趋势，尤其是枯水期河道最小径流的增加趋势较为明显（如图 8-1 所示）。

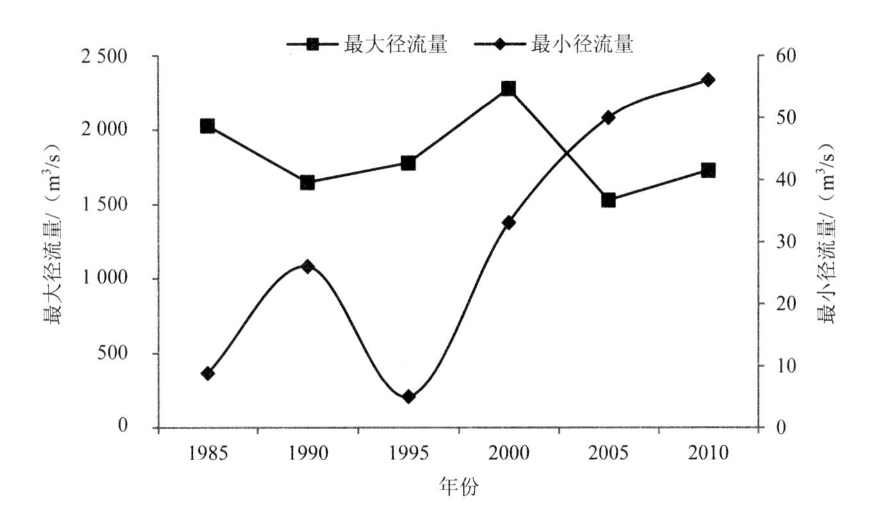


图 8-1 拉萨河下游河道水文情势变化

枯水期河道流量的增加有利于下游在冬春旱期的农灌引水，但是在距离水利工程放水口和农灌区引水口之间的河段会出现河道径流量的骤增，继而可能使该河段的径流量超过其最大洪水位，破坏河流生态系统。然而，目前水利工程的发展规划与建成运营通常都只考虑满足河道的最小生态需水（Fang et al.，2011；Fang et al.，2010；Babel et al.，2012），却忽略了水利工程的季节性放水可能会超过枯水期下游河道的最大洪水位。也就是说，水利工程在平衡河流径流资源的季节分配过程中，需要同时结合河道最小生态需水和河道最大洪水位来限制水利工程对自然径流特征的改变幅度。

## 8.3.2 拉萨河河道径流可变区间

拉萨河历史径流数据来源于拉萨水文站 1956—1998 年共 43 年的逐月月平均径流记录。拉萨水文站位于拉萨河下游，目前和近期的拉萨河流域的水资源开发活动都规划在拉萨河中上游。针对下游河道径流可变区间的核算能有效地约束中上游地区水资源开发活动规模。

拉萨河年内各月的多年月均径流量及其聚类结果如表 8-3 所示。拉萨河枯水期为每年 11 月至次年 5 月，持续 7 个月；平水期 6 月和 10 月（其中 6 月为汛前期，10 月为汛后期），持续 2 个月；汛期为 7—9 月，持续 3 个月。汛期、平水期和枯水期的径流总量分别占到年径流总量的 61.1%、19.8%和 18.1%。拉萨河月平均最小径流出现在 2 月，仅 50.0 $m^3/s$，而月平均最大径流出现在 8 月，达 859.5 $m^3/s$，月平均最大径流超过了月平均最小径流的 17 倍，表明拉萨河径流具有非常明显的季节差异（如表 8-3 所示）。

表 8-3　拉萨河径流分期与同期均值比区间

| 月份 | 平均径流量/（$m^3/s$） | 分期聚类结果 | 最小径流量/（$m^3/s$） | 最大径流量/（$m^3/s$） | 同期均值比区间[$\eta_1$，$\eta_2$]/% |
|---|---|---|---|---|---|
| 1 | 56.5 | 枯水期 | 37.0 | 75.7 | [59.0，190.1] |
| 2 | 50.0 | | 33.9 | 68.6 | |
| 3 | 57.6 | | 45.3 | 78.0 | |
| 4 | 70.0 | | 45.2 | 184.0 | |
| 5 | 141.4 | | 67.3 | 404.0 | |
| 6 | 403.4 | 平水期（汛前） | 169.0 | 980.0 | [45.2，211.5] |
| 7 | 706.0 | 汛期 | 308.0 | 1 250.0 | [38.2，194.7] |
| 8 | 859.5 | | 283.0 | 1 800.0 | |
| 9 | 612.4 | | 240.0 | 1 190.0 | |
| 10 | 267.5 | 平水期（汛后） | 134.0 | 439.0 | [45.2，211.5] |
| 11 | 126.3 | 枯水期 | 78.4 | 191.0 | [59.0，190.1] |
| 12 | 85.6 | | 39.5 | 120.0 | |

基于第 4 章式（4-1）～式（4-4），由表 8-3 可知，拉萨河在枯水期、平水期和汛期的径流可变区间分别为同期平均径流量的 59.0%～190.1%、45.2%～211.5%和 38.2%～194.7%。河道最小生态需水的年内动态变化较大，处于同期平均径流量的 38.2%～59.0%，而河道最大洪水位的年内动态变化较小，处于同期平均径流量的 190.1%～211.5%。随着河道径流从枯水期、平水期到汛期的逐渐增大，河道最小生态需水占当期河道平均径流的比例在逐渐降低，而河道最大洪水位占当期河道平均径流的比例先增加后降低。

满足河道最小生态需水后，河道剩余的径流为可利用水资源，即可供大型水电站蓄存或小型水电站引水。拉萨河河道最小生态需水和河道可利用水资源的年内动态变化分别为 29.5～327.9 $m^3/s$ 和 20.5～531.6 $m^3/s$。其中 2 月的河道最小生态需水和可利用水资源最小，8 月的河道最小生态需水和可利用水资源最大，平水期和汛期的可利用水资源都超过了当期（6—10 月）的河道最小生态需水量，而枯水期的可利用水资源小于当期（11 月—次年 5 月）的河道最小生态需水量（如图 8-2 所示）。

在丰水期，满足河道最小生态需水后的全年河道的最大可利用流量出现在 8 月，为 531.6 $m^3/s$；在枯水期，满足河道最小生态需水后的全年河道的最大可利用流量出现在 5 月，为 58.0 $m^3/s$；由于水电开发在枯水期放水会增加枯水期下游河道径流，而为满足枯水期河道最大生态需水后河道最大可增加流量也出现在 5 月，为 128.5 $m^3/s$。

然而，当考虑流域产业用水对水电站发电用水的争夺效应后，上述水资源双限约束下的水电开发的可利用流量和可增加流量会进一步缩小。

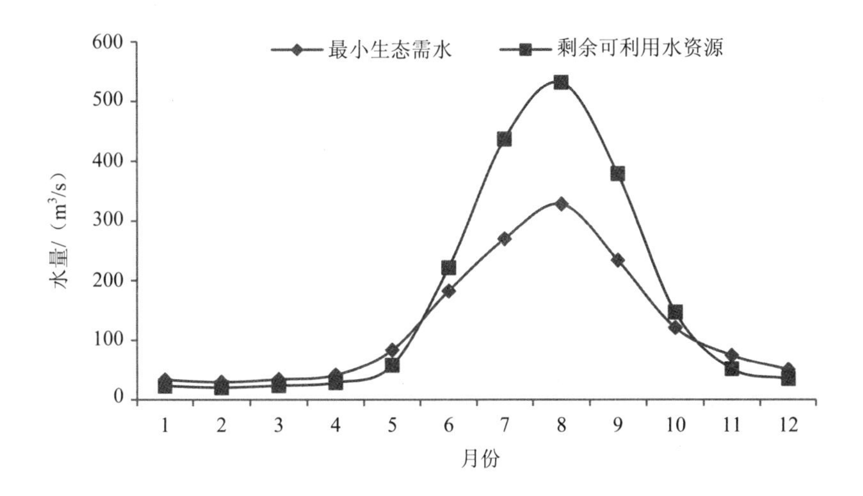


图 8-2 拉萨河河道最小生态需水与剩余可利用水资源的年内展布

根据《西藏自治区拉萨河流域综合规划》相关数据，到 2020 年，拉萨河流域农业年用水量将达到 7.61 亿 $m^3$，工业年用水量将达到 4.77 亿 $m^3$，拉萨河流域产业需水总量将达到 12.38 亿 $m^3$。拉萨河流域农业灌溉用水主要集中在整个枯水季（11 月—次年 5 月），若整个枯水季农业灌溉用水是均匀供给，则满足流域农业生产用水需在整个枯水期额外引出河道的径流为 41.5 $m^3/s$。工业用水全年均匀分布，相当于在全年直接平均减少河道径流 15.1 $m^3/s$。

拉萨河流域产业用水可以由引水式水电站供给。引水式水电站通过引水渠的不间断引水，利用自然落差产生的势能来发电。若引水式水电站的发电尾水不回归自然河道，则引水式水电站也具有产业供水功能，而且该部分水资源同时发挥了发电与产业供水功能。虽然拉萨河目前的献多水电站和平措水电站的发电尾水均有一定的产业供水功能，但由于引水式水电站不具备调节功能，枯水期的产业需水只能够通过枯水期的引水来供给，供水稳定性较差，受限于自然径流的变化，而产业需水却是相对稳定的。供水的不稳定性和需水稳定性之间的矛盾很可能会发生供水短缺现象而影响流域的工农业生产。因此，最好的产业供水方式是从筑坝式水电站的左右两侧引水，而这也是目前拉萨河流域水电开发的主要供水措施。

由筑坝式水电站供给拉萨河流域的产业用水，其供水过程是将部分蓄水从水库的左右两侧通过引水渠转为下游地区工农业生产用水，虽然该部分的水量不能为水电站发电所用，但供水是相对稳定的。拉萨河流域在丰水期，满足河道最小生态需水后可利用水资源总量约为 42.02 亿 $m^3$，丰水期可利用水资源总量大于拉萨河流域全年的产业需水，保证了供水的稳定性。

因此，综合拉萨河的河道径流可变区间与拉萨河流域产业用水需求，在汛期，可供水电站利用的最大流量为 516.5 m³/s；在枯水期，可供水电站利用的最小流量为 1.4 m³/s，可见拉萨河流域需要建设大型筑坝式水电站来增加水资源季节调配功能，继而增加该最小流量；在枯水期，水电站放水对河道径流的最大增加量依旧为 128.5 m³/s，水电站放水供给产业的那部分径流直接从筑坝式水电站两侧引出河道外，不会增加下游河道径流。拉萨河流域水电开发的水资源双限约束结果如表 8-4 所示。

表 8-4　拉萨河流域水电开发的水资源双限约束　单位：m³/s

| 水资源约束类型 | 最大可利用流量（丰水期） | 最大可利用流量（枯水期） | 最大可增加流量（枯水期） |
|---|---|---|---|
| 水资源双限约束 | 531.6 | 58.0 | 128.5 |
| 水资源双限约束+产业需水 | 516.5 | 1.4 | 128.5 |

旁多水电站建成运营以后，将作为拉萨河第一座年调节型筑坝式水电站。以拉萨河流域的年调节型水电开发为例，水电站在 6—10 月（丰水期）完成蓄水过程，在 11 月—次年 5 月（枯水期）完成放水过程。如果仅从常规的最小生态需水约束角度来看，在丰水期，满足河道最小生态需水后的剩余可利用水资源总量是其最人的可蓄水量，该蓄水量约为丰水期径流总量的 60.2%，即此时满足丰水期最小生态需水后，该时期内河道水资源可开发利用率可达 60.2%。若这部分蓄存的水资源在枯水期匀速释放到下游河道后，拉萨河下游河道的模拟水文情势和各月的最大洪水位如图 8-3 所示。在整个枯水期，模拟径流都超过了河道的最大洪水位，可能会对流域生态系统产生不利影响。

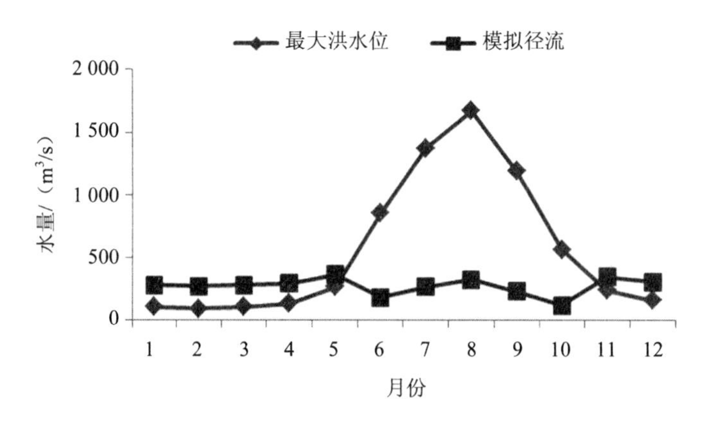


图 8-3　年调节型水电站充分运行后的拉萨河模拟径流

也就是说，对于丰枯差异十分明显的季节性河流，仅从河道最小生态需水为约束条件来规划水资源开发活动是不够的。应该考虑河道径流可变区间，同时包括河道的最小生态需水和最大洪水位。同样以拉萨河的年调节型水电开发为例，满足最大洪水位约束下，枯水期（11 月—次年 5 月）河道径流的增加空间为 45.4～128.5 $m^3/s$，总量约为 13.8 亿 $m^3$，该量即为年调节型水电站在丰水期的最大可蓄水量。因此，在满足枯水期河道最大洪水位约束下，以年调节型水电开发方式的可开发利用水资源约为丰水期径流总量的 18.7%，仅占该时期满足最小生态需水后河道可利用水资源的 31.1%。满足枯水期河道最大洪水位下的水资源可开发利用率要小于满足丰水期最小生态需水下的水资源可开发利用率。

因此，与丰水期河道最小生态需水约束相比，枯水期河道最大洪水位约束使得上游以年调节型水电开发方式的水资源可开发利用率从 60.2%下降到 18.7%。对于丰枯特征十分明显的季节性河流，其水利工程开发与运行不仅要考虑满足河道的最小生态需水，尤其是大型水电站作为调节和平衡径流季节分布的水利工程，其规划与运行更要考虑到不超过枯水期河道的最大洪水位。也就是说，拉萨河河道径流可变区间限制了水电站的绝对性耗水和相对性耗水，虽然水电站的相对水足迹并未减少河道径流总量，但其与水电站的绝对水足迹一样，不仅影响下游用水主体的正常用水，也会造成下游河道径流的周期性改变。

## 8.4 拉萨河流域水电开发适度规模

由于拉萨河流域水电开发的供电目标包括近期流域内部的电力需求和远期的藏电外送计划，因此，下文水电开发适度规模优化结果分为面向近期内部电力需求和面向远期藏电外送计划，适度规模优化计算过程全部基于 LINGO 9.0 来完成。

### 8.4.1 面向近期内部电力需求

面向满足拉萨河流域内部近期的电力需求，水电开发适度规模总量为 516.3 MW，这个基础上的水电开发适度规模优化是在常规供电和低碳供电目标之间的筑坝式水电站与引水式水电站规模组合，基于 LINGO 9.0 的计算方程如下。

（1）供电导向

$$\min = [516.3-(x_1+x_2)]\,\hat{}\,2;$$
$$x_1\times 0.601+x_2\times 1.874<516.5;$$
$$x_1\times 0.595\times 0.72-x_2\times 1.874<128.5;$$

$$x_2 \times 1.874 + x_1 \times 0.003 - x_1 \times 0.598 \times 0.72 < 1.4;$$
$$x_1 > 0;$$
$$x_2 > 0$$

该运行方程基于式（4-5）、式（4-8）～式（4-10），直接以满足拉萨河径流可变区间和产业供水的水资源为约束条件，$x_1$和$x_2$分别为筑坝式水电站和引水式水电站的装机规模。

（2）低碳导向

$$\min = x_1 \times 33\,558 + x_2 \times 29\,027;$$
$$x_1 \times 0.601 + x_2 \times 1.874 < 516.5;$$
$$x_1 \times 0.595 \times 0.72 - x_2 \times 1.874 < 128.5;$$
$$x_2 \times 1.874 + x_1 \times 0.003 - x_1 \times 0.598 \times 0.72 < 1.4;$$
$$x_1 + x_2 > 516.3$$

该运行方程基于式（4-5）、式（4-7）～式（4-10），直接以满足拉萨河径流可变区间和产业供水的水资源为约束条件，流域水电开发的总装机容量大于516.3 MW也成为约束条件，流域水电开发的碳足迹最小为目标函数。

分别将上述方程式基于LINGO 9.0运行后，所得结果如表8-5所示。常规供电方式的水电开发适度规模结果为：筑坝式水电站476.0 MW，引水式水电站40.3 MW。低碳供电方式的水电开发适度规模结果为：筑坝式水电站419.8 MW，引水式水电站96.5 MW。常规供电与低碳供电方式中都以筑坝式水电站为主，筑坝式水电站占水电开发适度规模总量的81.3%～92.2%。与常规供电方式相比，低碳供电方式的筑坝式水电站装机规模在下降（减少56.2 MW），而引水式水电站装机规模在增加（增加56.2 MW）。

**表8-5　面向近期内部电力需求的拉萨河流域水电开发适度规模**　　单位：MW

| 供电方式 | 筑坝式水电站 | 引水式水电站 | 合计 |
|---|---|---|---|
| 供电导向 | 476.0 | 40.3 | 516.3 |
| 低碳导向 | 419.8 | 96.5 | 516.3 |

## 8.4.2　面向远期藏电外送计划

面向远期藏电外送计划中的电力需求，水电开发适度规模总量是未知的，取决于水资源约束下拉萨河流域水电的最大可开发潜力。因此，水电开发适度规模优化的目标函数是流域尺度上水电开发规模最大化，最大化的装机容量有利于电力外送。在这个基础上的水电开发适度规模优化是在常规供电和低碳供电目标之间的筑坝式水电站与引水式水电站规模组合，基于LINGO 9.0的计算方程如下。

（1）供电导向

$$
\begin{aligned}
&\max = x_1 + x_2;\\
&x_1 \times 0.601 + x_2 \times 1.874 < 516.5;\\
&x_1 \times 0.595 \times 0.72 - x_2 \times 1.874 < 128.5;\\
&x_2 \times 1.874 + x_1 \times 0.003 - x_1 \times 0.598 \times 0.72 < 1.4
\end{aligned}
$$

该运行方程基于式（4-6）、式（4-8）～式（4-10），在丰水期和枯水期的水资源约束下，使得流域尺度上水电开发的装机规模最大。水资源约束为河道径流可变区间加总产业需水后的水资源约束。

（2）低碳导向

$$
\begin{aligned}
&\min = x_1 \times 33\,558 + x_2 \times 29\,027;\\
&x_1 \times 0.601 + x_2 \times 1.874 = 516.5;\\
&x_1 \times 0.595 \times 0.72 - x_2 \times 1.874 < 128.5;\\
&x_2 \times 1.874 + x_1 \times 0.003 - x_1 \times 0.598 \times 0.72 < 1.4
\end{aligned}
$$

该运行方程基于式（4-7）～式（4-10），水电开发在丰水期充分利用水资源约束下的剩余可利用径流，在充分利用剩余径流后，兼顾枯水期的水资源约束，使得流域尺度上的水电开发的碳足迹最小。水资源约束考虑为河道径流可变区间加总产业需水后的水资源约束。

分别将上述方程式基于 LINGO 9.0 运行后，所得结果如表 8-6 所示。

**表 8-6 面向远期藏电外送计划的拉萨河流域水电开发适度规模** 单位：MW

| 供电方式 | | 筑坝式水电站 | 引水式水电站 | 合计 |
|---|---|---|---|---|
| 供电导向 | 约束（1）[①] | 641.2 | 78.0 | 719.2 |
| | 约束（1+2） | 626.6 | 74.7 | 701.3 |
| 低碳导向 | 约束（1） | 460.4 | 136.0 | 596.4 |
| | 约束（1+2） | 500.8 | 115.0 | 615.8 |

① 约束（1）指河道径流可变区间的水资源约束；约束（1+2）指河道径流可变区间加总流域产业需水后的水资源约束。

未考虑产业需水前，拉萨河流域水电开发的水资源约束仅指河道径流可变区间约束。在该水资源约束的前提下，常规供电方式的拉萨河流域水电开发适度规模为：筑坝式水电站 641.2 MW，引水式水电站 78.0 MW，两者合计 719.2 MW。低碳供电方式的拉萨河流域水电开发适度规模为：筑坝式水电站 460.4 MW，引水式水电站 136.0 MW，两者合计 596.4 MW。与常规供电方式相比，低碳供电方式下筑坝式水电站的规模在下降（减少了 180.8 MW），引水式水电站的规模在增加（增加了58 MW），从而流域尺度上水电开发总规模下降了 122.8 MW。常规供电方式与低碳供电方式组成拉萨河流域水电开发适度规模区间，若流域水电开发规模超过该适度规模上限，流域水电开发活动将挤占河道生态需水或者超过河道径流可变区间，不利于水电开发的可持续发展；若低于该适度规模下限，流域水电开发活动未能充分利用水资源，也未能达到最佳的碳减排潜力。因此，河道径流可变区间约束下的拉萨河流域水电开发适度规模区间为 596.4～719.2 MW。

考虑产业需水后，拉萨河流域水电开发的水资源约束是指河道径流可变区间加总流域产业需水约束。在该水资源约束的前提下，常规供电方式的拉萨河流域水电开发适度规模为：筑坝式水电站 626.6 MW，引水式水电站 74.7 MW，两者合计 701.3 MW。低碳供电方式的拉萨河流域水电开发适度规模为：筑坝式水电站 500.8 MW，引水式水电站 115.0 MW，两者合计 615.8 MW。与常规供电方式相比，低碳供电方式下筑坝式水电站的规模在下降（减少了 125.8 MW），引水式水电站的规模在增加（增加了 40.3 MW），从而流域尺度上水电开发总规模下降了 85.5 MW。常规供电方式与低碳供电方式组成拉萨河流域水电开发适度规模区间，若流域水电开发规模超过该适度规模上限，流域水电开发活动将超过河道径流可变区间或者挤占流域产业用水，不利于水电开发的可持续发展；若低于该适度规模下限，流域水电开发活动未能充分利用水资源，也未能达到最佳的碳减排潜力。因此，河道径流可变区间加总流域产业需水的水资源约束下的拉萨河流域水电开发适度规模区间为 615.8～701.3 MW。

未考虑流域产业需水前的拉萨河流域水电开发适度规模为 596.4～719.2 MW，考虑产业需水后的拉萨河流域水电开发适度规模为 615.8～701.3 MW，后者区间处于前者区间以内。因此，水资源约束下拉萨河流域水电开发适度规模为 615.8～701.3 MW，占其水能理论蕴藏量的 24.2%～27.5%。

## 8.5 结果分析

水资源约束下拉萨河流域水电的待开发潜力还剩多少？拉萨河流域产业用水争夺在多大程度上降低了流域水电的可开发规模？拉萨河流域水电开发的供电潜力有多大？拉萨河流域水电开发的碳减排潜力有多大？针对这些关键问题，下文对此一一展开分析。

### 8.5.1 拉萨河流域水电待开发潜力

拉萨河流域水能理论蕴藏量为 2 547.8 MW。拉萨河流域目前在建和已建的筑坝式水电站包括旁多水电站（120 MW）和直孔水电站（100 MW），合计 220 MW。已建的引水式水电站包括纳金水电站（7.5 MW）、献多水电站（2.6 MW）和平措水电站（5 MW），合计 15.1 MW。筑坝式水电站和引水式水电站装机容量合计 235.1 MW。

同时考虑河道径流可变区间与流域产业用水的水资源约束，拉萨河流域水电开发的适度规模不超过 701.3 MW，其中筑坝式水电站 626.6 MW，引水式水电站 74.7 MW。将水电开发的适度规模与拉萨河流域水电已开发规模进行对比，获得近期拉萨河流域水电待开发潜力，如表 8-7 所示。

**表 8-7　拉萨河流域水电待开发潜力**　单位：MW

| 水电开发规模 | 筑坝式水电站 | 引水式水电站 | 合计 |
|---|---|---|---|
| 适度规模 | 626.6 | 74.7 | 701.3 |
| 已开发规模 | 220.0 | 15.1 | 235.1 |
| 待开发规模 | 406.6 | 59.6 | 466.2 |

拉萨河流域的筑坝式水电站待开发 406.6 MW，引水式水电站待开发 59.6 MW，水电待开发潜力合计 466.2 MW，约占拉萨河流域水电开发适度规模的 66.5%。也就是说，拉萨河流域水电已开发规模仅占其水电开发适度规模的 33.5%。拉萨河目前已开发水电规模也不能满足近期流域内的电力需求，巨大的水电待开发潜力和电力需求缺口，表明拉萨河流域近期需加快水电开发进程。

### 8.5.2　产业用水对水电开发适度规模的影响

从供电导向来看，拉萨河流域近期产业用水减少的水电可开发规模为 17.9 MW，其中分别减少筑坝式水电站14.6 MW 和引水式水电站 3.3 MW，拉萨河流域产业用水使得流域水电开发的整体供电能力下降了 2.5%。

从低碳导向来看，拉萨河流域近期产业用水增加的水电可开发规模为 19.4 MW，其中分别增加筑坝式水电站 40.4 MW，减少引水式水电站 21.0 MW，拉萨河流域产业用水使得流域水电开发的整体供电能力增加了 3.3%。

因此，流域产业用水争夺水电站的可利用水资源，使得河道径流可变区间约束下的水电可开发适度规模发生变化。流域产业用水减少了水电站的可利用水资源，原则上是应该整体上削弱水电开发的供电能力。然而，在低碳导向下，水电开发适度规模侧重于选择引水式水电站，而产业需水和河道径流可变区间使得拉萨河在枯水期的最大可利用流量严重偏小，必须适当提高筑坝式水电站的装机规模，以额外增加枯水期的水源。

拉萨河流域近期电力需求为 516.3 MW，水资源约束下拉萨河流域水电开发的适度规模为 615.8～701.3 MW。兼顾流域产业用水和河道径流可变区间后的水电可开发规模仍超过了流域内部近期的电力需求，表明：一方面，由于拉萨河流域自身充沛的水资源，以及近期有限的电力需求和产业需水，流域内的河道生态需水、产业需水和水电站发电用水三者之间还未形成明显的争夺效应，拉萨河流域水资源富余较为明显；另一方面，满足河道生态需水和流域产业需水后，拉萨河流域仍有较大的可利用水资源分配给水电站发电，其水电可开发规模在满足流域内部近期的电力需求后，流域电力外送潜力最高为185.0 MW，占其水资源约束下水电最大可开发规模的 26.4%。然而，随着拉萨河流域社会经济的发展，流域内部产业需水的增长会进一步降低水电站的可利用水资源，加上流域内部电力需求的增长。届时，拉萨河流域的电力外送潜力将会有所降低。

### 8.5.3 拉萨河流域水电开发的供电潜力

从河道径流可变区间的水资源约束来讲，低碳导向使得筑坝式水电站的可开发规模下降了180.8 MW，引水式水电站的可开发规模增加了58 MW，从而流域尺度上水电可开发的总规模下降了122.8 MW。从河道径流可变区间加总流域产业需水的水资源约束来讲，低碳导向使得筑坝式水电站的可开发规模下降了125.8 MW，引水式水电站的可开发规模增加了40.3 MW，从而流域尺度上水电可开发的总规模下降了85.5 MW。

与供电导向下的水电开发适度规模相比，低碳导向下的水电开发适度规模通过大幅度减少筑坝式水电站的可开发规模，适当提高引水式水电站的可开发规模，继而使得流域尺度上水电开发的整体供电能力下降了 12.2%～17.1%。

供电导向优化是以水电开发装机规模最大化为目标，低碳导向优化是以水电开发的碳减排最大化为目标。由于不同水电开发类型的水足迹和碳足迹都不同，筑坝式水电站的水足迹低于引水式水电站的水足迹，而筑坝式水电站的碳足迹则高于引水式水电站的碳足迹。因此，供电导向下的水电开发适度规模向筑坝式水电站倾斜，该导向下的筑坝式水电站开发规模占流域水电开发适度规模总量的 89.2%，当结合产业供水后，筑坝式水电站的径流调节功能进一步使其占适度规模总量比例上升至 89.3%。同时，面向满足近期拉萨河流域内部的电力需求，供电导向下的筑坝式水电站可开发规模占流域水电开发适度规模总量的 92.2%，也就是说，供电导向下，筑坝式水电站占流域水电开发适度规模总量的 89.2%～92.2%，筑坝式水电站与引水式水电站的装机规模比约为 9∶1。因此，拉萨河流域以筑坝式水电站和引水式水电站的串联组合模式进行水电开发，有利于充分挖掘水资源约束下稀缺的可利用水能资源。适当提高筑坝式水电开发的装机规模比例，有利于提高流域水电开发整体的供电能力。

### 8.5.4 拉萨河流域水电开发的碳减排潜力

从河道径流可变区间的水资源约束来讲，虽然低碳导向下拉萨河流域水电开发的供电能力与供电导向下同比下降了17.1%，但是流域尺度上水电开发的碳足迹则同比下降了18.5%。从河道径流可变区间和流域产业用水的累计水资源约束来讲，尽管低碳导向下拉萨河流域水电开发的水力发电总量与供电导向下同比下降了12.2%，但是流域尺度上水电开发的碳足迹则同比下降了18.7%。也就是说，在流域水电开发的供电潜力下降的同时，流域水电开发的碳足迹下降幅度更大，低碳导向下的拉萨河流域水电开发适度规模在累积其低碳优势。

水电开发的碳减排潜力发生在替代其他能源电力系统的过程中。如图3-2所示，燃煤发电系统的碳足迹（以$CO_2$当量计）最高［1 080 g/（kW·h)]。然而，不同电力系统的碳足迹不同，为水电开发的碳减排潜力估算带来波动性和不确定性。由于供电导向下采用较为常规的水电开发规模最大化为目标，而低碳导向下的水电开发适度规模是在水资源约束的前提下，最大限度地发挥水电开发的碳减排潜力。因此，下文以供电导向下的水电开发适度规模为参照，估算低碳导向目标替代供电导向目标后，拉萨河流域水电开发增加的碳减排潜力。

筑坝式水电站和引水式水电站的碳足迹（以$CO_2$当量计）分别为33 558 g/W和29 027 g/W。结合水电站满功率年平均运行时长3 500 h、运行年限30年，最后折合得到单位千瓦时发电量的碳足迹（以$CO_2$当量计），筑坝式水电站和引水式水电站分别为319.6 g/（kW·h）和276.4 g/（kW·h）。

为了获得流域水电开发最大的碳减排潜力估算，暂不考虑拉萨河流域产业需水对水电站可利用水资源的争夺，仅估算河道径流可变区间约束下不同目标导向下拉萨河流域水电开发的碳足迹变化。所得结果如表8-8所示。

**表8-8 低碳导向下拉萨河流域水电开发的碳减排潜力**

| 优化目标 | | 水电开发规模（筑坝式，引水式）/MW | 年发电量/（kW·h） | 年碳排放量（以$CO_2$当量计）/g | 平均碳足迹（以$CO_2$当量计）/[g/（kW·h）] | 碳减排潜力（以$CO_2$当量计）/[g/（kW·h）] |
|---|---|---|---|---|---|---|
| 面向内部需求 | 供电导向 | 476.0，40.3 | $1.81\times10^9$ | $5.71\times10^{11}$ | 316.2 | 4.7 |
| | 低碳导向 | 419.8，46.5 | $1.81\times10^9$ | $5.63\times10^{11}$ | 311.5 | |
| 面向藏电外送 | 供电导向 | 641.2，78.0 | $2.52\times10^9$ | $7.93\times10^{11}$ | 314.9 | 5.1 |
| | 低碳导向 | 460.4，136.0 | $2.09\times10^9$ | $6.47\times10^{11}$ | 309.8 | |

在碳减排大背景下，当水电可开发规模超过电力需求时，进行低碳导向下的规模优化，适当地降低了水电可开发规模，却同时较大幅度地增加了流域水电开发整体上的碳减排潜力，兼顾了流域供电与碳减排双重目标。

就面向内部电力需求来讲，与供电导向下相比，低碳导向下的水电开发适度规模使得拉萨河流域水电开发活动的碳排放量（以 $CO_2$ 当量计）每年下降了 $8.49\times10^9$ g，约占供电导向下水电开发温室气体排放总量的 1.5%。同时，低碳导向下的拉萨河流域水电开发的平均碳足迹（以 $CO_2$ 当量计）比供电导向下降低了 4.7 g/（kW·h），即与供电导向下相比，低碳导向下拉萨河流域水电开发的单位供电量的碳减排潜力（以 $CO_2$ 当量计）增加了 4.7 g。

就面向藏电外送来讲，与供电导向下相比，低碳导向下的水电开发适度规模使得拉萨河流域水电开发活动的碳排放量（以 $CO_2$ 当量计）每年下降了 $1.46\times10^{11}$ g，约占供电导向下水电开发温室气体排放总量的 18.4%。同时，低碳导向下的拉萨河流域水电开发的平均碳足迹（以 $CO_2$ 当量计）比供电导向下降低了 5.1 g/（kW·h），即与供电导向相比，低碳导向下拉萨河流域水电开发的单位供电量的碳减排潜力（以 $CO_2$ 当量计）增加了 5.1 g。

低碳导向优化是以水电开发的碳减排最大化为目标。由于筑坝式水电站的碳足迹高于引水式水电站的碳足迹，因此，低碳导向下的水电开发适度规模适当增加了引水式水电站的可开发规模，该导向下引水式水电站可开发规模占流域水电开发适度规模总量的 22.8%。当考虑流域产业需水后，由于筑坝式水电站的径流调节功能，引水式水电站的装机比例略有下降，为 18.7%。同时，面向满足近期拉萨河流域内部的电力需求，低碳导向下的引水式水电站可开发规模占流域水电开发适度规模总量的 18.7%。

也就是说，低碳导向下引水式水电站可开发规模占流域水电开发适度规模总量的 18.7%～22.8%，筑坝式水电站与引水式水电站的装机规模比约为 4∶1。因此，拉萨河流域以筑坝式水电站和引水式水电站的串联组合模式进行水电开发，有利于充分挖掘水资源约束下稀缺的可利用水能资源及其碳减排潜力。适当提高引水式水电开发的装机规模比例，有利于提高流域水电开发整体的碳减排潜力。

## 8.6 结果讨论

《中国的能源政策（2012）》白皮书提出我国应该积极开发水电，明确认识到要在 2020 年实现非化石能源消费占一次能源消费总量的 15%的目标，50%以上的非化石能源供给要靠水电来完成。同时也提出水电开发应该注意保护环境，兼顾“造福一方百姓，改善一方环境”。

在能源匮乏和技术落后的状况下，水电开发主要受技术可行性限制，水电开发选址和水电开发规模都是穷尽技术可行性来多发电以满足经济社会发展需求，此时主要以小型水电站为主。当社会经济发展到一定程度后，能源供给多样化，人们主要从经济可行性的角度去寻找更为廉价的水电资源，此时，干流上或者峡谷地带多优先规划为大型水电站，以带来更大的经济效益。随着流域水电规模的扩大，水电开发带来的生态环境影响越来越不可忽视，从保护环境的角度规划水电开发进程在水电政策制定过程中逐渐成为共识。

基于水电开发的政策背景，下文将分析水电开发适度规模对水电开发模式选择、水电开发的低碳潜力以及水电自身的可持续发展的政策意义。

### 8.6.1 优化流域水电开发的模式选择

单纯从供电的角度来看，宜开发筑坝式水电站。筑坝式水电站与引水式水电站以 9∶1 的装机规模比最有利于提高流域水电开发的供电潜力。由于筑坝式水电站的水足迹整体上低于引水式水电站的水足迹，单位可利用水资源分配给筑坝式水电站比分配给引水式水电站，能承载更大的装机规模，继而提供更多的电力资源。比如供电导向目标与低碳导向目标相比，前者所得优化结果的筑坝式水电站规模要高于后者。相较于供电导向，低碳导向下的整体供电能力要低 12.2%～17.1%。

单纯从低碳的角度来看，宜开发引水式水电站。筑坝式水电站与引水式水电站以 4∶1 的装机规模比最有利于提高流域水电开发的碳减排潜力。单位发电量的碳减排潜力，引水式水电站高于筑坝式水电站。比如供电导向目标与低碳导向目标相比，前者所得优化结果中的引水式水电站规模要低于后者。相较于低碳导向，供电导向下的整体碳减排潜力要低 15.1%～18.4%。

虽然低碳导向下的水电开发适度规模没有形成流域水电开发供电能力的最大化，但由于拉萨河流域目前较小的电力需求和产业需水，在满足水资源约束的前提下，低碳导向下的水电开发适度规模（615.8 MW）仍超过了拉萨河流域近期电力需求（516.3 MW）。加上近期拉萨河流域水电开发的电力外送规划并未提上日程，拉萨河流域近期的水电开发规划可参考低碳导向优化情景，以提高拉萨河流域尺度上水电开发的低碳优势。

拉萨河流域目前已开发筑坝式水电站 220 MW，引水式水电站 15.1 MW，筑坝式水电站与引水式水电站的装机规模比约为 15∶1，该比例超过了低碳导向下 4∶1 的最佳比例。因此，拉萨河流域近期在加快水电开发进程的过程中，尤其要着重提高引水式水电站的开发进程。

### 8.6.2 挖掘流域水电开发的低碳优势

中国承诺到 2020 年将碳排放强度在 2005 年的基础上降低 40%～45%。为达到这个温室气体减排目标，中国正在致力于提高能源利用效率、升级产业结构和扩大可更新能源利用比例等。正是因为这些努力，碳排放强度正在逐年下降，然而由于巨大的经济规模和化石能源消耗量，碳排放总量依旧呈上升趋势。因此，扩大可更新能源利用比例应该受到更大的重视，为未来的总量减排做准备。

水电是中国占据主导地位的可更新能源，也是除燃煤发电和燃气发电后的第三大电力供给来源。作为公认的低碳能源，水电将在中国的碳减排道路上扮演重要角色。然而，就水电的碳排放来看，目前的认识还主要停留在工程建设的碳足迹，忽略了与水电开发相关的其他隐含温室气体排放，尤其是对生态环境产生影响的隐含碳足迹。

因此，本研究面向降低水电开发库区周边的生态环境影响，将恢复工程、影子工程和主体工程建设都基于 $CO_2$ 当量来量化，形成了水电开发的隐含碳收支系统，其有助于完善水电开发的碳足迹核算框架。完整地核算水电开发的碳足迹后，以低碳为导向，开展流域水电开发适度规模优化（最大限度地发挥流域水电开发的碳减排潜力），其优化结果为满足水资源约束下流域水电开发的低碳模式。

不同水电开发类型的碳足迹和水足迹不同，与筑坝式水电站相比，引水式水电站的碳足迹偏低，而水足迹偏高。以利用单位水资源发电为例，筑坝式水电站与引水式水电站的碳排放强度（以 $CO_2$ 当量计）分别达 591.9 g 和 15.9 g，即相对于筑坝式水电站，引水式水电站的低潜力更明显。

因此，低碳导向下的拉萨河流域水电开发的低碳模式为：筑坝式水电站和引水式水电站装机规模按照 4∶1 的比例进行梯级串联开发。该模式达到了拉萨河流域水电开发较低的碳排放总量，最大限度上发挥流域水电开发的碳减排潜力，使得流域水电开发整体碳足迹（以 $CO_2$ 当量计）下降了 5.1 g/（kW·h）。

### 8.6.3 促进流域水电开发的可持续发展

随着化石能源的日渐枯竭和碳减排压力的逐渐加大，大力发展水电成为最重要的能源发展政策之一。水电开发作为开发河流水能资源的最主要的方式，以发电为主要目的，同时也兼顾防洪、供水、灌溉、便航等多种功能，发挥着比其他可更新能源更为丰富多样的生态效益、经济效益和社会效益。在这种背景下，传统的水电能源政策制定主要考虑水电需求、技术可行性和经济可行性，而最后通常是一个经济效益最大化为目标的水电开发规划结果。然而，水电开发是对河流生态系统的一种扰动，尤其是大型筑坝式水电开发，大坝的建设是改变河流自然特性的最主要因素，流域水电开发在带来巨大综合效益的同时也对流域生态系统带来一定程度的胁迫，无序和过量的水电开发规模导致了越来越严重的生态环境问题（Hennig et al.，2013）。因此，水电开发的方向应该从追求盲目的经济效益转变为水电的可持续发展。

本研究在水资源约束的前提下，不仅确定了拉萨河流域水电开发的适度规模，还给出了最优的水电开发类型组合，该适度规模遵循“生态优先，适度开发”准则，以平衡水力发电与流域生态环境保护为出发点。

水资源约束下的适度规模应该是进行水电技术经济可行性分析的前提，该适度规模可理解为流域水电开发的环境可开发规模。将环境可行与技术可行、经济可行一起纳入水电开发政策制定过程应该是一种趋势，且水电开发应该从规模最大化、效益最大化过渡到环境友好型的适度开发（Fang et al.，2011；Babel et al.，2012）。河流的水能技术可开发规模和经济可开发规模通常都是变动的。随着技术进步和化石能源日渐稀缺后的价格提升，河流的水能技术可开发规模和经济可开发规模应该是逐渐增加的。然而，水资源约束下的河流水电开发适度规模却是相对不变的。该适度规模决定于满足河道径流可变区间后的可利用流量以及水电站的水足迹。前者是不变的常量，只与河流本身的自然生态特性相关，而后者在中长期内也可视为不变的常量。因此，相对不变的水资源约束下的适度规模更适合纳入水电开发政策中，能够保证相关政策的长期有效性。

将适度规模纳入水电政策中后，将有效缓解和避免水电无序开发引起的河流生态环境破坏和水电站自身的经济损失。在众多西方国家，河流的生态环境保护法案中已经规定了最小的河道生态需水量或者最大可利用水量。然而，这些法案通常都是在河流已经遭受大规模水电开发后才制定。已建水电站的运行受制于一系列法案的约束，由于多方利益者的介入导致水电站的优化运行难以开展，在满足法案约束后，多数水电站都将无法满功率运行而面临较大的经济损失（Pérez-Díaz et al.，2010）。在西藏乃至我国其他广大地区，还未有针对河流保护制定相关类似的法案，然而河流生态环境保护却越来越引人注意。因此，在这种背景下，率先将水资源约束下的水电开发适度规模作为河流未来水电开发的规模上限，将有效避免水力发电和河流生态环境保护之间的冲突，促进流域水电开发的可持续发展。

水资源约束下的拉萨河流域水电开发适度规模适用于指导拉萨河流域近期的水电开发活动。水资源约束下拉萨河流域水电的待开发潜力巨大，当水电开发规模未超过该适度规模上限时，拉萨河流域上下游梯级水电站群之间无需优化调度，能以水电站自身最大发电能力运行；当未来水电开发规模超过适度规模上限后，拉萨河流域上下游梯级水电站群之间需要进一步开展优化调度，以最合理的方式来利用水资源约束下的可利用水资源。

## 8.7 小结

本章基于水-碳耦合过程的流域水电开发适度规模优化计量模型，在满足水资源约束的前提下挖掘了拉萨河流域水电开发的碳减排潜力和供电潜力，获得了拉萨河流域水电开发的适度规模区间。水资源约束下拉萨河流域水电开发的适度规模能够满足流域内部近期的电力需求，并具有一定电力外送潜力。拉萨河流域水电待开发潜力巨大，近期应加快水电开发进程，尤其是引水式水电站的开发进程，以充分满足流域内部近期的电力需求，并实现流域水电开发的低碳优势。

拉萨河流域水电开发适度规模研究旨在承接第 4 章基于水-碳耦合过程的流域水电开发适度规模优化计量模型，生成具有实际指导意义的拉萨河流域水电开发适度规模区间。在低碳导向与供电导向下，水资源约束的拉萨河流域水电开发的适度规模区间兼顾了流域水电开发的生态环境保护、流域产业供水、供电和碳减排，服务于流域水电开发的可持续发展和低碳经济背景下的水电开发模式选择。

# 第 9 章 西藏地区重点水电开发工程的生态补偿

## 9.1 西藏地区水电开发及其生态补偿研究框架

建立西藏水电开发的生态补偿机制需要在一般的水电开发生态补偿机制的基础上结合当地的水电开发情况、生态环境特点以及特殊的社会文化需求，为此本研究对西藏水电开发情势和典型流域水电开发的影响特点进行分析。

### 9.1.1 西藏地区水电开发情势分析

西藏河流众多，水资源丰富，据统计西藏全区水资源总量为 4 482 亿 $m^3$（不含地下水），为全国各省区首位。西藏的水资源特点：①地表水资源地区分布不均，外流区与内流区的河川径流量相差悬殊，外流区内径流量的地区分布也不均衡。②径流季节分配不均、年际变化小，6—9 月径流量可占全年的 76%左右。③水质好，基本未受污染破坏，适宜于人民生活用水和工农业供水。④水温偏低、冰情悬殊、降水强度小，固体降水灾害多，水能资源的开发难度大。

西藏的天然水能理论蕴藏量达 2.01 亿 kW，占全国的 30%，在全国各省区中居首位，但由于开发难度较大，目前西藏已开发利用的水力资源仅占资源总量的 1%。

1959 年西藏修建第一座水电站纳金水电站，而后逐渐在林芝、拉萨、日喀则等地区建起百余个小型水电站。进入 21 世纪之后，一些较大型的水利枢纽工程相继投产建设。从各行政区的水电建设情况来看，藏中的拉萨市和林芝地区的水电发展起步较快且稳步发展，由小水电逐渐向建设大中型水电发展；藏南的日喀则和山南地区水电开发发展较晚，日喀则以小水电为主，山南地区以大中型水电为主；藏北的昌都、那曲和阿里地区水电发展起步最晚，水电开发条件欠佳，多以小水电为主，目前有在建的较大型的果多水电站。

国务院办公厅《关于加快西藏发展 维护西藏稳定若干优惠政策的通知》（国办函〔2006〕91 号）指出，要“建设完善西藏综合能源体系，尽快开展雅鲁藏布江等流域的水电开发规划，论证‘西电东送’接续能源基地建设工作”。《西藏自治区“十二五”时期水利发展规划》指出要初步建成支撑西藏经济社会可持续发展的骨干水利工程，开展无电地区用电问题的能源工程建设项目。《西藏自治区“十二五”时期国民经济和社会发展规划纲要》也明确提出“加强重点流域水资源和水能资源开发利用，建成旁多水利枢纽工程。建设流域控制性水利工程，加强水土流失、生态脆弱流域和大江大河等综合治理和合理开发。”预计到 2030 年以后，西藏将成为全国主要的水电基地。

结合目前西藏的电力情况分析，西藏水电开发的主要形势如下：

①“一江两河”地区是水能开发的重点区域，藏东三江流域的一级、二级支流开发与治理并行。②从支流向干流逐步推进水电开发。③建设有较大调节能力的龙头水电站，带动河流的水电梯级开发。④先解决自治区内用电问题，再使西藏成为西电东送的后续接力。

在此发展趋势下，西藏水电开发生态补偿机制发展的主要形势为：

①西藏水电开发生态补偿机制需主要针对生态影响严重的大型水电开发工程建立，龙头电站是重点对象。②西藏平均海拔在 4 000 m 以上，地区生态系统十分脆弱，西藏水电开发生态补偿机制旨在保护生态环境，减少水电开发带来的生态破坏。③大型水电工程占用大量生产生活用地，带来移民，西藏具有独特的社会文化特点，西藏水电开发生态补偿机制旨在保证区域平衡发展，减少水电移民的福利损失。④西藏水电开发生态补偿机制需以典型流域为试点，逐步向全区推广。

综上所述，未来 15 年将是西藏地区水电开发的高速发展时期，也是水资源生态保护的关键时期。雅鲁藏布江流域是水电开发的主要区域，其主要支流拉萨河流域分布着重要的水电枢纽工程且有进一步的梯级开发规划，同时拉萨河流域所在行政区拉萨市又是西藏的政治、经济、文化和宗教中心，因此拉萨河流域的水电开发最具代表性，对于水电开发生态补偿需求也最为紧迫。因此，本研究将根据拉萨河流域水电开发的实际生态影响特点，制定西藏水电开发生态补偿机制框架。

### 9.1.2 拉萨河流域水电开发的影响特征分析

从西藏自治区的水电站建设发展情况来看，拉萨河流域的水电开发较为迅速且极具代表性，主要表现在：不同水电开发模式并存、大小型水电兼具、从支流到干流、从小型到大型、开发强度正逐渐加大。

拉萨河是雅鲁藏布江中游左岸最大的一级支流，全长 551 km，流域面积 32 875 km$^2$，水能资源丰富，是西藏水电开发建设的重点地区，西藏第一座水电站纳金水电站就建于此。流域内曾有水电站 38 座，主要为小型引水式或径流式的水电站，分布在拉萨河下游和各支流。但是，根据作者 2012—2014 年的多次实地调研，目前拉萨河流域支流的水电站均已关闭，主要发电来源于干流的大型筑坝式水电站，包括已建成的直孔水电工程和当时在建的旁多水电工程。

拉萨河流域多为山地，坡度陡峭，地势自北向南倾斜，拉萨河河谷呈“S”形，可分为上游—中游—下游三段，因各河段的自然条件不同，各河段的水电开发也有不同的建设规划。根据实地考察和资料收集，在拉萨河上游和旁多水电站以上的中游上段，河谷相对较窄，海拔较高，气候恶劣，开发难度大，输电距离远，暂无开发规划。拉萨河下游（即直孔水电站以下的河段）目前已有平措、纳金、献多 3 个小水电站。该河段交通方便、输电距离近，但河谷开阔、水流分散，无形成一定规模的水电条件，且附近两岸城镇人口较多、灌区密集，再进行水电开发的影响较大，暂无继续开发规划。拉萨河中段（即旁多—直孔段）河谷逐渐变宽，高程较高，交通较便利，有建坝成库的基础条件。因此该河段为西藏自治区远期开发的重点河段，根据有关规划，旁多—直孔段将进行 5 级水电开发，梯级自上而下依次为旁多、卡多、布噶、扎雪和直孔（中国水力发电工程学会，2004）。目前，已开发建设的有直孔水电站和旁多水电站两座电站，二者均为筑坝式水电开发，工程规模为大（Ⅰ）型Ⅰ等工程，具有不完全年调节性能。旁多水电站和直孔水电站的影响分析如表 9-1 所示。

表 9-1 拉萨河流域大型水电工程的影响分析

<table>
<tr><th colspan="3">影响源</th><th>具体影响</th><th>影响性质</th><th>影响程度</th></tr>
<tr><td rowspan="7">建设期</td><td rowspan="2">工程施工</td><td>主体工程土石方开挖</td><td>产生固体废弃物，破坏原有植被，新增水土流失</td><td>负面</td><td>中</td></tr>
<tr><td>施工产生废水、废气、粉尘和噪声</td><td>对局部生态环境造成临时污染，对社会经济有一定临时性影响</td><td>负面</td><td>中</td></tr>
<tr><td rowspan="3">水库淹没</td><td>淹没耕地、草场等</td><td>影响生态环境和社会经济</td><td>负面</td><td>高</td></tr>
<tr><td>淹没房屋</td><td>影响居民利益</td><td>负面</td><td>高</td></tr>
<tr><td>淹没公路</td><td>影响社会经济</td><td>负面</td><td>中</td></tr>
<tr><td rowspan="2">移民安置</td><td>迁移人口</td><td>影响库区社会经济和生态环境</td><td>负面</td><td>中</td></tr>
<tr><td>开垦土地（耕地和草场）</td><td>可以改善生态环境</td><td>正面</td><td>中</td></tr>
<tr><td colspan="2" rowspan="4">运行期</td><td>水库调节</td><td>对水温、水质、泥沙情势、水土流失有影响，改变径流，增加下游河道用水</td><td>正/负</td><td>中</td></tr>
<tr><td>蓄水水体增加</td><td>对库区周围小气候有一定影响</td><td>正/负</td><td>低</td></tr>
<tr><td>下游河道水文情势变化</td><td>保证了下泄生态需水量，有利于下游农业灌溉用水、保证下游城区工业用水</td><td>正面</td><td>高</td></tr>
<tr><td>获得清洁电力</td><td>满足电网负荷要求，促进经济发展，以电代柴，保护生态环境</td><td>正面</td><td>高</td></tr>
</table>

根据表 9-1 的对比分析，可以看出库区淹没产生负面影响的程度较高，不具有累积性，库区受损生态环境的补偿需求迫切；水电工程对河流的影响主要体现在工程运行后水库调节对水文情势改变，因此影响主要在运行期。在水电开发设计阶段，需要选择对河流生态影响最小的水电开发方案，因此在这一情况下水电开发对河流的影响程度相对较小，但具有累积性，因此补偿需求迫切；人口迁移发生在水电开发的建设期，其产生的负面影响程度高，由于有一定的移民安置补偿，但是移民安置将带来新的影响，安置区的生态保护需求相对平缓。

相比之下，旁多库区淹没面积较大、涉及移民数量较多，生态影响更为严峻，作为拉萨河干流水电梯级开发的控制工程极具代表性。因此本研究选择旁多水电工程为案例，针对其工程建设运行产生的环境影响进行生态补偿研究，为建立西藏水电开发的生态补偿机制提供政策依据。

### 9.1.3 西藏地区水电开发的生态补偿研究框架

根据对拉萨河流域水电开发工程的影响累积性、各类补偿对象需求的紧迫性分析，可以得出西藏水电开发生态补偿的阶梯模式，如图 9-1 所示。

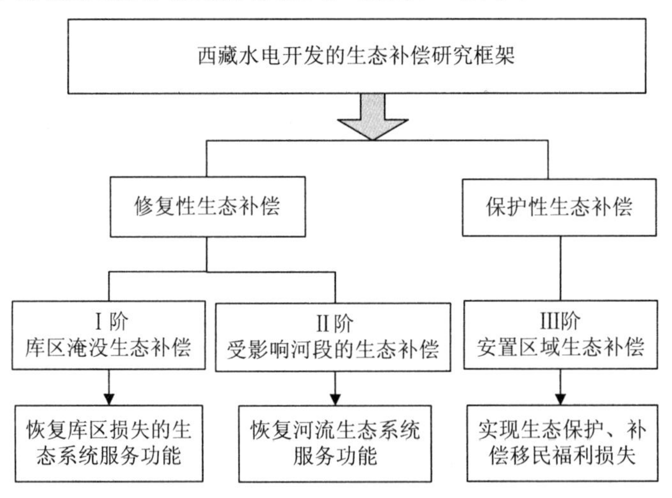


图 9-1 西藏水电开发生态补偿研究框架

I 阶-库区淹没生态补偿属于修复性生态补偿，目的是恢复库区损失的生态系统服务功能；II 阶-受影响河段的生态补偿属于修复性生态补偿，目的是恢复河流生态系统服务功能；III阶-安置区域生态补偿属于保护性生态补偿，若在安置区实施生态补偿，能够更好地保护西藏脆弱的生态环境，提高移民福利水平。

在后续的几节内容里，本研究将分别针对水电开发的多元化复合生态补偿问题，以拉萨河旁多水电工程为例，根据各补偿对象特点和旁多的实地补偿条件，建立相应的生态补偿核算体系和补偿方案，为构建西藏地区水电开发生态补偿机制提供技术支持。

## 9.2 西藏地区水电开发库区淹没的生态补偿研究

水电工程修建水库淹没大量的森林、草地、耕地等陆地生境，产生了环境负外部性，导致大量的生态系统服务损失，给流域生态环境带来了严重的破坏。因此在水电开发过程中，需要对库区淹没的生境进行生态补偿，即对损失的生态系统服务进行补偿，以保障流域生态功能的正常发挥。水电作为替代化石燃料的一种清洁能源，其低碳优势是进行水电开发的重要因素；然而，水电开发过程中改变土地利用方式，将库区由陆地生境变为水域生境，淹没了大量植被，严重损害了原库区的固碳服务，降低了水电能源的低碳优势。因此，本研究建立基于固碳服务的库区生境补偿核算体系，从流域尺度上实现水电开发库区淹没的生态补偿。

### 9.2.1 淹没区概况

#### 9.2.1.1 旁多水库淹没区

旁多水利枢纽工程以发电、灌溉为主，兼顾下游防洪和供水，是一座综合的大型水利枢纽工程。其位于西藏自治区拉萨市林周县旁多乡下游 1.5 km 处的拉萨河干流上，也是拉萨河流域的骨干性控制工程。旁多水库是拉萨河干流水电梯级开发的龙头水库，该水库总库容 11.74 亿 $m^3$，正常蓄水位 4 095 m，死水位 4 068 m，正常蓄水位库容 10.82 亿 $m^3$，正常蓄水位时水库面积 3 788 $hm^2$。根据旁多水利枢纽工程施工总体进度计划安排及蓄水时间，旁多水电站始建于 2008 年，总工期 7 年，2015 年 11 月 1 日水库下闸蓄水。当旁多水库正常蓄水位为 4 095 m 时，水库淹没土地总面积为 3 251.52 $hm^2$，库周部分的草地、林地、耕地、居民建设用地都将完全被水淹没，淹没的各种土地利用类型情况如表 9-2 所示。除植被生境损失外，旁多库区产生搬迁人口 2 176 人，本节研究内容主要针对水库淹没区的陆生动植物的损失分析，对于移民安置的影响将在 9.4 节中详述。

旁多水库淹没区以草地为主，淹没的草地面积占总征地面积的 83.67%，草地资源的损失量最大（如表 9-2 所示）。库区区域以牧业为主，淹没的耕地面积占总征地面积的 16.08%，主要种植作物为青稞和油菜等。区内林地资源较少，主要以人工林为主，淹没的林地面积占总征地面积的 0.25%。根据实地调研和资料收集，旁多水利工程项目区属藏南山原宽谷地区，地势北高南低，大部分为山地，海拔在 4 036～4 550 m，该高程范围内土壤类型为亚高山草甸土，区内的草地主要是灌木-杂类草草甸，主要是砂生槐-蔷薇-杂类草群落、禾草类-杂类草群落等相互混生而成的灌木-草本群落。山体上部以垫状植被为主，植株矮小，植被根系相互交织，具有较强的水土保持功能。山体越往下，植被逐渐长高且浓密，植被覆盖度增加，有形成灌木林的趋势。

表 9-2 旁多水库淹没区内土地利用类型统计

| 土地类型 | 建设期征用土地面积/hm² | | | | | 总面积/hm² |
|---|---|---|---|---|---|---|
| | 第 1 年 | 第 2 年 | 第 3～4 年 | 第 5 年 | 第 6～7 年 | |
| 耕地 | 0 | 13.43 | 203.73 | 101.87 | 203.73 | 522.76 |
| 牧草地 | 0 | 132.31 | 1 035.32 | 517.66 | 1 035.32 | 2 720.61 |
| 林地 | 0 | 0 | 3.26 | 1.63 | 3.26 | 8.15 |

数据来源：《西藏自治区旁多水利枢纽工程环境影响评价报告书》。

拉萨河流域内陆生动物种类和数量较为丰富，但空间分布不均匀。旁多水利枢纽工程海拔较高，河谷两岸基本没有大量的森林和灌丛分布，因此受生境条件限制，水库淹没区域基本没有大型的野生哺乳动物。根据实地调研和资料查阅，距离水库淹没区最近的野生动物栖息地是下游距离旁多水库坝址约 20 km 处左岸的澎波曲和墨达灌区，每年 9—10 月有国家 I 级保护动物黑颈鹤迁徙此地越冬。在旁多水库淹没区内无黑颈鹤的栖息地。

总体来看，旁多库区占用的生态系统组成较为单一，草地广布，林地和湿地面积较小，在受到外界干扰时，其生态系统的抵抗力和恢复力较弱，区域生态环境较为脆弱。整个区域的物种多样性较小，水库修建淹没大量土地，产生的主要损失为陆生植被生物量和相应生态系统服务功能的损失。

#### 9.2.1.2 旁多水库淹没区的生态补偿意义

水电开发库区生境的生态补偿是针对水电开发建设过程中淹没生境产生的大量生态损失进行生态恢复和补偿，以内化水电工程建设产生的环境负外部性，恢复库区的生态服务功能。水电开发库区生境的生态补偿不仅是保障库区生态系统服务功能正常发挥的重要措施，同时也是保障水电作为低碳清洁能源发展的必要手段。本研究的旁多水电工程淹没区生态补偿的现实需求及意义如下：

①恢复库区生态系统服务功能。旁多水利工程修建区地处高原，受青藏高原特殊的地理、气候等条件制约，生物生长速度缓慢，淹没区的生态环境本身就较为脆弱，在受到人类活动严重干扰后，难以恢复。对水电开发过程中无法避免和消减的生态影响，需

要进行生态补偿，弥补库区的生态损失。水库修建改变了土地的利用方式，库区原有的大量草地、耕地被淹没，生态系统服务损失严重。对损失的生物量和生态服务功能，需要进行异地实物补偿，保障库区的生态系统服务功能正常发挥。

②保障流域碳储存能力。西藏自治区地域覆盖着青藏高原的主要地带，是全球独特的“江河源”与“生态源”，具有较高的碳汇功能。旁多水电工程运行后河流水位抬高，水面面积增加，大量植被淹没导致库区自然生态系统生产力降低，区域生态完整性受到影响，严重降低了库区生态系统的固碳释氧生态功能，也降低了水电开发的低碳优势。旁多水电工程作为拉萨河流域的控制性工程，淹没的土地面积最多，库区植被生物量和相应生态系统服务功能的损失最为严重。因此，旁多水电工程淹没区的生态补偿对保障流域的碳储存能力极具重要意义。

## 9.2.2 库区淹没的生态补偿核算方法体系

### 9.2.2.1 基于固碳释氧生态服务的生境等价补偿核算框架

根据以上分析，旁多水电开发库区生境的生态补偿需要在对损失的陆生植被生物量和生态服务功能进行补偿的同时保障流域的碳储存能力。为此，本研究从流域角度设计一种“服务-服务”的生态补偿模式，其概念示意如图9-2所示。

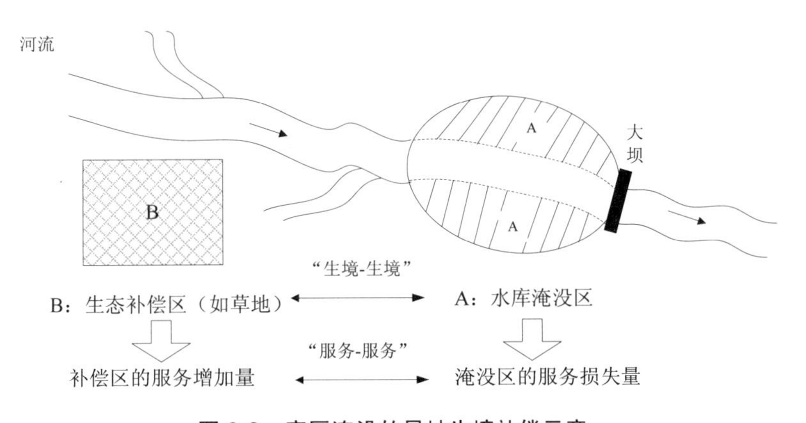


图9-2 库区淹没的异地生境补偿示意

如图9-2所示，在水电开发建设过程中，水库修建将原有的陆地植被生境变成水域，造成淹没区（A）碳储存量的减少，为保障库区的生态系统服务功能正常发挥，因此需要在库周或上游地区（B）进行生态补偿工程建设，如种植草场进行实物补偿。通过实施生态补偿，一方面可用补偿区（B）的碳储存的增加量来补偿水库淹没区（A）的碳储存的减少量，实现流域碳储存平衡。另一方面，补偿区（B）植被生物量增加，产生的固碳释氧、水土保持的生态服务用于补偿水库淹没区（A）的生态服务损失，实现“服务-服务”的生态补偿。

在此基础上，本研究构建一套基于固碳释氧的生境服务补偿核算方法体系，用以确定所需的生态补偿区域规模，研究框架如图 9-3 所示。

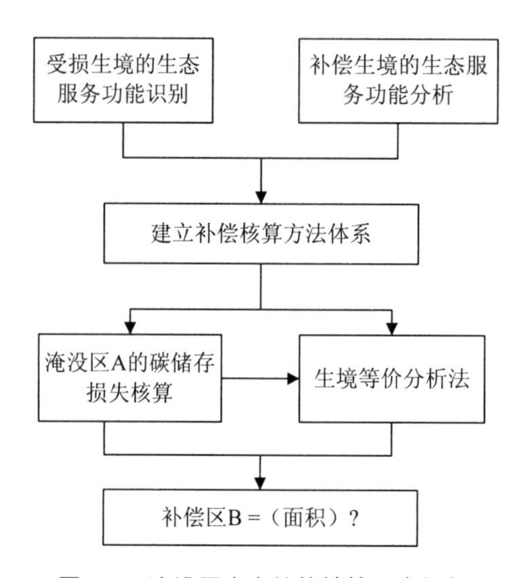


图 9-3　淹没区生态补偿核算研究框架

具体包括以下主要步骤：

①受损生境的生态服务功能识别。首先明确库区淹没生境的生态系统类型，识别损失的生态系统服务功能。在本研究中，旁多水库淹没的生境以草地为主，包括少量的耕地和林地，根据实地调查，旁多水库淹没区的生态损失主要为植被生物量和固碳释氧的生态服务功能损失。

②补偿生境的生态服务功能分析。在识别受损生境的生态损失的基础上，根据补偿的需求和实地条件，就近选择修复工程的替代生境，设计生态补偿方案。从服务类型、服务质量、服务价值三方面将补偿生境提供的生态服务和受损生境损失的生态服务进行对比分析。根据旁多库区生境的生态补偿需求，拟在库区上游建设草场来补偿淹没区的生态损失，补偿区能够提供与淹没区相同的服务类型、服务质量和服务价值。

③建立补偿核算的方法体系。根据美国国家海洋和大气管理局（NOAA）提出的自然资源损害赔偿制度，当设计的补偿方案切实可行，替代生境能提供相同或相似的服务，以“服务-服务”的补偿原则，核算补偿规模；当补偿方案不能提供与受损生境相同或相似的服务，以“价值-价值”的补偿原则，评估受损生境的服务价值损失量。本研究中的

旁多库区生境的生态补偿能够满足“服务-服务”的补偿原则，具体来说本研究的生态补偿是基于固碳释氧服务的对等原则，而淹没区碳储存的损失量即是量化固碳释氧服务的重要依据。为此，本研究将库区碳储量损失核算方法与生境等价分析方法相结合，构建了基于固碳服务的生境服务补偿核算方法体系。下文将分别对这两种方法进行论述。

#### 9.2.2.2 库区的固碳服务损失核算方法

库区的碳储量损失主要来自两部分：①土地转化引起的库区碳库损失。②新建库区的 $CO_2$ 排放量。根据《2006 年 IPCC 国家温室气体清单指南》，本研究的库区碳库损失的计算方法如下。

（1）土地转化引起的库区碳库损失

$$C_{\text{LWflood}_{\text{LB}}}=\sum_{j=1}^{n}(C_{\text{LWflood}_{\text{LB}(j-1)i}}+\Delta C_{\text{LWflood}_{\text{LB}(j-1)i}}) \tag{9-1}$$

$$\Delta C_{\text{LWflood}_{\text{LB}}}=\left[\sum_{i}A_i\times(B_{\text{After}i}-B_{\text{Before}i})\right]\times\text{CF} \tag{9-2}$$

$$\text{CO}_{2\_\text{LWflood}}=\Delta C_{\text{LWflood}_{\text{LB}}}\times\left(\frac{-44}{12}\right) \tag{9-3}$$

式中：$C_{\text{LWflood}_{\text{LB}}}$ —— 水电开发建设期间淹没区碳库的总损失量，t；

$j$ —— 建设时间，a；

$\Delta C_{\text{LWflood}_{\text{LB}}}$ —— 建设期内库区生物量的年度碳库变化量，t/a；

$A_i$ —— 每年从原始土地利用类型 $i$ 转化为水淹地的土地面积，$hm^2/a$；

$B_{\text{After}i}$ —— 转化为水淹地后的生物量，$t/hm^2$；

$B_{\text{Before}i}$ —— 转化为水淹地前的土地中的生物量，$t/hm^2$；

CF —— 干物质的碳比例，t/t 干物质；

$\text{CO}_{2\_\text{LWflood}}$ —— 转化为水淹地的土地上的 $CO_2$ 年排放，t/a。

（2）新建库区的碳排放

研究表明，原库区的地上生物量和土壤有机物质在淹水后进行衰减和降解，使得水库能释放大量 $CO_2$、$CH_4$ 等温室气体。通常水库中产生的 $N_2O$ 排放量极少，而 $CH_4$ 的时间空间变化很大，不确定性较高，较难测量，一般在热带气候下排放量很高，在温带和寒带排放量很低（Cole et al.，2001）。为此，本研究主要核算新建库区的 $CO_2$ 排放量，以此来估算库区的碳排放强度。

水库中 $CO_2$ 排放主要通过扩散途径排放，即由气-水界面间的分子扩散引起，小部分可通过气泡排放，即由沉淀物通过水柱经气泡产生的气体排放。本研究采用较为简化的

方法对库区的 $CO_2$ 排放进行估算［如式（9-4）、式（9-5）所示］。

$$CO_{2\,Emissions_{LWflood}} = P \times E(CO_2)_{diff} \times A_{flood,total\_surface} \times f_A \times 10^{-3} \quad (9\text{-}4)$$

$$C_{Emissions_{LWflood}} = CO_{2\,Emissions_{LWflood}} \times \left(\frac{12}{44}\right) \quad (9\text{-}5)$$

式中：$CO_{2\,Emissions_{LWflood}}$ —— 库区 $CO_2$ 的总排放量，t/a；

$P$ —— 水库一年中无冰覆盖的天数，d/a；

$E(CO_2)_{diff}$ —— 库区 $CO_2$ 的平均日扩散排放量，kg/（$hm^2 \cdot d$）；

$A_{flood,total\_surface}$ —— 库区总蓄水面积，$hm^2$；

$f_A$ —— 最近 10 年间淹水面积所占蓄水总面积的比例，量纲一；

$C_{Emissions_{LWflood}}$ —— 库区碳的总排放量，t/a。

在这一计算过程中，采用了缺省排放因子和高度汇总的面积数据，说明如下：

① 假设冰覆盖期相关的 $CO_2$ 扩散排放为 0，本研究计算的是库区无冰期的 $CO_2$ 扩散排放。② $CO_2$ 排放仅限于淹水后的前 10 年。一般认为，水库前 10 年的 $CO_2$ 排放是淹水前土地上的有机物质衰减的结果。为了避免 $CO_2$ 排放的重复计算（此 $CO_2$ 排放可能已在小流域管理土地的温室气体动态平衡中被捕获，亦无淹水对这些排放的长期影响的相关确切证据），缺省方法仅考虑淹水后前 10 年。

### 9.2.2.3 生境等价分析法

在库区碳库损失核算的基础上，本研究结合生境等价分析法计算淹没库区的生境补偿规模，主要步骤如下：①对因水电开发库区淹没等带来的生态服务损失进行量化，通常以水电开发前后生境提供服务减少的百分比作为衡量生境被破坏的损伤程度。②选择一种或多种生态指标表征受损生境提供的生态服务。③根据生态指标确定一种或多种生境恢复工程，使其能够提供与受损生境损失的服务量。④运用 Visual_HEA 软件来计算不同生境恢复工程需要的补偿规模（面积）。

值得说明的是，生境等价法具有一定的限定（假设）条件，包括：

①使用受损生境损失的生态系统服务水平判断补偿生境的规模。②在补偿恢复阶段，受损生境的生态系统服务与服务价值保持恒定状态。③补偿生境的生态系统服务与服务价值在恢复工程建设前后保持不变。④受损生境的生态系统服务的基线水平保持恒定。⑤补偿生境提供的最大生态系统服务水平等于生境未受损时的生态系统服务水平。

## 9.2.3 旁多库区的固碳服务损失研究

### 9.2.3.1 库区土地转换引起的固碳损失

本研究以西藏“一江两河”中部流域植被的平均净初级生产力来估算旁多水库因土地利用方式改变而引起的碳库损失量。根据式（9-1），其中旁多水库在建设期不同年份各土地利用类型淹没面积的统计数据如表9-2所示，不同植被类型的生物量估算如表9-3所示，由此计算得出旁多水库在水电开发建设期的各年度碳库损失量，如表9-4所示。然而，在水电开发运行期，因为淹没植被的生产力无法恢复，库区的碳库损失依然存在。运行期库区的淹没区面积不再增加，则运行期库区的碳储存量的年平均损失量即为建设期最后1年，即库区所有淹没土地的碳储存的损失量。旁多水电工程预计运行50年，则在整个水电开发全周期，旁多水库库区土地转换引起的碳库损失量约为 119 377 t，$CO_2$ 的储存损失量约为437 716 t，详细如表9-5所示。

表9-3 西藏“一江两河”中部流域植被净初级生产力和生物量

| 土地利用类型 | NPP①/[t/（$hm^2$·a）] | 生物量②/[t/（$hm^2$·a）] |
|---|---|---|
| 耕地 | 2.43 | 5.40 |
| 草地 | 1.13 | 2.51 |
| 林地 | 1.37 | 3.04 |
| 水域 | 0.65 | 1.44 |

① 数据参考周才平等，2008。
② 生物量= NPP/CF，其中 CF = 0.45（Shi et al.，2008；Potter et al.，2010）。

表9-4 旁多库区在建设期内土地转换引起的碳库损失 单位：t

| 建设期 | $CO_2$ 储存损失量 | 碳库损失量 |
|---|---|---|
| 2009年 | 321.35 | 87.64 |
| 2010年 | 1 905.20 | 519.60 |
| 2011年 | 3 489.05 | 951.56 |
| 2012年 | 5 072.91 | 1 383.52 |
| 2013年 | 6 656.76 | 1 851.48 |
| 2014年 | 8 240.61 | 2 247.44 |

表 9-5 旁多库区在水电开发全周期内因土地转换引起的碳库损失 单位：t

| 水电开发时期 | $CO_2$储存损失量 | 碳库损失量 |
|---|---|---|
| 建设期总损失量 | 25 685.88 | 7 005.24 |
| 运行期年度损失量 | 8 240.61 | 2 247.44 |
| 水电开发全周期总损失量① | 437 716.55 | 119 377.24 |

① 水电开发全周期总损失量=建设期总损失量+运行期年度损失量×50。

#### 9.2.3.2 新建库区的碳排放量

由于新建库区尚未运行，库区 $CO_2$ 的平均日扩散排放量无法实地监测。而根据已有研究，$CO_2$ 排放量与水温、pH 值、溶解氧、库龄、水库的地理纬度位置等因素有相关关系，如表 9-6 所示。

表 9-6 $CO_2$ 的排放量与相关影响因素研究

| 地理位置/范围 | 因变量 | 变量 | 相关关系 | 参考文献 |
|---|---|---|---|---|
| 美国（37°N～47°N） | $CO_2$排放量 | pH 值 | $y$=−27 085 772$x$+21 952 306<br>$R^2$=0.81，$P$＜0.001 | Soumis et al.，2004 |
| 全球 | $CO_2$排放量 | 库龄、纬度位置等 | lg（$y$+400）=3.06−0.16lg $x_{age}$ −0.01$x_{lat}$+0.41lg$x_{DOC}$<br>$R^2$=0.40，$P$＜0.001 | Barros et al.，2011 |
| 中国，水布垭水库（30°N～31°N） | $CO_2$排放量 | 溶解氧 | $y$= −10.366$x$+123.98<br>$R^2$=0.863 3 | 汪朝辉等，2012 |

旁多水库位于 30°N、90°E，与水布垭水库地理位置在同一纬度，两者的碳排放具有一定的相似特征。研究表明，水布垭水库 $CO_2$ 排放通量与溶解氧呈显著的负相关关系。当水体的溶解氧含量较高时，说明水体中有机物质含量较低，其分解耗氧量需求较低，此时水体 $CO_2$ 排放量较低；反之当水体的溶解氧含量较低，说明水体中有大量的有机物质需要分解，消耗水中大量溶解氧，此时水体 $CO_2$ 排放量较高（汪朝辉等，2012）。本研究借鉴水布垭水库 $CO_2$ 排放量的研究结果，以库区溶解氧估算 $CO_2$ 的扩散排放量，并以此预测新建库区的碳排放量。

根据历史水文资料，拉萨河上游每年的 4—10 月是无冰期，则 $P$ =214 d/a。旁多水库正常蓄水位时水库面积为 3 788 hm$^2$，则 $f_A$=3 251.52/3 788 =0.86。根据《西藏自治区旁多水利枢纽工程环境影响评价报告书》中拉萨河上游旁多水文站的监测数据，旁多断面的多年平均溶解氧量为 6.2 mg/L；为避免数据过时带来计算误差，本研究选取拉萨河无冰期的中间月份 7 月，并连续 2 年（2012—2013 年）对旁多水库的溶解氧含量进行实地监测，得到旁多水库 7 月溶解氧含量为 5.86 mg/L，其与旁多断面的多年平均溶解氧量相差不大，但仍表明淹没区的 $CO_2$ 排放量比淹没前河流断面的 $CO_2$ 排放量要高。因此，本研究采用实地监测的溶解氧数据，推算出旁多水库 $CO_2$ 排放量，即 $E(CO_2)_{diff}$= 2.78 kg/（$hm^2$·d）。由式（9-4）和式（9-5）得出旁多水库淹水后前 10 年的 $CO_2$ 排放总量为 19 380 t，碳排放量为 5 285 t。

#### 9.2.3.3 分析与讨论

（1）结果分析

根据以上的计算结果，旁多水库在建设和运行期间，库区碳库损失总计 124 662 t，包括由土地转换引起的库区碳库损失量 119 377 t 和水库淹没区自身的碳排放 5 285 t。可以看出，土地类型转换是库区碳库损失的主要原因，其损失量占总损失量的 95.76%，而库区自身的碳排放带来的碳库损失仅占总损失量的 4.24%（Yu et al.，2015）。

据已有研究，全球范围内水库的碳排放强度范围为 220～4 460 mg/（$m^2$·d）（Louis et al.，2000），相比较而言，旁多水库的碳排放强度较低。尽管如此，水电开发前后，旁多库区由碳汇变成了碳源。具体为：在淹没前库区土地的碳吸收能力为 0.64 t/（$hm^2$·a），而在淹没后，库区的碳排放强度为 0.14 t/（$hm^2$·a）。这一转变严重影响了库区的固碳释氧功能，大量的碳库损失使得拉萨河流域的碳汇功能下降，需要水电开发的受益者对此损失进行生态补偿。

（2）不确定性讨论

需要说明的是，在计算库区土地转换引起的碳库损失过程中，本研究以"一江两河"流域的土地利用类型的平均初级生产力对库区淹没之前的固碳能力进行估算，具有一定的模糊性。在对旁多库区碳排放的估算过程中，本研究以旁多水库的溶解氧量对库区 $CO_2$ 排放量进行评估，具有一定的模糊性；此外，本研究仅以水库淹水后前 10 年的 $CO_2$ 排放量进行估算，其他温室气体（如 $CH_4$）的排放未计算在内，因此从这一角度来讲，本研究是对库区固碳服务损失的保守估计。

## 9.2.4 旁多库区的生态补偿研究

### 9.2.4.1 替代生境补偿情景设计

西藏是我国的主要牧区之一，然而据统计，西藏近 40%的草地存在退化、沙化现象，且仍以每年 3%～5%的速度在扩大（李忠魁等，2009）。牧草地是拉萨河流域的主要土地利用类型，主要分布在拉萨河上游北部的那曲县、当雄县、林周县。虽然草场广布，但利用很不平衡，超载过牧、草原鼠害、气候变化等综合作用，导致拉萨河流域草地日益沙化、退化严重。根据已有研究，2000—2008 年，拉萨河流域草地生态服务价值不断减少，且减少的速度越来越快。其中，旁多水库上游的那曲县和当雄县草场退化最为严重。根据已有研究，当雄县在 20 世纪 70—80 年代灌木林地退化较为严重，其中 40%以上覆盖度的林地面积减少了 70%（刘江伟，2010）；而那曲县退化草地面积已达到 95.21 万 $hm^2$（2001 年），约占其草地总面积的 69%，退化问题严峻（李辉霞等，2007）。

在此背景下，拉萨河流域大型水电开发产生的库区淹没进一步降低了流域草地的生态服务功能。以旁多库区为例，水电开发带来大量的植被生物量损失，使得固碳释氧、土壤保持等生态服务功能丧失，因此需要在库区周边临近地区建立森林或草场，以补偿淹没区损失的生态服务功能。根据当地实际条件，拉萨河流域已有草场面积较多，但退化问题严峻，因此结合实际的补偿需求，本研究认为通过对库区上游的当雄县和那曲县的退化草场进行恢复建设，不仅能够满足补偿库区损失的生态服务功能的需求，实现“服务-服务”的生态补偿，而且在流域尺度上，实现区域整体的生态功能水平提升和改善。

旁多淹没区和补偿区的位置如图 9-4 所示。

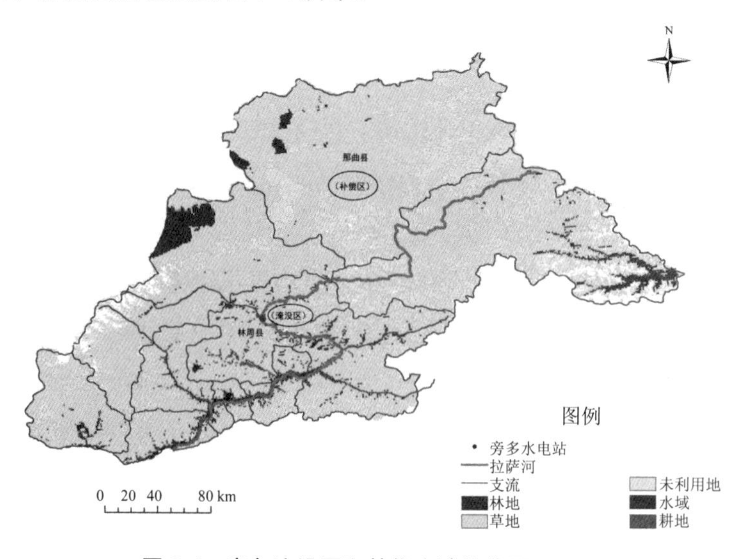


图 9-4 旁多淹没区和替代生境的位置

那曲县草地主要类型包括高寒草原类和高寒草甸类，具有较好的典型性，能够代表藏北的主要草地，与旁多水库淹没区的草地类型具有一致性。根据那曲县草地的退化程度、补偿时间，本研究共设计9种旁多淹没区的生态补偿情景方案。

情景1：轻度退化草场修复，补偿年限1年（一次性补偿）；

情景2：轻度退化草场修复，补偿年限5年（分期补偿）；

情景3：轻度退化草场修复，补偿年限10年（分期补偿）；

情景4：中度退化草场修复，补偿年限1年（一次性补偿）；

情景5：中度退化草场修复，补偿年限5年（分期补偿）；

情景6：中度退化草场修复，补偿年限10年（分期补偿）；

情景7：重度退化草场修复，补偿年限1年（一次性补偿）；

情景8：重度退化草场修复，补偿年限5年（分期补偿）；

情景9：重度退化草场修复，补偿年限10年（分期补偿）。

#### 9.2.4.2 生境补偿规模核算

本研究运用生境等价分析法，分别对以上9种生态补偿情景计算替代生境的补偿规模。

（1）生态指标选取

净初级生产力（NPP）是反映植被生长状况的重要指标，是指植被在单位面积、单位时间内所累积的有机质数量。NPP 指标能够反映植被生物量，同时也反映植被的固碳能力。为此，本研究选择NPP作为生态指标，用于生境等价分析核算。

（2）生态补偿率计算

生态补偿率=淹没区的损失值/补偿区的增加值。本研究基于碳储存平衡的角度计算补偿规模，因此生态补偿率可由淹没区植被损失的NPP和补偿区草场提高的NPP之比获得，即生态补偿率=损失的NPP/增加的NPP。

根据旁多库区的碳库损失研究，淹没前库区土地的碳吸收能力为0.64 t/（$hm^2$·a），而在淹没后，库区的碳排放强度为0.14 t/（$hm^2$·a）。旁多水库在建设期和运行期，库区植被的NPP分别减少了0.64 t/（$hm^2$·a）和0.14 t/（$hm^2$·a）。而根据那曲县草场退化评价结果，轻度退化、中度退化、重度退化程度下，草场的生物量分别减少0.3 t/$hm^2$、0.6 t/$hm^2$、1 t/$hm^2$（李辉霞等，2007）。假设草场恢复至退化前的正常状态，则相应的退化草场年生物量分别增加0.3 t/$hm^2$、0.6 t/$hm^2$、1 t/$hm^2$，由此，可以计算不同情景下补偿区增加的固碳能力（NPP增加值），进而计算出在不同生态补偿情景下的生态补偿率，如表9-7所示。

表 9-7　不同生态补偿情景下的生态补偿率

| 生态补偿情景 | 轻度退化草场修复 | 中度退化草场修复 | 重度退化草场修复 |
|---|---|---|---|
| NPP 增加值/（$t/hm^2$） | 0.135 | 0.27 | 0.405 |
| 对于建设期损失的生态补偿率 | 4.74 | 2.37 | 1.58 |
| 对于运行期损失的生态补偿率 | 1.04 | 0.52 | 0.35 |

（3）不同补偿情景的补偿规模

本研究采用 Visual_HEA 软件确定不同情景方案下的补偿规模。Visual_HEA 软件是由美国诺瓦东南大学研究开发的一个计算机程序软件，用户通过输入生境等价分析核算需要的各个参数，运行软件获得此参数条件下的补偿规模（Kohler et al.，2006）。该软件提供了一种可视的操作界面，能够直观地检验不同参数对补偿规模影响的敏感程度。

旁多库区生境补偿研究的生境等价分析参数确定如下，其中旁多淹没区和补偿区的生态服务-时间变化如图 9-5 所示。

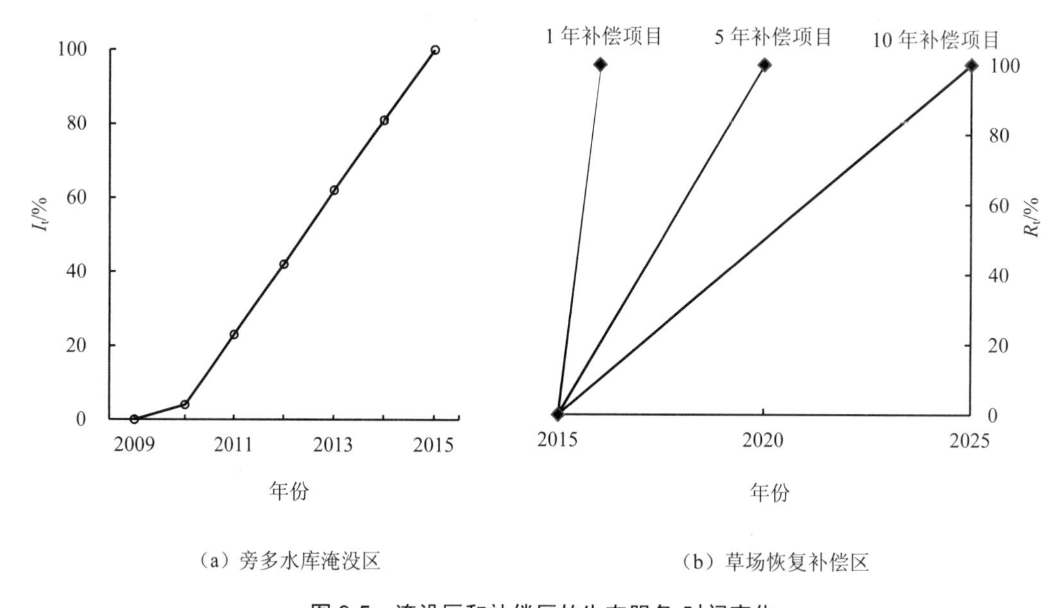


（a）旁多水库淹没区　　（b）草场恢复补偿区

图 9-5　淹没区和补偿区的生态服务-时间变化

对于旁多水库淹没区：库区的生态服务损失起始时间是 2009 年，根据建设期各年份的淹没面积数量，可计算出各年份库区的生态服务损失程度。如 2009 年淹没库区面积 145.74 $hm^2$，占总淹没土地面积（3 251.52 $hm^2$）的 4%，库区生态服务减少 4%；以此计算，2010—2014 年的库区生态服务水平分别减少 23%、42%、62%、81%、100%。设贴现率保持不变，为 3%。

对于补偿区：假设补偿区的生态服务的年际变化函数呈线性。如果补偿期为 1 年，即假定由 2015 年开始，生态服务水平增加量 0，到 2016 年生态服务水平增加量至 100%，即补偿了淹没区的所有损失量。以此计算，如果补偿期为 5 年，即假定由 2015 年开始，生态服务水平增加量 0，到 2020 年生态服务水平增加量至 100%，完成淹没区的所有损失量补偿。如果补偿期为 10 年，即假定由 2015 年开始，生态服务水平增加量 0，到 2025 年生态服务水平增加量至 100%，完成补偿。设贴现率保持不变，为 3%。

以情景 2 为例，Visual_HEA 的运行结果如图 9-6 所示，经计算，9 种生境补偿的计算结果如表 9-8 所示。

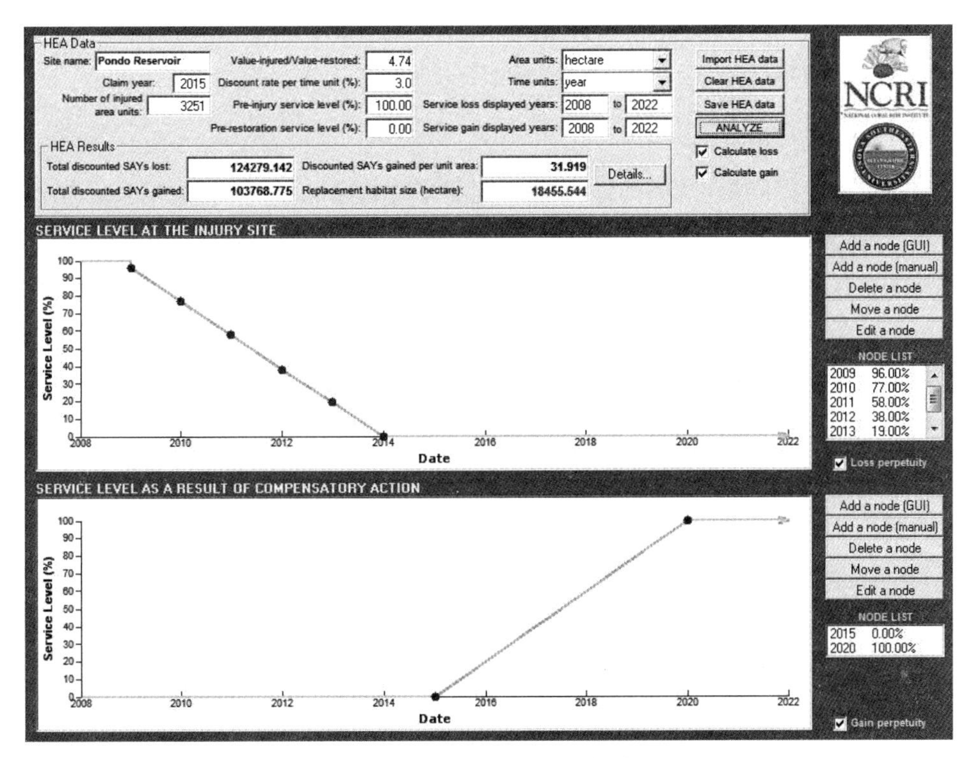


图 9-6 Visual_HEA 的运行结果

表 9-8 不同生态补偿情景下的补偿规模

| 情景内容 | 补偿时间/a | 补偿建设期服务损失的生境规模①/$hm^2$ | 补偿运行期生态服务损失的生境规模②/$hm^2$ | 总补偿规模/$hm^2$ |
|---|---|---|---|---|
| 轻度退化草场修复 | 1 | 17 411.32 | 389.20 | 17 800.52 |
| | 5 | 18 455.54 | 412.54 | 18 868.08 |
| | 10 | 19 816.88 | 442.97 | 20 259.85 |

| 情景内容 | 补偿时间/a | 补偿建设期服务损失的生境规模①/hm² | 补偿运行期生态服务损失的生境规模②/hm² | 总补偿规模/hm² |
|---|---|---|---|---|
| 中度退化草场修复 | 1 | 8 705.66 | 194.60 | 8 900.26 |
| | 5 | 9 227.77 | 206.27 | 9 434.04 |
| | 10 | 9 908.44 | 221.49 | 10 129.93 |
| 重度退化草场修复 | 1 | 5 803.78 | 130.98 | 5 934.76 |
| | 5 | 6 151.85 | 138.84 | 6 290.69 |
| | 10 | 6 605.63 | 149.08 | 6 754.71 |

① 表示建设期内淹没区生态服务是永久性的损失，即淹没的植被土地不会再恢复原貌；补偿区的生态服务是永久性的增加，即恢复后的草场提供的生态服务水平保持不变。
② 表示在运行期淹没区生态服务损失是非永久性的，仅计算库区前 10 年的排碳量；但补偿区的生态服务是永久性的增加，即恢复后的草场提供的生态服务水平保持不变。

#### 9.2.4.3 分析与讨论

（1）补偿结果分析

根据以上的计算结果可以看出，补偿时间和草地退化程度对补偿规模有显著影响。首先，本研究建立的是基于固碳释氧的“服务-服务”生态补偿核算体系，因此退化程度越轻的草场，恢复增加的服务量越少，则需要的补偿面积越多，而草地退化程度越严重的，单位面积修复增加的服务量越多，则需要的补偿面积越少。研究结果表明，在补偿时间相同的情景下，需要修复的各类草场的规模比为轻度退化草场：中度退化草场：重度退化草场=3：1.5：1。

由于贴现率的存在，使得补偿时间越长，所需要的补偿规模越大。对于具有相同退化程度的草场，不同补偿时间需要的草场规模比为 1 年补偿期：5 年补偿期：10 年补偿期=1：1.06：1.34。通过对贴现率的敏感性分析，可以看出，贴现率越高，补偿区域的单位折现面积（Discounted Service Acre Years，DSAYs）越小，贴现率每提高 0.1%，补偿区域的单位折现面积减小 4%（如图 9-7 所示）。

（2）不确定性讨论

本研究建立基于固碳释氧生态服务的生境等价分析生态补偿核算体系，是对库区生态补偿研究的有益探索。然而，在实际案例研究过程中，仍存在一些限制因素和假设条件，对研究结果带来一定的不确定性，为此讨论如下。

因为库区淹没的土地利用类型以草场为主，故本研究以修复库区周边的退化草场作为补偿方案设计。而那曲地区草场类型较能代表藏北草场特点，所以以那曲草场的退化评价结果估算库区生境的补偿规模。在实际开展生态补偿建设时，还需要根据具体的补偿地区的草场生长状况对估算结果进行校正。

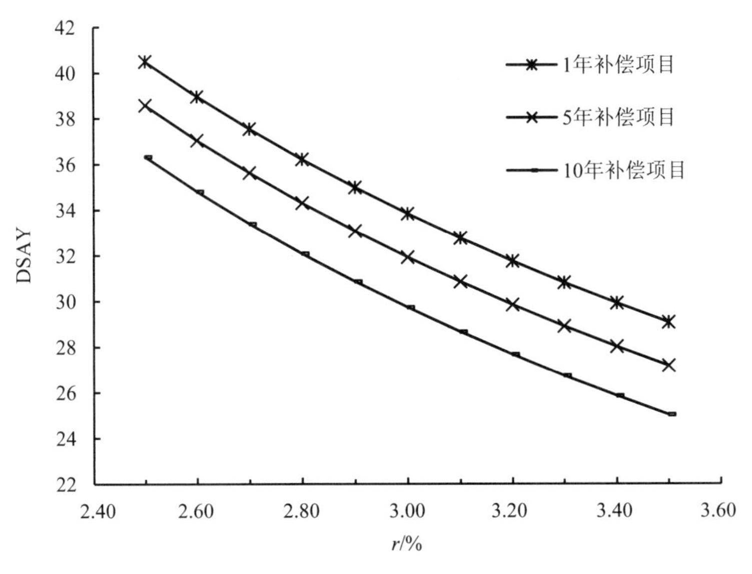


图 9-7　贴现率的敏感性分析

本研究重点考虑库区的固碳服务功能的损失，结合“服务-服务”的补偿思想，选取 NPP 为生态指标，从流域的角度以生境等价分析法计算补偿规模。然而，在实际开展生态补偿建设时，还需结合生态补偿的经济成本，从生境等价和经济约束两个方面综合确定补偿规模。

另外需说明的是，根据原库区的土地利用类型，本研究选取固碳功能作为表征受损生境提供的生态服务的主要生态指标，以核算库区所需的生境补偿规模。因此，在这一过程中的有关碳的核算是针对受损生态系统（原库区）的生境变化而计算，并没有将水电作为清洁能源的碳减排功能纳入其中。

### 9.2.5 小结

本研究将退化草场的修复和库区的生态补偿结合起来，以前者提高的固碳生态服务功能补偿后者淹没植被损失的固碳服务功能，从流域的角度实现“服务-服务”的生境补偿，为西藏地区水电开发的生态补偿提供一种新思路。

大型水电工程建设淹没库区生境，降低库区原有的固碳能力，带来生态服务损失，产生环境负外部性。根据旁多水库的碳损失核算研究，水电开发前后，库区由具有 0.64 t/（$hm^2 \cdot a$）碳吸收能力的碳汇转变为具有 0.14 t/（$hm^2 \cdot a$）碳排放强度的碳源。库区碳储存量损失总计 124 662 t，其中 95.76%的损失来自库区植被生境的淹没。为保证库区生态系统服务功能的正常发挥，需要在库区临近地区建立具有相似功能的生境，实现“服务-服务”的等价补偿。

西藏草场分布广阔，但使用不平衡，拉萨河上游草场退化问题严峻。因此可以通过修复库区周边退化草场来补偿库区损失的植被生物量和生态服务功能。旁多库区上游的当雄县和那曲县草场退化严重，可在此对旁多库区的服务功能损失进行异地补偿。以那曲草场退化评价结果估算，则按草场的退化程度高低，补偿时间为 1 年时，需要修复的轻度、中度、重度退化草场的补偿规模分别为 17 800.52 $hm^2$、8 900.26 $hm^2$、5 934.76 $hm^2$，补偿周期越长，需要的补偿规模越大。

## 9.3 西藏地区水电开发受影响河段的生态补偿研究

河流生态系统服务功能作为一种公共产品，极具外部性特点。水电开发过程中修建大坝改变了河流生态系统结构，扰动河流生态过程，影响了库区和下游部分河段（统称受影响河段）的河流生态系统服务功能的正常发挥，产生环境负外部性。水电开发受影响河段的生态补偿旨在对产生的负外部影响进行恢复和治理，以保障河流生态服务功能的可持续供给。本研究通过识别关键因子，构建基于河流生态系统服务价值变化的生态补偿研究体系，提出相应的生态补偿措施。

### 9.3.1 水电开发受影响河段的生态补偿标准研究框架

本研究根据河流生态系统服务的价值变化建立生态补偿核算体系，确定补偿标准，具体研究框架如图 9-8 所示。

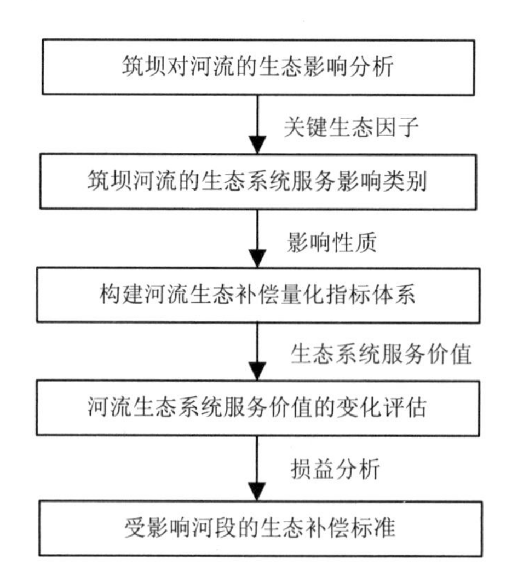


图 9-8 水电开发受影响河段的生态补偿标准研究框架

首先从筑坝对河流的生态影响分析开始，通过筛选关键因子，识别水电开发对河流生态系统服务的影响类别；再根据影响的性质（正面影响或负面影响），构建受影响河段的生态补偿量化指标体系；结合生态系统服务价值评估法，对受影响的生态系统服务功能进行货币化，通过损益分析，确定对受影响河段的生态补偿标准。

## 9.3.2 水电开发对河流生态系统的影响分析

### 9.3.2.1 河流生态系统服务功能分析

河流生态系统包括河道水流区以及以此发生水力联系的承载水环境和水生生物群落的区域（高晓薇等，2014）。其为人类生存发展提供的功能和产品，可用河流生态系统服务功能表示人类从河流生态系统功能中获得的效益。栾建国等（2004）将河流生态系统服务功能分为9类；鲁春霞等（2003）将其归分为4类；肖建红等（2006）将其划分成6类。相比之下，联合国发布的《千年生态系统评估报告》对生态系统服务的分类更具代表性和权威性，参照其研究框架，本研究将河流生态系统服务归为供给、调节、文化和支持服务四大类，分别包含以下内容。

①供给服务：是人类可以从河流生态系统直接获得的，用以维持人类的生产生活的产品或服务，如淡水资源（河流为人类提供了主要的淡水资源，可用于生活饮用、农业灌溉、工业用水等）、水产品供给（河流生态系统的水生动植物为人类提供食材，也为生产加工提供原材料）、水力发电（河流因地形地貌落差蕴涵丰富的势能，人类借此进行水能开发，生产了大量电力）和航运服务（人类借助河流生态系统的运输功能为生产生活带来效益）。

②调节服务：是人类由河流生态系统自我调节功能中获得的服务和效益，主要包括河流输送（河流生态系统输送泥沙，能够疏通河道、避免河口受风浪侵蚀；同时河流生态系统还有运输碳、氮、磷等营养物质功能，为河口生态系统提供保障）、土壤保持（河流生态系统的湿地具有减缓流速、截留泥沙的作用，避免水土流失、淤积造陆）、水质净化（河流生态系统自身能够通过物理、化学、生物反应来消除污染物，净化水质）和区域气候调节（河流生态系统能够提高空气湿度、诱发降雨，对区域气候有调节作用）。

③文化服务：是人类从河流生态系统获得的非物质效益，主要指在精神生活层面获得的服务和效益，包括娱乐休闲（河流生态系统独特的景观为人类休闲、娱乐活动提供了便利场所，有益于人类的身心健康）和美学文化（河流生态系统的景观美感对人类的艺术、创作、认知有深刻的影响，且不同流域的文化、民俗对人类文明的发展都有着重要作用）。

④支持服务：是河流生态系统维持自身生态过程的功能，是提供上述三类生态系统服务的基础，如有机质生产（河流生态系统中绿色植物和藻类通过光合作用，将 $CO_2$、水和无机盐合成有机物质，有机质生产过程是保障水生生物生长的重要基础）、养分循环（河流生态系统中生物体的营养物质循环）和提供生境（为水生动植物、两栖动物提供栖息、繁衍的场所，保护了生物多样性，为发挥生态系统服务功能提供重要保障）。

### 9.3.2.2 水电开发对河流的生态系统服务影响

对于河流的生态系统而言，生态结构决定生态过程进而决定生态功能，而水电开发的工程建设破坏了河流的生态系统结构，由此干扰了河流的生态过程，最终影响了河流原有的生态系统服务。根据这一影响路径，本研究将水电开发对河流的生态影响进行如下分析，如图 9-9 所示。

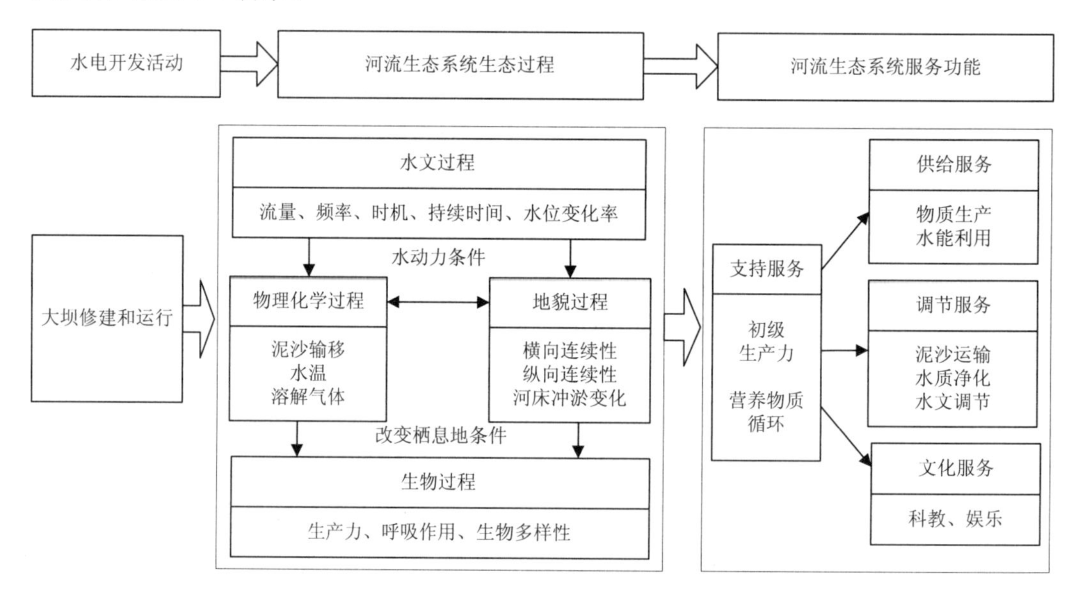


图 9-9　水电开发对河流生态过程和服务功能的影响过程

（1）对河流关键生态过程的影响

河流生态系统的关键生态过程主要有 4 个方面：水文过程、物理化学过程、地貌过程和生物过程。其中水文过程占主导地位，对其他生态过程起驱动力的作用。大坝修建首先改变了河流生态系统的水文过程，进而影响了其他 3 类过程，产生不同的生态影响。水文过程对物理化学过程和地貌过程的影响，主要表现为河流水动力条件对水体中热量、营养盐、重金属、泥沙等物质的对流、扩散、吸附、解吸、沉降、悬浮、转化过程的影响。而对生物过程的影响主要是改变生物的栖息地条件而发生的，包括对水温、水质、泥沙和地貌等生境要素的影响（朱党生等，2010）。

水电开发运行期，水库调度通过改变流量、频率、时机（季节性峰值）、持续时间、水位变化率等水文要素而影响河流生态系统的水文过程，水库调节能力越强，对水文过程的改变越大。不同水文要素改变产生不同的生态响应（Poff et al.，1997），如流量增加或减小，河道受到侵蚀或淤积，海藻和有机物受冲刷力度改变，敏感物种可能丧失；流量变得稳定，可能增加外来物种入侵的风险，也使得洪泛平原上植物获得的水和营养物质减少，植被的斑块栖息地减少；季节性流量峰值的丧失扰乱水生生物的生长过程，有可能改变水生食物网结构；低流量或洪水的持续时间延长，引起植被生长速度下降或死亡；水位迅速改变使得部分水生生物被淘汰或搁浅。这些生态影响通过河流生态系统服务功能的变化表现出来，进而影响人们的福利水平。

（2）对河流生态系统服务的影响

对供给服务的影响：水电开发修建大坝，形成水库，能够增加对下游的供水量，提高河水灌溉能力，增加产值，并且充分发挥了河流的发电功能；但同时，大坝与水库建设极大地改变了原有河流的水文情势，对水生生物生长产生影响，库区也可能为渔业发展提供场所，提高产量，因此对于鱼类等水产品的影响要依具体情况而定。

对调节服务的影响：水库巨大的库容可以蓄洪调库，控制洪水，避免损失。同时水库增大辐射蒸发，还能影响区域气候，这种影响在干旱区较明显但范围小，在湿润区影响虽不显著但延伸广（徐锐，1985）。然而，修建水库致使淤泥堆积，影响自然河流的疏通河道功能；上游泥沙淤积，使得下游河口泥沙沉积量减少，海岸带将受到侵蚀后退，使得河口湿地面积减少；河流筑坝也影响水体的理化、生物功能，影响河流的自净能力；此外，工程修建也会对区域内地质稳定性产生影响。

对文化服务的影响：一方面，修建的水利工程可作为一个旅游景点，提高河流的文化服务价值；另一方面，这种工程建设也可能影响当地原有的生活习惯，对民族文化产生不利影响。

对支持服务的影响：筑坝改变了自然河道结构，表现出渠道化和非连续化态势，影响水生生物生境，也影响河流生态系统的生物多样性。

## 9.3.3 基于生态系统服务价值的河流生态补偿研究

### 9.3.3.1 受影响河段的生态补偿量化指标体系

水电开发在提升发电、蓄洪等服务价值的同时也严重降低了水质净化、河流输送、土壤保持等服务价值。因此，水电开发产生的生态效应可以看作是人类为了能源需求而在河流生态系统服务功能内部产生的一种“交易”行为。然而生态系统服务是一种公共物品，且各类生态服务不能相互替代，使得这种交易无法市场化，最终影响河流生态系统的健康发展。

本研究基于水电开发前后的河流生态系统服务价值的变化构建生态补偿指标体系（如表 9-9 所示）。

**表 9-9 基于生态系统服务的水电开发河流生态补偿指标体系**

| 生态系统服务类别 | | 指标 | 影响情况[①] |
|---|---|---|---|
| 供给服务 | 供水（$V_1$） | 供水的效益 | + |
| | 灌溉（$V_2$） | 灌溉的效益 | + |
| | 水产品（$V_3$） | 水产品效益的变化 | +/− |
| | 水力发电（$V_4$） | 发电的效益 | + |
| | 航运（$V_5$） | 航运的效益 | + |
| 文化服务 | 旅游娱乐（$V_6$） | 旅游效益的变化 | +/− |
| | 文化价值（$V_7$） | 对文化遗产的影响 | − |
| 调节服务 | 河流输送（$V_8$） | 水库泥沙淤积的价值损失 | − |
| | 侵蚀控制（$V_9$） | 河口面积减少的价值损失 | − |
| | 水质净化（$V_{10}$） | 污染物降解能力降低的损失 | − |
| | 调洪蓄水（$V_{11}$） | 减少洪水和暴雨带来的损失 | + |
| | 土壤保持（$V_{12}$） | 河岸带土壤保持的价值损失 | − |

① “+”“−”分别代表正面影响和负面影响。

上述生态系统服务指标的筛选原则为：

①分类核算原则。选择受水电开发影响的河流生态系统服务类别，包括增加的河流生态系统服务和下降的河流生态系统服务。

②避免重复计算原则。生态补偿核算指标体系包含供给服务、调节服务、文化服务三类。由于支持服务是其他三类服务的基础，支持服务的价值包含在其他三类生态服务价值中，因此为避免重复计算，支持服务的价值不计入生态补偿核算体系。

③可操作性原则。指标的定量化数据要易于获取和更新，指标的选择可以有一定的超前性，但应尽可能选择现有仪器设备可以观测的指标。对于数据缺失或无法获取的指标，暂不纳入本研究的评估指标体系。

#### 9.3.3.2 水电开发的河流生态补偿核算方法体系

水电开发河流生态补偿的度量（EC）需要综合考虑生态服务价值损失（$V_{\text{loss}}$）和生态服务价值增加（$V_{\text{add}}$）两方面［如式（9-6）所示］。

$$EC = \min\left(V_{loss}, V_{add}\right) \tag{9-6}$$

生态系统服务价值评估是对该系统提供的所有生态服务的综合评估，以货币形式去衡量人类所享用的来自生态系统服务的价值，以此内化水电开发产生的河流外部成本。

由于各生态系统服务类型的评价方法不同，需要由各类服务的具体特征和数据的获取情况决定。相比较而言，直接评估法优于间接评估法，因此在选择各生态系统服务价值评估方法时，按市场价值法（常规市场法）＞揭示偏好法（替代市场法）＞陈述偏好法（假想市场法）的顺序进行选择。

表9-9中各指标核算方法如下。

（1）供水价值（$V_1$）

选用常规市场法用水资源的市场价格核算供水价值［如式（9-7）所示］。

$$V_1 = P_1 \times Q_1 \tag{9-7}$$

式中：$P_1$—— 单位水资源的价格，元/t；

$Q_1$—— 下游用水水量，t。

（2）灌溉价值（$V_2$）

选用常规市场法用耕地的粮食产值核算灌溉价值［如式（9-8）所示］。

$$V_2 = P_2 \times \alpha \times S_2 \tag{9-8}$$

式中：$P_2$—— 单位面积耕地的平均粮食产值，元/亩；

$\alpha$—— 灌溉的效益分配比；

$S_2$—— 增加的耕地灌溉面积，亩。

（3）水产品价值（$V_3$）

选用常规市场法用水产品的市场价格核算水产品价值［如式（9-9）所示］。

$$V_3 = P_3 \times Q_3 \tag{9-9}$$

式中：$P_3$—— 单位水产品的价格，元/kg；

$Q_3$—— 水电开发前后库区和下游水产品的变化量，kg。

（4）水力发电价值（$V_4$）

选用常规市场法用电价核算水力发电价值［如式（9-10）所示］。

$$V_4 = P_4 \times Q_4 \tag{9-10}$$

式中：$P_4$—— 单位电价，元/（kW·h）；

$Q_4$—— 年均发电量，kW·h。

（5）航运价值（$V_5$）

选用常规市场法节省的单位里程的运输成本计算航运价值［如式（9-11）所示］。

$$V_5 = P_5 \times L \times Q_5 \tag{9-11}$$

式中：$P_5$—— 节省的单位里程单位数量的运输费用，元/（km·次）；

$L$—— 节省的里程长度，km；

$Q_5$—— 年运输量，次。

（6）旅游娱乐价值（$V_6$）

选用替代市场法，用旅行费用方法评估旅游娱乐价值［如式（9-12）所示］。

$$V_6 = f \times P_6 \times Q_6 \tag{9-12}$$

式中：$f$—— 某景点在旅游效益的分配比；

$P_6$—— 人均的旅行费用，元/人；

$Q_6$—— 旅行增加人数，人。

（7）文化价值（$V_7$）

选用假想市场法，评估水电开发对文化遗产的影响。

（8）河流输送价值损失（$V_8$）

库区泥沙淤积导致河流输送服务功能下降，因此选用常规市场法，用泥沙淤积的治理成本计算河流输送价值损失［如式（9-13）所示］。

$$V_8 = P_8 \times Q_8 \tag{9-13}$$

式中：$P_8$—— 单位淤积泥沙地的清除费用，元/$m^3$；

$Q_8$—— 库区泥沙淤积总量，$m^3$。

（9）侵蚀控制价值损失（$V_9$）

侵蚀控制的价值损失即为下游湿地面积减少的价值。因此选用常规市场法，用恢复下游侵蚀湿地所需要的费用核算侵蚀控制价值损失［如式（9-14）所示］。

$$V_9 = P_9 \times Q_9 \tag{9-14}$$

式中：$P_9$—— 恢复下游单位面积湿地的成本费用，元/亩；

$Q_9$—— 下游减少的湿地面积，亩。

（10）水质净化价值损失（$V_{10}$）

水质净化功能下降，纳污能力减弱，污水处理量降低，因此选用常规市场法，用污水处理成本计算水质净化服务价值损失［如式（9-15）所示］。

$$V_{10} = P_{10} \times Q_{10} \tag{9-15}$$

式中：$P_{10}$—— 污水的单位处理成本，元/$m^3$；

$Q_{10}$—— 因净化能力下降而减少的污水处理量，$m^3$。

（11）调洪蓄水价值（$V_{11}$）

选用常规市场法，用调蓄洪水保护农业不受损失的价值估算水库调蓄洪水的价值［如式（9-16）所示］。

$$V_{11}=\rho\times P_{11}\times S_{11}\times Q \tag{9-16}$$

式中：$\rho$—— 调洪蓄水效益的分配比；

$P_{11}$—— 被保护耕地的单位面积粮食产值，元/亩；

$S_{11}$—— 单位库容保护的耕地面积，亩/$m^3$；

$Q$—— 水库的库容，$m^3$。

（12）土壤保持功能经济价值（$V_{12}$）

选用常规市场法估算水电开发影响的河岸带土壤保持功能经济价值损失，包括土壤养分价值损失（$V_n$）、减少废弃土地经济价值损失（$V_a$）和减少泥沙淤积经济价值损失（$V_s$）[如式（9-17）所示]。

$$V_{12}=V_n+V_a+V_s \tag{9-17}$$

$$V_n=\sum C_i\times S_{12}\times P_n$$

$$V_a=\frac{Q_{12}}{h}\times P_2\times 0.0015$$

$$V_s=\gamma\times Q_{12}\times P_8$$

式中：$C_i$—— 河岸土壤第 $i$ 种营养元素（N、P、K）的损失量，kg/亩；

$S_{12}$—— 河岸受扰动的土地面积，亩；

$P_n$—— 我国化肥市场平均价格，元/kg；

$Q_{12}$—— 河岸的土壤侵蚀量，$m^3$；

$h$—— 土壤耕作层的平均厚度，m；

$\gamma$—— 河岸的土壤侵蚀产生的泥沙淤积比例。

### 9.3.4 旁多水电开发的受影响河段生态补偿研究

#### 9.3.4.1 旁多水电开发的河流生态影响分析

根据实地调研考察，旁多上下游及库区尚无航运和水产品生产。根据资料查阅和旁多水电工程的环境影响评价结果，拉萨河流域以裂腹鱼为优势种群，无国家一级、二级保护鱼类，具有典型的高原鱼类区系组成特点。旁多水库修建后，原有的鱼类种群结构将发生一定变化，适应静水生境的鱼类比重将有所增加，鱼类的种类不会发生改变。现阶段旁多流域梯级开发的程度还较低，因此外源性营养输入较少，且高寒气候下浮游植物生长缓慢，旁多上下游各断面的浮游植物群落结构基本相同。河流浮游动物的分布关键与水质有关，由于大气降水为拉萨河径流的主要来源，旁多上下游各断面的浮游动物种类、数量、生物量相差较小。

基于上述的研究结论和本研究的河流生态系统服务价值核算原则，本研究主要是针对水电开发运行后对受影响河段（库区和下游地区）的泥沙、水环境、河岸土壤环境的影响分析。

流量是水文过程的基本要素，直接影响坝下游的生态环境用水；溶解氧的含量高低是衡量水体自净能力强弱的先决条件；pH 值是水质的常规参数，且可以用于拟合水体高锰酸钾指数、总氮、总磷等指标，能有效地反映水质情况（许磊等，2010）；库区泥沙量直接影响河流输送和河口形态，影响上下游的生态环境；河岸带土壤含水率和营养元素含量的变化能够反映水文情势对河岸带生态环境的影响情况。因此，本研究分别选择流量、溶解氧、pH 值、泥沙、土壤等典型关键因子对大坝下游、库区、河岸生态系统的生态影响进行分析。

课题组于 2012—2014 年多次在拉萨河流域进行实地采样和监测，分别在拉萨河干流的水电站上游、库区及下游断面进行水质监测，并在各监测断面的近河岸采集土壤样本，进行测定，实地采样图如图 9-10 所示。

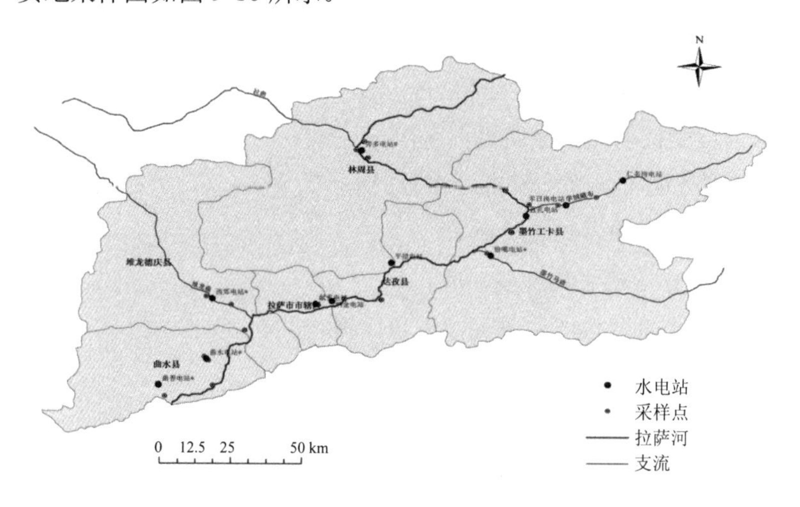


**图 9-10　拉萨河流域采样点**

（1）坝下水文情势分析

旁多水电站具有年调节功能，水库建成后，库尾仍有一定水流，其水文情势较天然河道变化不大，水库建设对水文情势影响主要在坝后河段。水电站设计引用流量为 253 $m^3/s$，水量利用系数为 70.31%，坝址多年平均流量 198 $m^3/s$，水库运行后单机发电流量为 63.25 $m^3/s$。旁多水电建设前后坝址断面的各月下泄流量对比情况如表 9-10 所示。

从表 9-10 可以看出，旁多水电工程建设后，坝下拉萨河流量变化幅度较大，枯水期（11 月—次年 4 月）流量明显增加，丰水期（5—10 月）流量减小幅度较小。各月的最小下泄流量均大于生态流量 23 $m^3/s$，保证下游的生态环境用水。

表 9-10　旁多水电站建设前后坝址断面下泄流量对比　单位：$m^3/s$

| 项目 | 1月 | 2月 | 3月 | 4月 | 5月 | 6月 | 7月 | 8月 | 9月 | 10月 | 11月 | 12月 |
|---|---|---|---|---|---|---|---|---|---|---|---|---|
| 建库前 | 34 | 32 | 34 | 50 | 105 | 325 | 519 | 560 | 405 | 175 | 80 | 45 |
| 建库后 | 68 | 74 | 69 | 78 | 99 | 174 | 374 | 495 | 384 | 143 | 77 | 55 |
| 变化幅度/% | 101 | 130 | 102 | 56 | −6 | −47 | −28 | −12 | −5 | −18 | −4 | 22 |

（2）河流水质分析

本研究分别采用溶解氧（DO）标准指数法和 pH 值标准指数法对旁多水电站上游、库区和下游的水质进行评价。

DO 的标准指数评价模式如式（9-18）、式（9-19）所示。

$$S_{\mathrm{DO},j}=\frac{\left|\mathrm{DO_f}-\mathrm{DO}_j\right|}{\mathrm{DO_f}-\mathrm{DO_s}} \tag{9-18}$$

$$\mathrm{DO_f}=468/\left(31.6+T\right) \tag{9-19}$$

式中：$\mathrm{DO_f}$ —— 饱和溶解氧浓度，mg/L；

$\mathrm{DO_s}$ —— 溶解氧的水质评价标准，mg/L：

$\mathrm{DO}_j$ —— $j$ 取样点水样的溶解氧浓度，mg/L；

$T$ —— 水温，℃。

pH 值的标准指数评价模式如式（9-20）、式（9-21）所示。

$$S_{\mathrm{pH},j}=\frac{\left|7-\mathrm{pH}_j\right|}{7-\mathrm{pH_{sd}}}，\ \mathrm{pH}_j\leqslant 7 \tag{9-20}$$

$$S_{\mathrm{pH},j}=\frac{\left|\mathrm{pH}_j-7\right|}{\mathrm{pH_{su}}-7}，\ \mathrm{pH}_j>7 \tag{9-21}$$

式中：$\mathrm{pH}_j$ —— $j$ 取样点水样的 pH 值；

$\mathrm{pH_{sd}}$ —— pH 值水质评价标准的下限值；

$\mathrm{pH_{su}}$ —— pH 值水质评价标准的上限值。

如果以上的水质评价因子（DO 和 pH 值）的标准指数大于 1，表明该水质因子已超过了规定的水质标准限值，不能满足水域功能及使用要求。依据《地表水环境质量标准》（GB 3838—2002）和上述评价方法，对旁多水电开发前后旁多河段水质变化进行分析，得到的水质评价结果如表 9-11 所示。

根据拉萨河规划的水域功能，旁多—直孔河段为 I 类水域，但是旁多断面的溶解氧达标类别为 II 类，这主要是受西藏特殊地理位置影响，由于高原缺氧、气压较低，造成水体溶解氧含量相对内地较低。根据以上结果，可以发现水电开发前后旁多水电站上游断面溶解氧没有什么变化，库区断面的溶解氧有较小幅度的降低，但还符合Ⅱ类水体标准，而下游地区由于海拔较低，溶解氧含量高于库区和上游地区，达到Ⅰ类水体标准。从 pH 值的标准指数评价结果来看，水电开发前后旁多上下断面符合Ⅰ类水体标准。综上分析，旁多水电开发对河流水质的影响很小，河流水体的自净能力未受影响。

表 9-11　旁多河段水质监测及评价

| 监测项目 | 水质标准 | | 水电开发前（2006 年 7 月）[①] | | 水电开发后（2013 年 7 月） | | | | | |
|---|---|---|---|---|---|---|---|---|---|---|
| | | | 旁多断面 | | 坝址上游（断面 1） | | 库区（断面 2） | | 坝址下游（断面 3） | |
| | Ⅰ类 | Ⅱ类 | 监测值 | 达标类别 | 监测值 | 达标类别 | 监测值 | 达标类别 | 监测值 | 达标类别 |
| DO/（mg/L） | 7.5 | 6.0 | 6.2 | Ⅱ | 6.2 | Ⅱ | 5.86 | Ⅱ | 7.57 | Ⅰ |
| pH 值 | 6～9 | | 8.8 | Ⅰ | 8.5 | Ⅰ | 8.53 | Ⅰ | 8.52 | Ⅰ |
| 温度/℃ | — | | 13.5 | — | 10.8 | — | 12.6 | — | 11.8 | — |

① 2006 年旁多监测值引自《西藏自治区旁多水利枢纽工程环境影响评价报告书》。

（3）库区泥沙量分析

水电开发改变了河道泥沙的运移状态，扰乱了河流的冲淤与输沙过程，上游来沙被拦截在水库内，进而对下游河段、河口产生影响。因此本研究对库区泥沙量淤积情况进行分析，为后续的生态系统服务价值评估奠定基础。

旁多水库淤积形态属于三角洲淤积，水库在运行过程中，悬移质中造床质和 95%的推移质淤积在三角洲内，5%的推移质淤积在三角洲尾部。旁多水库泥沙淤积量计算方式如式（9-22）所示。

$$Q_8 = T \times (Q_{\mathrm{bed}} + Q_{\mathrm{sus}} \times r_{\mathrm{r}}) \tag{9-22}$$

式中：$T$—— 旁多水库运行时间，50 a；

$Q_{\mathrm{bed}}$—— 旁多水库多年平均推移质入库沙量，17.4 万 t/a；

$Q_{\mathrm{sus}}$—— 旁多水库多年平均悬移质入库沙量，85.5 万 t/a；

$r_{\mathrm{r}}$—— 旁多水库造床质占悬移质比例，41%。

由此，可估算在运行期内，旁多水库泥沙淤积总量为 2 622.75 万 t。其中悬移质泥沙干容重为 1.3 t/m$^3$，推移质泥沙干容重为 1.5 t/m$^3$，则估算旁多泥沙淤积容量为 $1.87\times10^7$ m$^3$，约占正常蓄水库容的 1.8%。

（4）河岸带土壤理化性质分析

为了更好地分析水电开发对河岸带生态系统的影响，在拉萨河干流水电站的上下游都进行土壤样本的采集，并连续 2 年进行采集监测。通过比较不同空间分布的土壤元素的变化特征，分析水电开发对河岸带的生态影响（李筱金等，2015）。如图 9-10 所示，分别在拉萨河干流各水电站的上游、下游断面的河岸 100 m 以内、100～200 m 以及 200～300 m 各选取 1 个采样点，在每个采样点采集 3 个样方，每个样方采集 0～20 cm 的表层土，用以测定土壤粒径和无机营养元素含量。

通过对土样的研磨、筛分、消解以及 ICP-AES 光谱测定，得到 2012—2013 年拉萨河河岸带不同空间尺度上土壤粒径和无机元素含量的变化和变异程度（如表 9-12、表 9-13 所示）。

**表 9-12　2012—2013 年拉萨河河岸带土壤粒径和无机元素平均含量**

| 要素类别 | | 2012 年 | | | 2013 年 | | |
|---|---|---|---|---|---|---|---|
| | | 0～100 m | 100～200 m | 200～300 m | 0～100 m | 100～200 m | 200～300 m |
| 土壤粒径分布/% | <200 目 | 52.73 | 48.77 | 42.31 | 62.81 | 57.40 | 61.54 |
| | 200～400 目 | 38.09 | 42.66 | 45.53 | 29.80 | 34.45 | 30.86 |
| | >400 目 | 9.17 | 8.54 | 12.14 | 7.38 | 8.13 | 7.59 |
| 无机元素含量/（mg/g） | 钙 | 9.91 | 11.47 | 14.88 | 7.83 | 10.15 | 10.93 |
| | 钾 | 22.45 | 25.24 | 26.94 | 21.49 | 24.21 | 25.99 |
| | 镁 | 8.32 | 10.31 | 12.69 | 8.05 | 9.72 | 11.07 |
| | 磷 | 0.98 | 1.02 | 1.10 | 0.89 | 0.94 | 1.06 |

**表 9-13　2012—2013 年拉萨河河岸带土壤粒径和无机元素含量的变异系数**

| 要素类别 | | 2012 年 | | | 2013 年 | | |
|---|---|---|---|---|---|---|---|
| | | 0～100 m | 100～200 m | 200～300 m | 0～100 m | 100～200 m | 200～300 m |
| 土壤粒径 | <200 目 | 0.19 | 0.18 | 0.11 | 0.20 | 0.14 | 0.12 |
| | 200～400 目 | 0.26 | 0.18 | 0.09 | 0.31 | 0.17 | 0.16 |
| | >400 目 | 0.47 | 0.22 | 0.23 | 0.72 | 0.45 | 0.41 |
| 无机元素 | 钙 | 0.35 | 0.30 | 0.19 | 0.54 | 0.51 | 0.33 |
| | 钾 | 0.13 | 0.14 | 0.13 | 0.092 | 0.045 | 0.027 |
| | 镁 | 0.15 | 0.10 | 0.13 | 0.13 | 0.14 | 0.13 |
| | 磷 | 0.12 | 0.12 | 0.085 | 0.25 | 0.21 | 0.09 |

由以上的实验结果可以看出，在土壤结构方面，水电开发后影响河岸带的土壤粒径结构，增加了土壤粒径的变异程度。在营养元素含量方面，离河岸距离越近，营养元素含量越低，水电开发后，河岸土壤的钙、钾、镁、磷元素含量有一定程度的下降，其中

钙含量下降幅度相对较大。综合分析，拉萨河流域水电开发对河岸带土壤结构有一定的影响，主要表现在土壤营养元素含量的降低。

### 9.3.4.2 旁多水电开发的河流生态系统服务价值变化评估

根据以上的生态影响分析，可以总结出旁多水电开发的河流生态系统服务的主要变化为：增加了发电、供水、防洪的服务价值，降低了河道运输和土壤保持的价值（如图 9-11 所示）。对此，根据上述核算方法，分别对旁多水电开发增加和减少的河流生态系统服务价值核算如下。

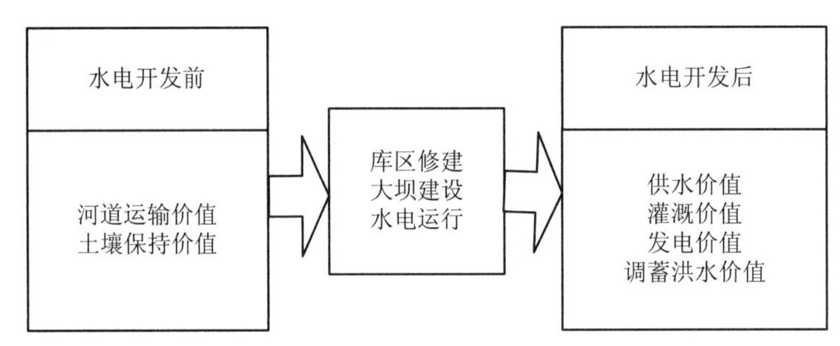


图 9-11　旁多水电开发前后的河流生态系统服务价值变化

（1）旁多水电开发增加的河流生态系统服务价值

①供水价值。

旁多水利工程建设后向拉萨市供水 3.4 亿 $m^3$，根据 2012 年实地调查，拉萨市自来水水价为 1 元/t，根据式（9-7），计算得出旁多水利供水价值为 3.4 亿元/a。

②灌溉价值。

旁多水利工程建成后增加灌溉面积 38.85 万亩（1 亩≈666.67 $m^2$），拉萨市单位耕地的粮食平均产值为 1 334 元/亩（西藏自治区统计局等，2012），灌溉的效益分摊系数为 0.1，根据式（9-8），计算得出旁多水利灌溉价值为 0.52 亿元/a。

③水力发电价值。

旁多水电站多年平均发电量为 5.38 亿 kW·h，藏中电网平均电力的影子价格为 0.271 元/（kW·h），根据式（9-10），计算得出水力发电的价值为 1.45 亿元/a。

④调洪蓄水价值。

旁多水库预留防洪库容为 0.92 亿 $m^3$，可提高下游的防洪能力。参照全国单位体积水库保护耕地面积来估算旁多水库的保护耕地面积，根据《2013 年全国水利发展统计公报》，全国单位体积水库保护耕地面积为 0.52 $m^2/m^3$，拉萨市单位耕地的粮食平均产值为 1 334 元/亩，调洪蓄水的效益分摊系数取 0.1，根据式（9-16），计算得出旁多水利调洪蓄水价值为 0.096 亿元/a。

（2）旁多水电开发降低的河流生态系统服务价值

①河流输送价值损失。

旁多库区每年泥沙淤积总量为 52.455 万 t，全国单位体积泥沙清淤的平均费用为 3.1 元/t，而西藏当地泥沙的清除费用约为全国平均费用的 2.5 倍（7.75 元/t），根据式（9-13），估算旁多水电开发带来的河流输送价值损失为 0.041 亿元/a。

②土壤保持价值。

旁多水电工程的建设过程中，包括项目主体工程区、临时施工区、渣场区和料场区，共扰动河岸土地面积 295.43 $hm^2$，根据《西藏自治区旁多水利枢纽工程环境影响评价报告书》的预测，这部分的年土壤侵蚀量达 22 734 t。由于旁多水利工程建设区地处高原，大部分为山地和荒地，植被稀疏，因此旁多水电开发带来的土壤保持价值损失主要包括土壤养分价值损失和减少泥沙淤积价值损失。

旁多水电工程建设剥离大量表土，带来土壤养分流失，包括 N、P、K 的流失，使土地的生产力降低。根据旁多水电站上下游河岸的土壤监测分析和青藏高原高寒草原生态系统土壤氮磷比的分布特征（王建林等，2013），按高山灌丛草甸带 N/P 平均值为 1.16 估算，旁多河岸带土壤的 N、P、K 的损失量分别为 0.08 mg/g、0.07 mg/g、0.98 mg/g，以 2004 年化肥平均价格 1 449 元/t（国家发展和改革委员会，2004）。根据式（9-17）可计算得出土壤养分价值损失为 0.37 亿元/a。

此外，水电工程弃渣极易被山洪裹挟冲入河道，带来泥沙淤积。根据式（9-17）可计算得出土壤减少泥沙淤积价值损失为 4.16 万元/a。

综上所述，旁多水电开发产生的土壤保持价值损失为 0.37 亿元/a。

#### 9.3.4.3 旁多水电开发的受影响河段生态补偿核算

本研究通过对水电开发前后河流生态系统服务价值进行货币化评估，量化水电开发的生态影响，进而确定水电开发的河流生态补偿标准。为使不同年份的生态系统服务价值具有可比性，消除货币的通胀影响，需将上述核算的各类生态系统服务价值统一到同一年份价格水平。为与实地调研时间一致，本研究以 2012 年价格为基准，利用西藏地区居民消费价格指数将上述的生态系统服务价值进行修正，结果如表 9-14 所示。

根据核算，旁多水电开发后拉萨河河流生态系统服务价值中供水价值等增加量约为 5.67 亿元/a，河流输送价值等损失量约为 0.51 亿元/a，总价值增加了 5.16 亿元/a。根据式（9-13），基于水电开发后的年平均库区泥沙淤积量和土壤侵蚀量产生的服务价值损失，旁多水电开发的河流生态补偿量约为 0.51 亿元/a，用于拉萨河的生态修复。补偿的时限可根据河流的恢复情况而定，一般可与水电项目运行时间一致。

表 9-14　生态系统服务价值的修正结果

| 生态系统服务类别 | | 初始价值/（亿元/a） | 年份 | 与基准年的消费价格指数比 | 修正后价值/（亿元/a） |
|---|---|---|---|---|---|
| 增加量 | 供水价值 | 3.40 | 2012 | 1 | 3.40 |
| | 灌溉价值 | 0.52 | 2011 | 0.96 | 0.54 |
| | 水力发电价值 | 1.45 | 2008 | 0.89 | 1.63 |
| | 调洪蓄水价值 | 0.096 | 2011 | 0.96 | 0.10 |
| 损失量 | 河流输送价值 | 0.041 | 2012 | 1 | 0.041 |
| | 土壤保持价值 | 0.37 | 2004 | 0.78 | 0.47 |

#### 9.3.4.4　旁多水电开发的受影响河段生态补偿建议

水电开发的河流生态补偿的意义在于恢复受影响河段的生态系统服务功能，具体的生态补偿措施可包括工程措施、生物措施和管理措施三类。其中，工程措施主要实施在水电工程的规划设计阶段，即水电工程设计需要优先选择对河流生态负面影响小的方案。生物措施和管理措施主要实施在水电工程运行阶段，对特有的动植物进行保护，合理调度，防止河道萎缩和生态退化（董哲仁，2006）。

随着水电建设的加快，我国的生态环境保护问题已越来越受重视，《“十二五”规划发展纲要》已提出“在做好生态保护和移民安置的前提下积极发展水电”；2012 年，环境保护部发布关于加强水电建设环境保护工作的通知，强调做好流域水电开发的规划环境影响评价工作。对于西藏的水电开发，生态补偿主要在水电工程运行期。

以拉萨河流域旁多水电工程为例，可以看出，拉萨河的水电开发河流生态补偿的重点工作主要集中在以下三方面。

（1）水土保持主要通过工程措施和生物措施来实现

工程措施：在施工阶段，严格按照工程设计进行开挖，防止边坡滑塌，并在存料场地建造挡墙，防止土壤流失；在开采结束后，对开采区进行处理和防护，推土回填。

生物措施：在回填后，需要恢复临时工程占地植被，增加河岸未利用土地的植被覆盖，可通过种植沙棘、旱柳等植被进行绿化，增加水土保持功能。

（2）库区清淤主要通过工程措施和管理措施来实现

工程措施：加强水库上游的水土保持工作，减小水库泥沙入库量；定期进行河道清淤工作；合理设置水利工程设施，辅助河流增强水流的挟沙输沙能力。

管理措施：利用汛期洪水冲刷作用，减少库区泥沙淤积；通过水库泥沙调度，控制泥沙淤积部位与高程。

（3）支流生态保护主要通过生物措施和管理措施来实现

旁多水电开发后，对流水生境要求较高的鱼类将难以在库区内生存，支流将成为这些鱼类的栖息地；而适应库区缓流或静水生境的鱼类也需要在支流河段或有流水的河口水域产卵繁殖。因此，热振藏布、乌鲁龙曲以上河段应作为流域鱼类的栖息地及旁多水电开发影响河段的替代生境进行有效保护。

生物措施：在支流建立增殖放流站，投放鱼苗。投放鱼苗的比例需根据拉萨河鱼类比例和各种鱼类的生存适应性而定。

管理措施：严格禁止在热振藏布、乌鲁龙曲以上河段进行水能资源开发。制定禁渔期和禁渔区，尽管目前拉萨河捕鱼的人不多，但为防止日后可能出现的人为捕捞对鱼类资源影响，也需尽快完善渔业的法规体系，加强捕捞管理和渔产品流通管理。

### 9.3.5 小结

水电工程的修建和运行改变了河流的水文过程、物理化学过程、地貌过程、生物过程，最终改变了河流的生态系统服务功能。本研究的水电开发受影响河段的生态补偿旨在内化水电开发产生的环境外部性，对由于水电开发而损失的河流生态系统服务功能进行恢复和补偿，以保障河流生态系统的可持续发展。本研究以拉萨河旁多水电工程为例，通过对流量、溶解氧、pH 值、泥沙、土壤等典型关键因子分析，建立基于河流生态系统服务价值的生态补偿核算体系。经核算，旁多水电开发后拉萨河河流生态系统服务价值增加的价值约为 5.67 亿元/a，损失的价值约为 0.51 亿元/a，总价值增加了 5.16 亿元/a。综合考虑旁多水电开发的生态影响，针对产生的泥沙淤积和土壤侵蚀的服务损失，确定旁多水电开发的河流生态补偿量约为 0.51 亿元/a，用于拉萨河生态修复的投入和补贴。结合西藏地区实地特点，拉萨河的水电开发河流生态补偿的重点工作主要集中在水土保持、库区清淤和支流保护三方面。

## 9.4 西藏地区水电开发移民安置区的生态补偿研究

水电开发移民安置区的生态补偿是为了保护库区生态环境，避免移民安置带来生态环境问题，通过建立激励机制，调整移民的生产生活方式的一种环境管理手段。移民安置带来的负面影响被视为是水电开发的二次影响，因此保护安置区的生态环境、保障移民的社会福利也是水电开发生态补偿的重要内容。本研究从移民的意愿偏好出发，根据移民安置前后的福利变化和对生态环境保护的意愿，对移民安置区的生态补偿进行核算，并提出相应的生态补偿措施。

## 9.4.1 移民安置区概况

### 9.4.1.1 旁多水电工程移民安置概述

旁多水利枢纽工程是拉萨河流域的骨干性控制工程，也将是拉萨河干流水电梯级开发的龙头水库，涉及的淹没面积和迁移人口数量最多，因此本研究以旁多水库移民安置为案例，研究大型水电开发移民安置的生态补偿。旁多水库库区位于林周县旁多乡和唐古乡境内，淹没影响 2 个乡的 7 个行政村，共需搬迁安置人口 2 176 人。

根据旁多工程的实施计划，确定旁多水电移民搬迁分三阶段完成，具体规划为：第一阶段（2010—2011 年），旁多乡的旁多村、宁布村、帮多村的 185 户、1 137 人，移民搬迁；第二阶段（2012—2013 年），唐古乡江多村的受影响 86 户、586 人，移民搬迁；第三阶段（2014—2015 年），包括旦多、苦如多、雪玛热、仁木移民的 91 户、453 人，移民搬迁。旁多工程移民安置共有 4 种安置方式，包括后靠安置、异地农牧业安置、投靠亲友以及养老安置。根据实地调查，当地村民选择集中的是后靠安置和外迁安置，安置地点包括旁多乡和唐古乡的主要行政村，总计划后靠安置移民 1 030 人，外迁邻近乡村安置移民 903 人，投靠亲友 168 人，新建敬老院养老安置 75 人。

根据安置方式和移民受影响的不同特点，将第一、第二阶段的移民分成两类：Ⅰ类移民和Ⅱ类移民。Ⅰ类移民，是居民的部分生产生活用地被淹没，居民的利益受到较为严重的损失，安置的方式为在本村后靠安置。旁多水电移民安置区中属于Ⅰ类移民的是宁布村、日布村、加给村和江多村。Ⅱ类移民，是居民的生产生活用地完全被淹没，居民的利益完全损失，安置的方式是外迁邻村安置，属于这类移民的安置区有帮多村、达龙村、恰扎村和巴容村，主要作为被淹没的旁多村的安置区。各安置村的位置如图 9-12 所示，旁多水库库区地处源头水源区，属Ⅰ类水质保护区，旁多水电主要的移民安置区（包括Ⅰ类移民和Ⅱ类移民）都在库区。因此，若在移民安置区实施生态补偿，能够更好地保护西藏地区脆弱的生态环境。

### 9.4.1.2 旁多移民安置区的生态补偿意义

安置区的移民生态补偿旨在通过补偿移民在安置前后的福利损失，引导移民调整生产生活方式，保护生态环境，以此实现社会福利和生态效益的共同提高。在一定程度上，移民安置区的生态补偿是水电开发生态补偿的后段内容，是避免水电开发产生二次影响的重要措施。本研究的旁多水电工程移民安置区生态补偿的现实需求及意义如下。

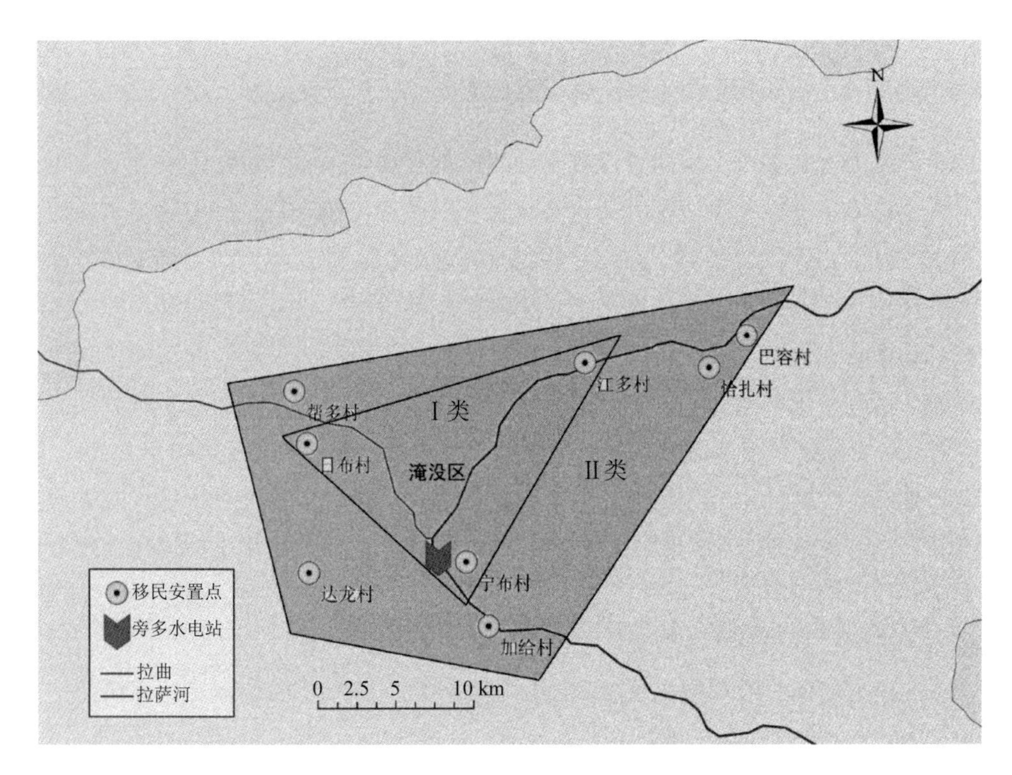


图 9-12 旁多水利枢纽工程主要移民安置点位置

①库区水环境保护的需求。旁多水库库区地处源头水源区，属Ⅰ类水质保护区，应纳入源头水保护区范围，严格执行源头水保护区的相关规定，加强库周的生态建设和环境管理。因此，禁止在库周及上游地区过度放牧、圈养畜禽，以及兴建对水体可能产生严重污染的工矿企业。引导安置在库区的居民保护库周植被，保护生态环境。

②移民生活福利保障的需求。旁多库区淹没的人口主要是农牧民，他们的生产生活方式对耕地和草地具有很强的依赖性。虽然对移民进行相应的安置补偿，能够在一定程度上补偿移民所受的淹没草场、耕地、房屋等实物的损失，但是安置过程中移民还受到一些非实物因素的影响，如生活习惯、社交联系、生产方式等，使移民福利受到损失。因此，移民安置区生态补偿是一种将外部效应内部化的激励机制，在保护生态环境的同时更能有效地提高移民的福利水平。

## 9.4.2 移民安置区生态补偿的核算体系

### 9.4.2.1 基于移民福利变化的生态补偿研究框架

水电移民不仅在水电工程建设过程中受到了严重影响，而且对移民安置后的生态环境有着重要影响。库区移民的福利变化不仅能够反映移民在安置过程中的需求，而且直接关系着库区的生态环境保护。因此，移民是安置区生态补偿实施的关键主体。此外，从生态补偿实现的意义来说，关键是通过福利损失补偿和利益主体的福利均衡来实现生态保护和社会福利的增加，缺少相关利益主体的均衡，福利损失补偿都不能实现生态保护的鼓励。因此移民的意愿偏好是建设合理补偿机制的关键要素，而对于少数民族地区的水电移民，更需要结合少数民族地区社会发展需求共同建立保护机制。

本研究结合少数民族地区特点，从环境-社会-文化-经济多角度分析移民安置前后的福利变化，并在此基础上确定生态补偿量。在本研究中，福利变化是指移民在安置前后不同生活条件下的各类效用的差异。其不仅包括经济水平的变化，还包括由于生态环境、社会关系、文化氛围等属性水平变化而产生的效用变化。

其中生态补偿的标准则根据移民对不同生态环境属性水平的边际支付意愿而定，主要的补偿内容包括两方面：

①对移民由于安置前后生态环境改变而使得福利降低的部分进行补偿。

②对移民为保护安置区生态环境的成本进行补偿。

基于此，本研究的研究框架如图 9-13 所示，具体步骤主要包括：

（1）首先对影响移民福利的因素进行分析和筛选，通过实地调查与座谈，确定影响的关键因素。

（2）进行预调研，分别运用意愿调查法对移民的受偿意愿（WTA）和支付意愿（WTP）进行对比分析，为选择实验设计确定实验方案。

（3）建立移民福利变化的评估体系。本研究应用选择实验法根据移民福利影响的关键因素，设计水电开发移民安置政策及其交易市场，并根据移民选择行为进行随机效用评估，揭示移民对各关键要素的意愿偏好，从而获得不同关键要素对移民福利影响的相对重要性。

（4）测算移民在不同安置情景下的福利水平价值变化差异。

（5）基于移民的福利变化，确定水电开发移民安置生态补偿量，并提出相应的设计方案。

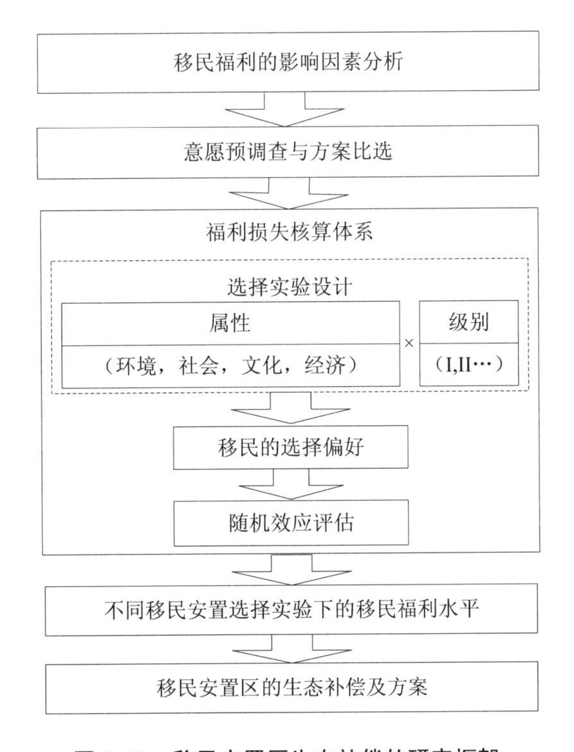


图 9-13 移民安置区生态补偿的研究框架

由上述的研究框架可知，移民安置区生态补偿的核算方法主要包括意愿调查法、选择实验法和随机效用评估方法，下文将分别对以上方法进行论述。

### 9.4.2.2 意愿调查法

意愿调查法是直接询问个人为使用或保护某种给定的环境物品或服务而愿意支付的最大货币数量（WTP），或为失去某种给定的环境物品或服务而愿意接受补偿的最大货币数量（WTA）。通过构建移民的受偿或补偿的意愿函数，实现对生态环境的价值评估。

具体步骤如下：

①建立补偿人群的受偿/补偿意愿函数。

$$\text{WTA（WTP）} = F\left(Q, y, p, T\right) \tag{9-23}$$

式中：$Q$ —— 资源的数量或品质；

$y$ —— 个人收入；

$p$ —— 个人偏好；

$T$ —— 个人社会经济特征。

根据实证分析，确定受偿意愿函数的具体变量。

②构建受偿/补偿意愿函数计量模型。

③运用统计学方法建立回归模型，估算整个库区移民的生态补偿意愿。

#### 9.4.2.3 选择实验法

选择实验法是一种新兴的非市场价值的评估方法，它通过向受访者提供由资源或环境物品的不同属性和水平组成的选择集，以获得受访者的选择行为。在选择集的众多属性中需要设计一个货币价值属性，用以表示在不同的方案状态下需要支付的费用。根据获得的选择结果，通过经济计量学模型评估不同属性的非市场价值。选择实验法旨在用环境物品的不同属性来反映环境价值，其理论基础主要包括以下两方面。

①要素价值理论，指一切物品的价值都能够通过它的一组特征要素（属性）的某种水平来体现，每个特征要素（属性）可具有多种水平。根据 Lancaster（1996）理论，消费者选择某一商品，是基于商品的不同属性的差异，因此可创建一种假想的市场环境，包含多种选项，通过被访者的选择结果获得其对某一环境物品的偏好。

②随机效用理论，指每一个物品的效用都包括可观测的确定部分和不可观测的随机部分。在理性经济人条件下，被访者会选择备选项中对其效用最大的一项。根据选择结果，通过构建随机效用函数，选择实验法能够将选择问题转化为效用比较问题，用效用最大化来表示被访者选择的最优方案（Hanley et al.，1998；Kataria，2009）。

目前，选择实验法已在资源环境领域的非市场价值评估中发挥重要作用。与此同时，由于选择实验法是通过属性及其水平的不同组合来进行实验方案设计，这种设计结构能有效地呈现不同环境政策下的生态效应，并能够进行选择分析，因此选择实验法也可以作为决策支持的工具，用于模拟政策实施后的收益，进行公共政策分析（樊辉等，2013）。基于以上考虑，本研究将选择实验法应用到移民安置区的生态补偿研究中，旨在通过选择实验法和随机效用评估实现：①揭示移民对移民安置选择实验的各属性水平的支付意愿，对安置前后的移民福利变化进行评估。②根据移民对环境属性水平的边际支付意愿，核算移民安置区的生态补偿量。③对移民安置选择实验各属性的相对重要性进行排序，用以设计提升移民福利水平的补偿方案。④当一项补偿政策的多个要素同时变化时评估对象的效用变化，用以筛选最佳的移民安置生态补偿方案。

选择实验法的应用流程如图 9-14 所示。

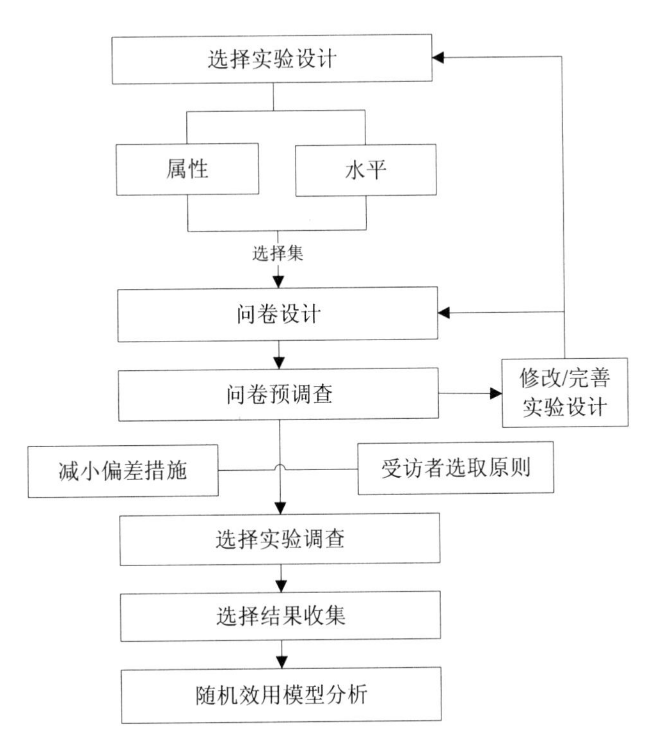


图 9-14 选择实验法的流程

#### 9.4.2.4 随机效用最大化模型

根据要素价值理论和随机效用理论，选择实验法则可以看成是一种基于要素价值理论以随机效用最大化为目标的效用函数（Adamowicz et al., 1998; MacDonald et al., 2010）。因此，在移民安置区的生态补偿研究中，选择实验法是顶层设计，随机效用最大化模型是下层的数据分析。

受访者的效用函数包含两部分：可观测的部分和不可观测的部分（Kataria，2009），即

$$U_{ni}=V_{ni}+\varepsilon_{ni} \tag{9-24}$$

式中：$U_{ni}$—— 受访者 $n$ 选择 $i$ 方案时的总效用函数；

$V_{ni}$—— 可观测的部分，是受访者的间接效用；

$\varepsilon_{ni}$—— 不可观测的部分，是随机部分。

在做选择时，受访者会选择对其效用最大的选项，但是因为受访者的效用中含有不可观测的随机部分，所以只能计算受访者选择该项的概率。如果在选择集 $C$ 中，受访者选择 $i$ 方案的效用大于选择 $j$ 方案的效用（$U_{ni}>U_{nj}$），则受访者 $n$ 选择 $i$ 方案的概率为

$$\text{Prob}(i \mid C) = \text{Prob}(V_{ni} + \varepsilon_{ni} > V_{nj} + \varepsilon_{nj}) \tag{9-25}$$

式中：$C$—— 一个选择集；

$V_{ni}$ 和 $V_{nj}$—— 确定项；

$\varepsilon_{ni}$ 和 $\varepsilon_{nj}$—— 随机误差项。

为了得到准确的概率函数，McFadden（1974）对随机效用做出一些巧妙的分配假设，使得选择各选项的概率都可以明确地表示出来。其假定效用函数的随机项独立同分布，且服从 Gumbel 分布（也称极值 I 型分布），其概率分布函数如式（9-26）所示。

$$\text{Prob}(\varepsilon_{ni} \leqslant t) = F(t) = \exp\{-\exp(t)\} \tag{9-26}$$

这一假定原则意味着任何特定替代方案 $i$ 被选中的概率服从 logistic 分布，即对每个受访者而言，选定任意选择集中的两个备选方案 $i$ 和 $j$ 的概率完全不受其他选择集的系统效用的影响。

因此，受访者 $n$ 选择 $i$ 方案的概率如式（9-27）所示。

$$\text{Prob}(i \mid C) = \exp(\mu V_{ni}) \Big/ \sum_{j \in C} \exp(\mu V_{nj}) \tag{9-27}$$

式中：$\mu$—— 尺度参数，通常被假设为 1，表示效用未观测部分的方差不变（Casey et al., 2008）。

如果不考虑随机误差项，受访者的总效用函数即可以用属性向量（$X_1$，$X_2$，…，$X_n$）的线性函数表示［如式（9-28）所示］。

$$V_{ni} = \beta X_{ni} \tag{9-28}$$

式中：$\beta$—— 属性的参数估计；

$X$—— 可观测的属性向量。

因此，式（9-27）可表示为

$$\text{Prob}(i \mid C) = \exp\left(\mu X_{ni}\right) \Big/ \sum_{j \in C} \exp\left(\mu X_{nj}\right) \tag{9-29}$$

这种将“类别特质”以及“经济个体特质”对类别选择的影响估计出来的模型被 McFadden（1974）取名为“条件 Logit 模型”。对模型的参数 $\beta$ 值的估计，可以用极大似然法计算，用于计算的对数似然函数为

$$\ln L = \sum_{n=1}^{N} \sum_{j \in C} Y_{ni} \ln \text{Prob}(i \mid C) \tag{9-30}$$

式中：$Y_{ni}$—— 虚拟变量，当受访者 $n$ 选择方案 $i$ 时，$Y_{ni}$=1，反之，选择选择集 $C$ 中的其他方案时，$Y_{ni}$=0。

$\beta$ 值具有边际贡献的经济意义。通过将移民安置方案中的环境、社会、文化属性的系数与经济属性的系数进行比值计算，可以算出各属性在自水平发生变化时产生的价值变化，即估算各属性的隐含价格，一般可用边际属性支付意愿MWTP来表示(Morrison et al.，2002)，表达式如式（9-31）所示。

$$\text{MWTP} = -\beta_{\text{attribute}} / \beta_{\text{cost}} \tag{9-31}$$

式中：$\beta_{\text{attribute}}$ 和 $\beta_{\text{cost}}$ —— 选择实验设计的特征属性与经济属性项的系数。

在本研究中，对各属性的支付意愿表示移民为了得到该属性的一个水平的改进所愿意放弃的补偿金额。

此外，根据Hanemann（1999）需求理论的福利测试公式，还可以进一步计算由于属性变化引起的选择实验的福利变化，即补偿剩余CS［compensating surplus，如式（9-32）所示］。

$$\text{CS} = -\frac{1}{\beta_{\text{cost}}}\left(V_{t_1} - V_{t_2}\right) = -\frac{1}{\beta_{\text{cost}}}\left(\beta_{t_1} X_{t_1} - \beta_{t_2} X_{t_2}\right) \tag{9-32}$$

式中：$V_{t_1}$ 和 $V_{t_2}$ —— 受访者在不同属性状态 $X_{t_1}$ 和 $X_{t_2}$ 时的效用水平。

### 9.4.3 方案比选与实验设计

#### 9.4.3.1 方案比选

本研究旨在通过对安置区移民的生态保护意愿进行观察，为制定安置区生态补偿奠定基础。对于受访者意愿的调查，可以从WTA和WTP两个不同的角度去测量，但由于禀赋心理等因素影响，使得WTA的结果一般要高于WTP的结果，即个体对于失去某种商品而愿意接受补偿的价值往往高于为得到某种商品而愿意支付的价值。因此，在选择实验设计之前需要先通过一些预实验研究来确定意愿调查的方式。

由于西藏研究区位置偏远，且由于语言问题等沟通障碍，使得对移民调研的难度较大。因此，为了提高对移民意愿评估的有效性，本研究先选择距离比较近的类似的研究区——北京密云水库保护区进行预实验研究。密云水库是北京重要的饮用水水源地，根据密云新城规划，为了保护水源地的生态环境，以密云水库为中心，将密云划为水库上游生态涵养区和水库下游城镇发展区。涵养区按与水库的距离和影响水源程度划为水源一级保护区、二级保护区和三级保护区，保护区内部分居民将迁到密云镇新城、通州、顺义等地。因此，本次预调研则针对密云水库水源地居民的WTA进行调查，即为保护水源地生态环境，水源地居民愿意改变原有生产生活方式而接受的补偿费用。

为此，在2012年4月对密云水源保护区内的150余户家庭进行入户调查，共获得有效问卷 148 份。根据调研结果（Xu et al.，2015），得出密云水源地居民平均的受偿意愿为 1 186 元/（人·a）。结合受访者的个体特征，对调研获得的 WTA 进行 Tobit 回归分析，发现影响 WTA 的主要因素有受访者距离水库的距离（dis）、工作类型（job）以及对生态保护的态度（att）。具体结果如表 9-15 所示。

表 9-15 WTA 的 Tobit 回归结果

| 变量 | 系数（$P$ 值） | 边际影响 |
|---|---|---|
| dis | −329.33**（0.027） | 246.76 |
| job | −183.91***（0.007） | 137.80 |
| att | 300.02***（0.007） | 224.80 |
| constant | 1 425.45***（0.001） | |
| number of observations | 148 | |
| Log-likelihood | 927.45 | |
| $LR^2$（3） | 19.91 | $y$ = 1 130.00 |

** 表示在 5% 的水平上显著；
*** 表示在 1% 的水平上显著。

#### 9.4.3.2 旁多水库移民安置选择实验设计

基于密云库区的预实验研究结果，对比旁多水库的实际情况，在进行选择实验设计之前，选用 WTP 或 WTA 方式对旁多库区移民调研的合理性进行分析。

①根据实际调研，自 2011 年开始，旁多水电移民每年获得 600 元/人的生活补贴，因此，在已获得补贴的情况下，研究其受偿意愿并不能够反映出其实际的意愿偏好。

②旁多移民安置后的整体生活条件不及搬迁前的生活条件。因此对安置区的移民，询问其为了获得更好的生活条件而愿意支付的费用，更能准确地反映移民在安置前后的效用变化。在此基础上再询问其保护新居住区生态环境的意愿，逻辑更为通顺。

③此外，根据密云库区的评估结果，基于 WTA 的 1 186 元/（人·a）的补偿水平远高于旁多现有的补偿水平，难以实现。

因此，选用 WTP 方式对安置后的移民福利水平变化进行实验设计，主要步骤如下。

（1）选择实验设计，即属性及水平值的定义

这部分的核心问题是选择集的设计，每一个选择集中包括一个对照方案和若干备选方案，每一个方案都是由若干属性及相应的水平组成。

本研究的选择实验设计旨在获得移民在安置前后的福利变化，因此移民安置的选择集的属性需要根据影响移民生活的各关键因素确定。移民福利的变化受西藏独特的自然条件、社会人文特点的影响。根据实地走访和调查，移民普遍反映现阶段的生活不如移

民之前的生活，在自然环境和社会人文等方面都受到了不同程度的影响。因此本研究分别从环境、社会、文化、经济 4 个方面确定构成移民安置方案的各个属性，并基于此构建西藏水电开发移民的福利变化核算体系。通过入户座谈，了解旁多水电移民的生产方式、生活习惯、社会习俗以及对生活环境等方面的需求，进一步确定表征各属性的指标和水平，如表 9-16 所示。

表 9-16　移民安置选择实验的属性及水平范围

| 属性 | 生态环境属性 | 社会属性① | 文化属性① | 经济属性 |
|---|---|---|---|---|
| 指标 | 周边绿地面积 | 人际关系改善 | 宗教活动便利性 | 支付费用/元 |
| 水平 | 0，10%，20% | 是，否 | 是，否 | 0，30，50 |

① 属性水平的改善程度是指恢复到移民安置之前。

①生态环境属性：该属性设计主要是基于移民对安置区的自然环境属性的需求。旁多水电开发涉及的移民绝大多数是农牧民，因此从对居民的问谈中了解，移民们都希望生活在周边有大量的草地、森林等植被覆盖度高的环境中，以方便放牧劳作。为此，本研究选取“周边绿地面积”作为自然环境属性的代表指标，用以体现移民对自然环境属性的意愿偏好，这一属性对应的水平赋值为 0、10%和 20%，分别表示无变化、当前的周边环境的植被覆盖度增加 10%（表示恢复到移民之前的水平）和当前的周边环境的植被覆盖度增加 20%（表示比移民之前的水平还好）。

②社会属性：该属性设计主要是基于移民对安置区内融洽的人际关系的需求。根据实地了解，移民多习惯于集体生活，很多移民家庭是祖孙三代十几口人一起生活。因移民搬迁，很多家庭需要进行分家以方便安置，因此对于这些移民来说，搬迁后的社会关系在一定程度上影响其福利水平。此外，大部分的旁多移民是靠后安置，安置的移民与当地的村民有相似的生产生活方式，需要依靠草场进行放牧维持生计。而常因共用资源问题，本地居民与外来安置的移民产生矛盾冲突，如在达龙村就经常有争端事件发生。这些问题都严重影响了移民的福利水平，也影响了当地的生态环境保护。为此，本研究选取“人际关系”作为社会属性的代表指标，将其水平设置为二元变量，是否改善移民之前的人际关系，用以体现移民在安置生态补偿方案对社会属性的需求。

③文化属性：该属性设计主要是基于移民对在安置区内开展宗教活动便利情况的需求。根据实地调查，旁多水电移民全部为藏族群众，在他们的文化信仰中，他们尊重山、水、自然，相信来生，常去附近的寺庙进行朝拜、转经、祈祷。在他们的文化理念中，对于自然环境是尊重的态度。因此，在安置区内是否方便他们前往寺庙进行朝拜等活动也严重影响移民的福利水平，也影响着库区生态环境的保护。而旁多水库修建淹没旁多

乡，也淹没了通往上游唐古乡的道路，而唐古乡的热振寺正是旁多乡村民在水电开发前的主要活动场所。为此，本研究选取“宗教活动便利性”作为文化属性的代表指标，这一属性水平也设为二元变量，是否改善到移民安置之前的便利程度，用以体现移民安置生态补偿方案的文化属性。

④经济属性：为改善安置区的生活条件而支付的费用。经济属性是选择实验设计的重要组成部分，是用于衡量其他属性价值的重要依据。因此，该属性也用于表示受访者愿意为改善其他的属性水平而支付的费用。本研究通过预调查来确定移民们对改善移民安置条件的支付愿意，在开放式的问卷调查中，每年每人支付 30 元和 50 元的概率出现较高，因此将 0 元、30 元、50 元设为移民安置生态补偿方案经济属性的不同水平。

根据表 9-16 列出的选择实验的属性和水平，共能获得 36 种不同的组合进行正交试验，共获得 16 组具有代表性的组合，将其随机分成 8 组，每组有 2 个组合作为备选组。再将所有属性的当前水平作为参照组，与被选组共同组成 1 个选择集，即共有 8 种选择集，每个选择集 3 个选项，如表 9-17 所示。

表 9-17　移民安置选择实验的 8 种选择集

| 选择集 1.　请选择您更喜欢的生活情境 | | | |
|---|---|---|---|
| 人际关系 | 不改善 | 不改善 | 维持现状 |
| 周边绿地面积 | 当前绿地面积增加 10% | 当前绿地面积增加 20% | |
| 宗教活动便利性 | 不改善 | 改善 | |
| 支付费用 | 30 元/（人·a） | 50 元/（人·a） | |
| 选项 | A | B | C |
| 选择集 2.　请选择您更喜欢的生活情境 | | | |
| 人际关系 | 改善 | 不改善 | 维持现状 |
| 周边绿地面积 | 不改善 | 当前绿地面积增加 10% | |
| 宗教活动便利性 | 不改善 | 不改善 | |
| 支付费用 | 30 元/（人·a） | 50 元/（人·a） | |
| 选项 | A | B | C |
| 选择集 3.　请选择您更喜欢的生活情境 | | | |
| 人际关系 | 改善 | 改善 | 维持现状 |
| 周边绿地面积 | 当前绿地面积增加 20% | 当前绿地面积增加 10% | |
| 宗教活动便利性 | 不改善 | 改善 | |
| 支付费用 | 30 元/（人·a） | 50 元/（人·a） | |
| 选项 | A | B | C |

| 选择集 4. 请选择您更喜欢的生活情境 | | | |
|---|---|---|---|
| 人际关系 | 改善 | 不改善 | 维持现状 |
| 周边绿地面积 | 不改善 | 当前绿地面积增加 10% | |
| 宗教活动便利性 | 改善 | 改善 | |
| 支付费用 | 30 元/（人·a） | 50 元/（人·a） | |
| 选项 | A | B | C |

| 选择集 5. 请选择您更喜欢的生活情境 | | | |
|---|---|---|---|
| 人际关系 | 不改善 | 改善 | 维持现状 |
| 周边绿地面积 | 当前绿地面积增加 10% | 不改善 | |
| 宗教活动便利性 | 改善 | 改善 | |
| 支付费用 | 30 元/（人·a） | 50 元/（人·a） | |
| 选项 | A | B | C |

| 选择集 6. 请选择您更喜欢的生活情境 | | | |
|---|---|---|---|
| 人际关系 | 不改善 | 改善 | 维持现状 |
| 周边绿地面积 | 当前绿地面积增加 20% | 当前绿地面积增加 10% | |
| 宗教活动便利性 | 不改善 | 不改善 | |
| 支付费用 | 30 元/（人·a） | 50 元/（人·a） | |
| 选项 | A | B | C |

| 选择集 7. 请选择您更喜欢的生活情境 | | | |
|---|---|---|---|
| 人际关系 | 不改善 | 改善 | 维持现状 |
| 周边绿地面积 | 当前绿地面积增加 20% | 当前绿地面积增加 10% | |
| 宗教活动便利性 | 不改善 | 不改善 | |
| 支付费用 | 50 元/（人·a） | 30 元/（人·a） | |
| 选项 | A | B | C |

| 选择集 8. 请选择您更喜欢的生活情境 | | | |
|---|---|---|---|
| 人际关系 | 不改善 | 改善 | 维持现状 |
| 周边绿地面积 | 不改善 | 当前绿地面积增加 20% | |
| 宗教活动便利性 | 改善 | 不改善 | |
| 支付费用 | 30 元/（人·a） | 50 元/（人·a） | |
| 选项 | A | B | C |

（2）问卷设计

本次问卷调查对象为藏族群众，因此问卷语言使用汉语和藏语两种版本。经预调查发现，受访者的受教育程度普遍较低，对语言文字的理解能力不高，因此问卷内容需要简洁清楚，要保证调查内容全面，但问题设计也不宜过多。经修改完善，确定本调查问卷共 16 道题，主要调查 4 个方面内容。第一部分是调查受访者的个人社会经济信息，包括年龄、性别、教育程度、家庭年收入等；第二部分是调查水电开发建设对受访者影响情况，包括对水电开发和移民的态度、安置前后的生活状况变化、受影响的类别；第三部分是调查受访者对移民补偿和安置的需求，包括对现有补偿安置的满意情况、偏好的补偿方式、需要进一步开展的补偿内容以及愿意接受的补偿金额；第四部分是调查受访者对移民安置生态补偿方案的选择。其中第四部分也是问卷设计的核心部分，根据设计共有 8 种选择集，因此也有 8 个版本的调查问卷。

（3）预调查与偏差应对措施

在问卷正式调查之前，需要先进行预调查，主要检验问题内容是否清楚、问卷长度是否合适、选择集设计是否合理等，对不完善的地方进一步修改完善。通过预调查还可以得出哪种调查方式更易实施、访问过程中容易出现哪些问题等，进而对正式调研及研究中可能产生的偏差进行分析并提出应对措施。

本次预调查在宁布村进行，主要是考虑到宁布村既有靠后安置在本村的居民，也有迁入的其他村的居民，成为宁布新村，因此涉及移民类型比较全面。通过预调查，发现在调查过程中容易出现以下问题而使调查结果带来偏差，具体分析如表 9-18 所示。

表 9-18　选择实验问卷调查过程中的可能偏差及应对措施

| 偏差类型 | 偏差描述 | 应对措施 |
| --- | --- | --- |
| 经济属性设计偏差 | 个人支付的水平可能设计偏高，使得受访者拒绝选择 | 通过预调查确定经济属性的合适范围 |
| 不反映偏差 | 受访者因有所顾虑而不参与作答或保留真实意愿 | 告诉被访者本问卷调查是匿名作答，且本研究仅用于科研，以消除被访者的疑虑，让其反映真实意愿 |
| 语言偏差 | 调查区的藏族群众不懂汉语，对藏文也不识字，沟通障碍影响调查结果 | 聘用有高等教育背景的藏族调研助理，全程协助翻译，并尽量选择集体调研方式 |
| 信息偏差 | 受访者未能理解调查的全面信息而产生的偏差 | 询问是否理解问题，辅助其思考和辨别 |
| 调查者偏差 | 不同调查者的调查或询问方式不同，对受访者的选择也有影响，会影响最终的评估结果 | 对调查者进行培训，并对当日调研情况及时反馈 |
| 调查时间偏差 | 问卷调查时间过长，被调查者容易随意作答 | 控制问卷调查时间≤30 min |
| 策略性偏差 | 受访者试图征求调查人员对问题的看法，而按调查者的想法填写问卷，隐瞒自己的真实偏好 | 要求调查人员不得干扰受访者的选择 |

（4）选择实验调查

根据旁多水电移民安置的实施规划，截至本研究调研时间2014年，旁多乡和部分唐古乡的主要安置工作已经完成。其中旁多乡旁多村完全被水库淹没，旁多村的150户居民移民安置到达龙村、帮多村、恰扎村和巴容村，其余的宁布村、加给村、日布村、江多村受影响的居民为在本村靠后安置。根据预调查的问题总结及各村落安置的不同特点，以有效收集信息为原则，本研究使用藏语进行问卷设计，共采取入户访谈、定点访谈和集中约谈三种方式，对可获取的共100户移民家庭都进行了问卷调查，覆盖总样本数量的70%。调查时间总计16天，从2014年7月25日到8月5日，获得91份有效调查问卷，各村的调查情况如表9-19所示。

表9-19 旁多水电移民选择实验问卷调查分布

| 指标 | 宁布 | 加给 | 达龙 | 帮多 | 日布 | 恰扎 | 巴容 | 江多 |
|---|---|---|---|---|---|---|---|---|
| 移民类型 | I | I | II | II | I | II | II | I |
| 移民安置户数/户 | 128 | 65 | 26 | 56 | 19 | — | — | 30 |
| 调研人数/人 | 24 | 13 | 17 | 17 | 13 | 1 | 2 | 4 |

① “—”表示数据缺失。

（5）选择数据收集

选择数据的收集和处理是选择实验研究的关键，受访者的每次选择结果其实是一系列数据，包括受访者选择的属性水平和未选择的属性水平，以及受访者的个人社会经济背景数据。

（6）结果分析

根据问卷获得信息，对移民的选择偏好进行分析和评估。根据选择实验的随机效用理论，建立随机效用模型，测算移民对不同属性水平的边际支付意愿，进而得出由不同属性水平组成的各选择方案的相对价值，由此也可以对移民在安置前后的福利水平变化进行评估。

## 9.4.4 移民福利变化评估

### 9.4.4.1 受访移民基本情况分析

①受访者的个人社会经济信息：从调查的结果来看，接受调查的移民主要是男性。在入户调查的过程中，只要是有男子在家，接待外来人的都是男子，因此回答问题的也多为男性。受访者的年龄分布较为合理，65%的被调查者集中在31～60岁。近85%的受

访者是农牧民，在移民安置过程中受到了很大程度的影响。旁多水电移民的受教育程度很低，89%的受访者有小学及以下的教育水平。移民的收入水平普遍偏低，有 79%的受访者年收入低于 5 000 元。具体数据分析如表 9-20 所示。

表 9-20 受访者的基本情况统计

| 项目 | 内容 | 人数 | 比例/% |
|---|---|---|---|
| 性别 | 男 | 73 | 80.22 |
| | 女 | 18 | 19.78 |
| 年龄 | ≤20 岁 | 1 | 1.10 |
| | 21～30 岁 | 9 | 9.89 |
| | 31～45 岁 | 37 | 40.66 |
| | 46～60 岁 | 23 | 25.27 |
| | ＞60 岁 | 21 | 23.08 |
| 职业 | 农/牧民 | 77 | 84.62 |
| | 个体户 | 1 | 1.10 |
| | 无业/待业 | 10 | 10.99 |
| | 干部 | 3 | 3.30 |
| 文化程度 | 小学及以下 | 81 | 89.01 |
| | 初中 | 8 | 8.79 |
| | 高中 | 2 | 2.20 |
| 个人年均收入/元 | 1 000～3 000 | 56 | 61.54 |
| | 3 000～5 000 | 16 | 17.58 |
| | 5 000～10 000 | 8 | 8.79 |
| | ＞10 000 | 11 | 12.09 |

②移民安置对受访者影响情况：超过半数的受访者表示支持水电项目和移民安置，24%的受访者支持水电项目，但反对移民，而11%的受访者对水电项目和移民都持否定态度。近半数的受访者表示水电开发后的生活水平下降，26%的移民表示水电开发后的生活水平有提高，但他们补充说明是因为得到一定的补贴，当前的生活水平有所提高，等补贴不再发放时的生活水平还不知道。针对水电开发带来的不利影响，根据受访者的选择结果，按影响的严峻程度，依次为耕地/牧场的丧失、生活习惯改变、房屋栖息地改变、社会活动交往的改变。具体的数据分析如图 9-15～图 9-18 所示。

③受访者对移民补偿的需求：仅有 28%的受访者对现有补偿安置的情况满意，60%的受访者不满意当前的补偿安排。大部分受访者选择的补偿方式是资金补偿，也有小部分人群选择实物补偿方式，对此很多移民解释对实物（如草地）的补偿是藏族群众更需要的，但从目前的补偿实施情况，资金补偿更为容易获得，比较有保障，因此他们选择

资金补偿。针对需要进一步开展的补偿内容，受访者们最需要的依次为提高补偿标准，建设水、路设施，改善文教卫生条件，改善农村生态环境，以及再迁移，如图 9-18 所示。

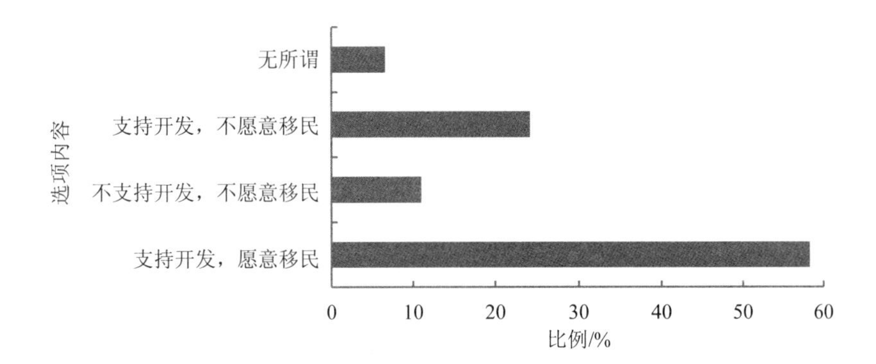


图 9-15　移民对水电开发和移民安置的态度

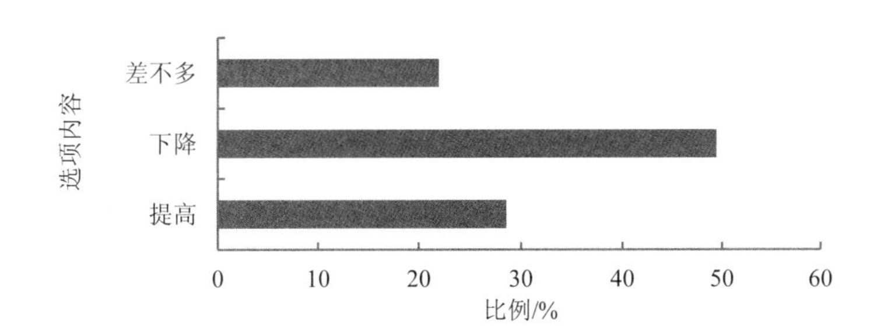


图 9-16　移民安置前后生活水平对比

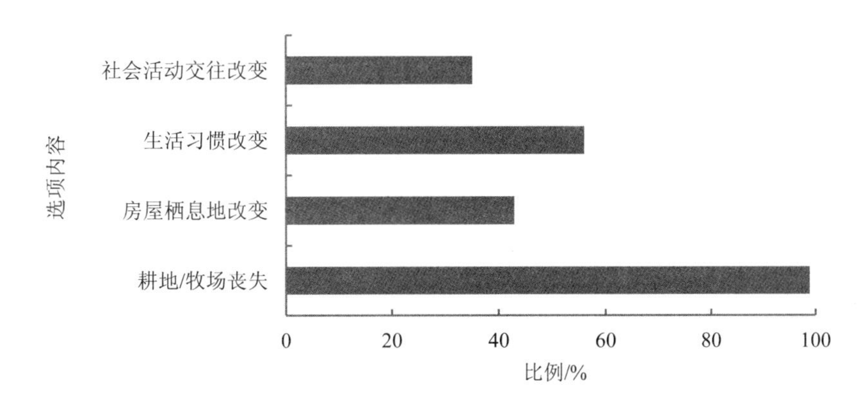


图 9-17　移民认为搬迁带来的不利影响

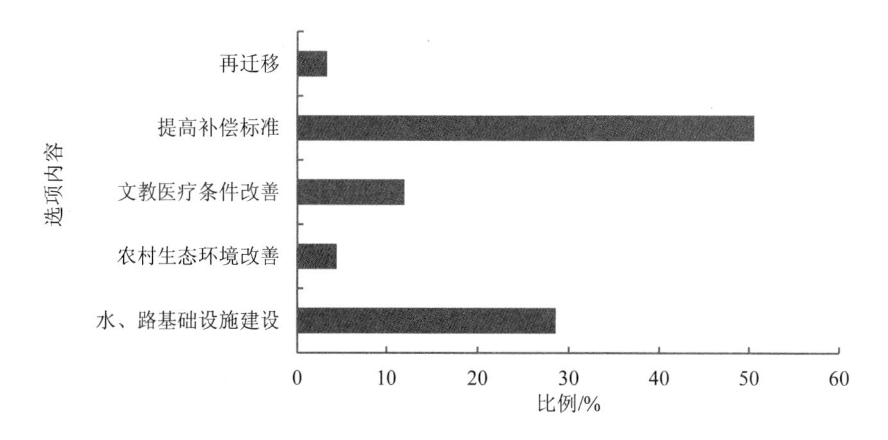


图 9-18　移民进一步的补偿需求情况

#### 9.4.4.2　不同移民安置类型的问题分析

通过对移民的问卷调查，可以看出不同安置村的移民的补偿需求不同，通过实地调研发现旁多水电移民安置存有很多问题。由于不同安置类型的移民所受的影响程度不同，因此各类型的移民面临的矛盾问题也各不相同。对此，本研究分别针对Ⅰ类和Ⅱ类移民安置，对现阶段旁多水电移民在安置区的生活困境进行归类分析。

对于Ⅰ类移民安置，即部分生产生活用地被淹没的居民家庭，在本村后靠安置，根据调查，他们在安置后面临的困难主要包括用水短缺、道路中断、房屋崩裂、生活环境不安全。

对于Ⅱ类移民安置，即居民的所有生产生活用地全被淹没，需要外迁邻村安置的移民，他们在安置后面临的困难主要包括补偿短缺、社会矛盾、文化保护不完善。

根据以上的总结分析，可以看出旁多水电移民安置给移民福利带来了严重影响，涉及环境、社会、文化、经济等各个方面，结合上述对移民的基本情况分析和不同移民类型的问题分析，下面将根据移民的选择结果，对移民在各方面的福利损失进行定量分析。

#### 9.4.4.3　移民福利变化的量化分析

本研究构建两种 Logit 模型对受访者的效用水平进行分析。第一个模型为选择模型，以选择方案的属性水平作为效用函数的变量，以受访者的决策选择结果作为被解释变量构建模型。选择模型主要用于检验各属性及水平在不同的安置补偿方案中的重要程度。第二个模型为完全模型，与选择模型不同的是，完全模型构建的效用函数变量包括选择方案的属性水平和受访者的社会经济信息两部分，该模型意在检验受访者的个人异质性对选择结果的影响程度。

两种模型中的变量定义及赋值方式如表 9-21 所示。

表 9-21 模型的变量及赋值

<table>
<tr><th>变量属性</th><th>变量名称</th><th>定义</th><th>变量赋值</th></tr>
<tr><td>因变量</td><td>Choice</td><td>选择方案</td><td>0=未选中该选项；1=选中该选项</td></tr>
<tr><td rowspan="15">自变量</td><td>Env_moderate</td><td>周边植被覆盖度增加10%</td><td>0=未选中该选项；1=选中该选项</td></tr>
<tr><td>Env_good</td><td>周边植被覆盖度增加20%</td><td>0=未选中该选项；1=选中该选项</td></tr>
<tr><td>Env_status equo</td><td>周边植被覆盖度无变化</td><td>0=未选中该选项；1=选中该选项</td></tr>
<tr><td>Soc_improve</td><td>人际关系改善</td><td>0=未选中该选项；1=选中该选项</td></tr>
<tr><td>Soc_status equo</td><td>人际关系不改善</td><td>0=未选中该选项；1=选中该选项</td></tr>
<tr><td>Rel_improve</td><td>宗教活动便利性改善</td><td>0=未选中该选项；1=选中该选项</td></tr>
<tr><td>Rel_status equo</td><td>宗教活动便利性不改善</td><td>0=未选中该选项；1=选中该选项</td></tr>
<tr><td>subject</td><td>受访用户的编号</td><td>1～91</td></tr>
<tr><td>Cost</td><td>支付费用</td><td>0 元/（人·a）；30 元/（人·a）；50 元/（人·a）</td></tr>
<tr><td>gender</td><td>性别变量</td><td>1=男；2=女</td></tr>
<tr><td>age</td><td>年龄变量</td><td>1=20 岁以下；<br>2=21～30 岁；<br>3=31～45 岁；<br>4=46～60 岁；<br>5=60 岁以上</td></tr>
<tr><td>education</td><td>教育变量</td><td>1=小学及以下；<br>2=初中；<br>3=高中；<br>4=本科及以上</td></tr>
<tr><td>income</td><td>收入变量</td><td>1=1 000～3 000 元；<br>2=3 000～5 000 元；<br>3=5 000～10 000 元；<br>4=10 000 元以上</td></tr>
<tr><td>attitude</td><td>态度变量</td><td>1=支持水电开发，愿意移民；<br>2=不支持水电开发，不愿意移民；<br>3=支持水电开发，不愿意移民；<br>4=无所谓</td></tr>
</table>

运用 Stata10.0 软件 clogit 和 mlogit 命令，构建选择模型和完全模型，对样本数据进行最大似然估计；分别对两个模型进行计算，结果如表 9-22 所示。

表 9-22 模型的评估结果（选择模型和完全模型）

| 变量名称 | 选择模型 | | 完全模型① | |
|---|---|---|---|---|
| | 系数 | $P>\|Z\|$ | 系数 | $P>\|Z\|$ |
| Soc_improve | 0.56* | 0.100 | 0.78 | 1.00 |
| Env_moderate | 1.18** | 0.008 | 0.93 | 1.00 |
| Env_good | 1.66*** | 0.000 | 2.15 | 1.00 |
| Rel_improve | 0.82** | 0.042 | 0.79 | 1.00 |
| Cost | −0.013* | 0.054 | 0.70 | 1.00 |
| gender | | | −1.41* | 0.08 |
| age | | | −0.46 | 0.18 |
| education | | | 0.39 | 0.61 |
| income | | | −0.33 | 0.31 |
| attitude | | | −0.37 | 0.31 |
| constant | | | −4.78** | 0.03 |
| Prob＞$chi^2$ | 0.00 | | 0.00 | |
| Pesudo-$R^2$ | 0.104 | | 0.40 | |
| Log likelihood | −90.75 | | −24.78 | |
| number of individuals | 91 | | 91 | |
| number of objects | 276 | | 91 | |

① 在完全模型中，以base(0)选择维持现状作为比较的基准结果，设定Choice=1，表示选择A方案或B方案；Choice=0，表示选择 C 方案，维持现状。

*** 表示在 1% 的水平上显著，** 表示在 5% 的水平上显著，* 表示在 10% 的水平上显著。

从模型结果来看，两个模型的 Pesudo-$R^2$＞0.1，是在可以接受的范围内（Louviere et al.，2000）。完全模型的结果表明，受访者的个人属性对受访者的选择结果影响并不显著。在实地调查过程中，我们发现旁多移民群体主要为农牧民，移民们具有相似的生产方式，虽然不同类型的移民受到的问题困难不同，但是他们的个人异质性对于移民安置生态补偿方案的选择没有较为明显的影响。这也反映出受访者对于移民安置生态补偿方案的选择取决于方案自身的要素特征。

从选择模型的结果来看，社会关系、环境质量、宗教文化、经济成本各变量对选择结果的影响显著。表 9-23 中系数的符号反映了所设置属性对移民效用的正负影响，系数值的大小反映了各属性在相应水平下对移民效用的相对重要性。可以看出，周边绿地面积增加、宗教文化活动便利性改善以及社会人际关系改善都为移民效用带来了正面影响。即移民安置的环境质量越好，宗教活动越便利，人际关系越友好，移民的效用越高。而经济成本的系数为负，也表示成本越高，对应属性集被选择的概率越低。从各属性水平来看，Env_good（1.66）带来的效用最多，相对重要性最高，Env_moderate（1.18）和 Rel_improve（0.82）次之，Soc_improve（0.56）相对重要性最低。为进一步解释各属性水平对移民选择的边际影响，可计算出各属性水平的机会比（Odds ratios=exp{$\beta_j$}）（Hamilton，2012），即得出由某一属性水平引起的被选概率变化的相对值。同时根据式（9-31）计算出移民对每种补偿属性水平的边际支付意愿，以上结果如表9-23所示。

表9-23 选择实验的属性重要性排序和边际属性支付意愿

| 变量名称 | 系数 | 机会比 | 排序 | MWTP/元 |
| --- | --- | --- | --- | --- |
| Soc_improve | 0.56 | 1.75 | 4 | 43.08 |
| Env_moderate | 1.18 | 3.22 | 2 | 90.00 |
| Env_good | 1.66 | 5.26 | 1 | 127.69 |
| Rel_improve | 0.82 | 2.27 | 3 | 63.08 |
| Cost | −0.013 | 0.98 | 5 | — |

根据以上结果，各方案属性的重要程度排序依次是环境属性、文化属性、社会属性。从具体的属性指标的机会比来看，如在其他属性水平不变的情况下，基准方案中“周边绿地覆盖率”从当前状态增加到10%，该方案被选中的概率会增加3.22倍，受访者的社会福利水平增加90.00元。而如果在其他属性水平不变的情况下，基准方案中“宗教活动便利性”得到改善，该方案被选中的概率会增加2.27倍，受访者的社会福利水平增加63.08元。而如果在其他属性水平不变的情况下，基准方案中“人际关系”得到改善，该方案被选中的概率会增加1.75倍，受访者的社会福利水平增加43.08元。

进一步分析，表9-23显示移民对各属性的MWTP为正值，表明受访者对当前的补偿情况在环境-社会-文化各方面都不满意，这与问卷前三部分内容的调查结果一致。具体来看，如果当前旁多移民在重新安置后的“人际关系”和搬迁之前的一样，移民们愿意为此支付43.08元；反之，如果不能得到改善保持原状，移民因为重新安置后社会人际关系不和谐而产生的福利损失为43.08元。同理，相比重新安置前，当前的旁多水电移民福利在环境和文化属性方面的损失分别是90.00元和63.08元。当前移民的福利水平总体下降了196.16元。

## 9.4.5 移民安置区的生态补偿核算

### 9.4.5.1 移民安置区的生态补偿标准

移民安置区生态补偿的实质是为了保护安置区的生态环境而对新安置的移民进行补偿。

根据表9-22的评估结果，旁多移民的福利损失来自移民安置后生态环境、宗教活动、人际关系等多方面因素。可以看出，为使旁多移民能够恢复到安置前的福利水平，还需要加强安置区的环境-社会-文化等方面的建设，若以货币来量化这些影响带来的福利损失，并以此为补偿依据，则各属性的补偿标准如表 9-24 所示。

表 9-24 基于福利变化测算的旁多移民补偿的标准

| 补偿项目 | 生态补偿 | 其他类型的补偿 | |
|---|---|---|---|
| | 生态环境属性 | 宗教文化属性 | 社会关系属性 |
| 补偿标准/[元/（人·a）] | [90.00，127.69] | 63.08 | 43.08 |
| 总补偿量[1]/元 | [3 916 800.0，5 557 068.8] | 2 745 241.6 | 1 874 841.6 |

① 旁多水电移民安置的生活补贴实施期限是 20 年，本研究的安置区生态补偿的补偿期与之一致。

其中，生态补偿的标准范围可设为 90.00～127.69 元/（人·a），具体含义是：

①以 90.00 元/（人·a）的标准可以补偿移民由于安置前后生态环境改变而产生的福利下降。

②以 127.69 元/（人·a）的标准不仅可以补偿移民由于安置前后生态环境改变而产生的福利下降，还能够提高移民的福利引导其保护生态环境。

#### 9.4.5.2 移民安置生态补偿方案设计

根据以上对移民安置的福利损失研究，可厘清影响旁多水电移民福利水平的关键要素包括绿地面积、宗教活动、人际关系、经济补贴 4 个方面。现阶段的移民福利水平成负值，表明目前旁多移民安置的补偿程度较低，还需要从环境-文化-社会等方面开展相应的补偿建设，提高移民福利，以促进库区社会和生态环境的共同发展。

根据移民对各属性的边际支付意愿，可以对不同移民安置生态补偿方案下的社会福利，即补偿剩余进行核算，从而为制定生态补偿方案提供参考。本研究的选择实验共有 11 种不同的生态补偿方案，结合式（9-32），可分别计算不同方案下，移民的社会福利增加情况（即补偿剩余的增加值）。计算结果如表 9-25 所示。

表 9-25 各补偿方案下增加的社会福利水平

| 选择方案 | 属性 | | | 社会福利增加值/元 |
|---|---|---|---|---|
| | 社会关系 | 自然环境 | 宗教活动 | |
| 现状 | 0 | 0 | 0 | 0 |
| 方案 1 | 0 | 0 | 1 | 63.08 |
| 方案 2 | 0 | 1 | 0 | 90.00 |
| 方案 3 | 0 | 1 | 1 | 153.08 |

| 选择方案 | 属性 | | | 社会福利增加值/元 |
|---|---|---|---|---|
| | 社会关系 | 自然环境 | 宗教活动 | |
| 方案4 | 0 | 2 | 0 | 127.69 |
| 方案5 | 0 | 2 | 1 | 190.77 |
| 方案6 | 1 | 0 | 0 | 43.08 |
| 方案7 | 1 | 0 | 1 | 106.16 |
| 方案8 | 1 | 1 | 0 | 133.08 |
| 方案9 | 1 | 1 | 1 | 196.16 |
| 方案10 | 1 | 2 | 0 | 170.77 |
| 方案11 | 1 | 2 | 1 | 233.85 |

注：0、1、2代表各属性水平。

根据核算，当前移民的福利水平总体下降了196.16元，因此方案9（196.16）和方案11（233.85）能够实现对移民安置福利损失的完全补偿。方案5（190.77）基本上能够实现对移民安置福利损失的基本补偿。其他方案仅实现对移民安置福利损失的部分补偿。因此，方案11是所有补偿方案中给移民福利带来最大提升的方案，即移民安置区的社会关系改善，周边绿地面积更多，宗教活动较为便利。结合现阶段旁多移民安置的问题困境和实地条件，对移民安置生态补偿方案设计如下。

①开垦草场和耕地：通过实地调查，有相当多的一部分移民倾向实物补偿，他们更依赖于放牧和耕地的劳作方式。因此，无论是从提高移民福利水平角度还是提高生态系统服务功能的角度，都需要开垦草场和耕地。

②增强库区植被保护：在移民安置区进行周边绿化工作，加强水土流失防护和现有植被保护，通过人工种树、改良草场等措施改善区域生态环境的同时，提高移民福利水平。

③加强人际关系建设：以村组为单位，定期组织集体活动，提高移民的归属感和集体感。

④加强宗教文化保护：一方面对在移民安置过程中破坏的文物进行补修，如修建白塔、吊桥；另一方面增加安置区的基础设施建设，包括道路交通的基础设施建设和社会文化的基础设施，根据移民的日常活动需求，如修建转经筒等。

#### 9.4.5.3 分析与讨论

本研究从移民的选择偏好出发，建立了一套复合的移民安置福利损失核算方法体系，对于厘清制约移民发展的关键要素、提出有效的移民安置生态补偿措施有着重要意义。本研究计算了西藏地区旁多水利工程移民安置的福利变化，确定了移民安置生态补偿内容和补偿方案。然而，在问卷调查、福利损失评估的过程中，受实际的制约因素和限定条件的影响，还需对研究结果进行深入的分析与讨论。

①受特殊的地理条件和社会文化的影响，少数民族地区的问卷调查具有一定的特殊性和局限性。实地问卷调查过程的影响因素主要包括三方面：第一，受涉藏地区特殊地理环境条件限制，适宜入藏的时间是6—8月，但该时期也是一些藏族群众入牧区的放牧时期。因此，在帮多村调查时发现很多移民家中无人或是只有妇女和老人在家，使得可获取的样本数量有限。第二，由于缺乏恰扎村和巴荣村的移民安置计划，实地调研过程中，仅能确认有 3 户是库区的搬迁户，在一定程度上可能影响样本的代表性。第三，语言沟通问题在一定程度上也给问卷调查增加了一些不确定性。

②由于本研究是针对已经移民安置的人群，因此在选择实验中的经济属性方面，支付意愿（WTP）比受偿意愿（WTA）更为合适。相比较而言，WTA 更适于在移民安置前的调查。然而，根据已有研究分析（Isoni et al.，2011），支付意愿（WTP）揭示的意愿偏好往往会低于“真实值”，为此，本研究的估算结果可视为保守估计，是补偿的下限要求。

③本研究的评估结果表明受访者的边际属性支付意愿水平都较低（＜100 元），这主要是受当前的补贴标准［600 元/（人·a)］的影响。值得注意的是，选择方案中各属性的隐含价格是根据移民在与现有补偿方案的对比选择而进行估算的结果。因此在一定程度上，本研究是以边际属性支付意愿来衡量移民在环境-社会-文化等方面的福利损失水平。更准确地说，这些非市场属性的隐含价格表征的是移民安置后在环境-社会-文化方面的福利损失程度，并不是实际的经济收入损失。因此移民安置的生态补偿需要从各属性的自身建设出发，根据藏族群众的实际需求和生活方式，如建设草场、修建转经筒等，从根本上提高移民的福利水平。

④本研究的移民安置生态补偿标准是基于移民安置后的福利损失而确定，而非全部的福利损失。需明确的是，移民的福利损失应该是现有的移民补偿标准和移民安置后的福利损失之和。在选择实验中，移民在补偿期的边际属性支付意愿水平默认保持不变，因此本研究的移民安置生态补偿期限与旁多移民现有的安置补贴政策期限一致。

### 9.4.6 小结

移民安置区是水电开发的间接影响区域之一，若对此实施生态补偿，能够更好地保护西藏地区脆弱的生态环境。本研究从移民的选择偏好出发，建立了一套基于移民福利变化的生态补偿核算体系。将选择实验法与随机效用模型有机结合，从环境-经济-社会-文化 4 个方面属性设计移民安置的情景方案及其交易市场；并根据移民选择行为测算移民对不同属性水平的偏好以及不同安置方案的福利水平价值变化差异，从而获得移民对各属性的偏好次序。一方面，本研究的安置区生态补偿是对现有移民安置的一种补充完善；另一方面，本研究识别出因安置前后的环境因素改变使得移民福利受损的部分，以及激励移民进行安置区生态保护的意愿。以西藏大型水利工程旁多水库移民为案例，重点考虑少数民族地区的社会文化特点，结果表明移民对各属性的边际支付意愿范围为43.08～127.69 元，对各属性的偏好顺序依次为自然环境、宗教文化、社会关系。在当前的移民安置条件下，移民的福利水平比搬迁之前下降了 196.16 元，安置区生态补偿的标准范围为 90.00～127.69 元/（人·a）。现阶段旁多移民的补偿程度较低，还需要采取环境、社会、文化的综合补偿方式提高移民福利，以促进库区社会和生态环境的共同发展。本章的研究内容是水电开发运行阶段生态补偿的重点内容，是对当前开展的水电开发生态补偿试点工作的重要补充。实施移民安置区的生态补偿，能够更好地保护西藏地区脆弱的生态环境。

# 第 10 章　西藏地区水电开发生态安全保障

建立可实施的生态补偿机制是实现流域水电开发生态安全保障的有效途径，生态补偿机制包括修复性机制和保护性机制。本章在前文水电开发的生态补偿理论方法及案例核算的基础上，分别对西藏地区水电开发的修复性生态补偿和保护性生态补偿机制要素进行讨论分析，为构建完善的西藏地区水电开发生态补偿机制提供建议。

## 10.1　水电开发生态补偿机制内涵与原则

### 10.1.1　水电开发生态补偿机制的内涵

生态补偿是一种管理手段，也是一种制度创新，通过形成相关法律、政策来引导和调整人与自然关系及社会主体之间的利益关系，实现生态保护以及经济与环境的协调发展。生态补偿机制就是为了保证生态补偿功能能够有效发挥，由生态补偿主体、客体、方式、标准等要素组织而成的一个具有稳定结构并能够发挥补偿作用的运作机制。

水电开发生态补偿机制概念模型如图 10-1 所示，该机制需要通过与生态系统和经济系统的相互作用来发挥生态补偿的功能，实现人类社会可持续发展的目标。人类通过水电开发活动获得生态系统的产品和服务，以满足经济发展的能源需求。而在这一过程中，因为环境外部性的存在，而使得生态系统和经济系统之间的物质和能量交换产生了一定的负面影响，影响了流域生态系统的生态功能和流域居民的经济利益。为此，水电开发生态补偿正是用于消除这些负面影响，通过实施补偿措施来内化环境成本，缓解流域资源开发和生态保护的矛盾冲突，保障流域生态-经济协调发展。在水电开发生态补偿机制中，补偿主客体、方式、标准相互影响、彼此牵制。水电开发活动的经济受益主体是补偿主体，需要向补偿客体（包括受损的生态系统和受影响的人群）进行补偿，而补偿方式和补偿标准需结合补偿主客体实际能力与需求设定。在水电开发的生态补偿实施过程中，需要将这些补偿主客体通过不同的补偿方式链接起来，即形成了生态补偿机制。

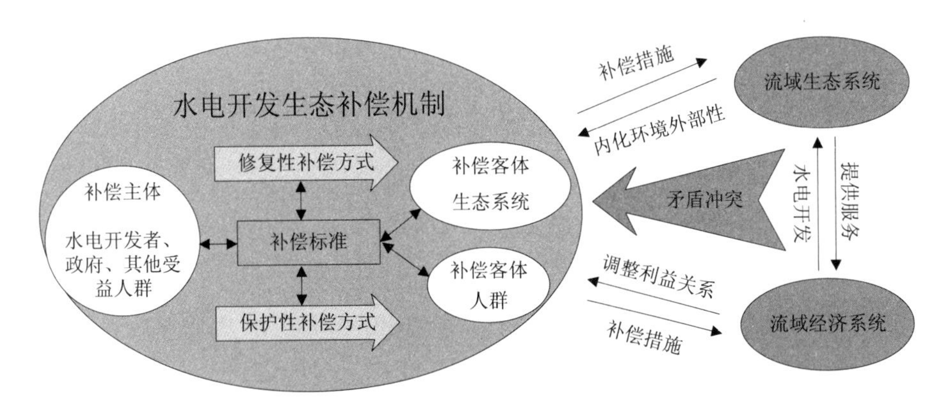


图 10-1　水电开发生态补偿机制的概念模型

水电开发的生态补偿是对水电开发的相关利益者为保护流域生态环境而进行生态保护和建设等行为活动及其制度保障的总称，包括对受损生态系统等的修复性生态补偿，也包括对库区和移民安置区的保护性生态补偿。而水电开发生态补偿机制就是将水电开发不同性质的生态补偿主体、补偿客体、补偿方式和补偿标准统筹考虑，按照水电开发生态保护发展的先后顺序，对各等级的水电生态补偿的各要素进行组织安排，恢复和保护流域的生态环境、促进人类发展和社会福利最大化。这一机制应该能全面反映水电开发生态补偿主客体的特点、需求、作用关系、补偿方式的选取原则，以及各补偿标准的依据和路径。换言之，水电开发生态补偿机制将解决水电开发全过程中“谁补偿谁”“补偿多少”“如何补偿”的三大问题。

### 10.1.2　水电开发生态补偿机制的基本原则

①公平性原则：生态环境是一种公共产品，人们享有平等的环境权和发展权。这种公平性原则既包括代内公平，即要求在水电开发过程中协调好国家、地方政府、企业和个人之间的利益关系；也包括代际公平，即要求当代人在开发活动过程中要兼顾后代人的利益。水电开发对流域生态环境带来不利影响，进而影响流域人群的日常生产生活，因此从公平性的原则上，需要对因水电开发而受到影响的利益人群和破坏的生态环境进行补偿。

②“谁开发，谁保护”原则：水电开发带来的诸多生态影响应该由水电开发者进行消除。水电开发者包括水电开发公司和相关政府部门，应遵循“谁开发，谁保护”的补偿原则，承担相应责任，对受损的生态环境和人群进行补偿。

③“谁受益，谁补偿”原则：这是针对水电开发的受益群体的补偿原则。水电开发以合理利用水资源为目的，同时兼顾防洪、灌溉、航运等各项功能。因此，在水电开发

运行阶段，以水电开发带来的各项经济效益为主，应遵循“谁受益，谁补偿”的补偿原则，由享受这些水电开发产生的产品和服务的受益人群承担相应补偿。

④政府主导原则：水电开发影响广泛、涉及利益群体众多，但在水电开发生态补偿机制中，这些生态补偿的主体和客体之间的利益关系并不是一一对应。为此，政府应充分发挥其主导作用，作为多方利益的协调者，引导各补偿主体按受益比例承担补偿量，并协调补偿资金在各部分的分配，保证生态补偿的有效实施。

⑤因地制宜原则：水电开发生态补偿具有明显的个体特征，因此在建立水电开发生态补偿机制的过程中，需要结合当地的实际情况和地区特点构建适宜的补偿机制。根据流域的自然环境、社会文化、经济条件等的特点，按切实的需求设计生态补偿内容和模式，如生态敏感的流域水电开发生态补偿侧重生态多样性的保护，而少数民族地区的水电开发生态补偿注重影响人群的社会文化需求。

⑥逐级建设原则：水电开发影响的多元性和阶段性特征，使得水电开发的生态恢复和保护是一项长期的工程。其生态补偿机制的建设需要在现有的征地补偿和移民安置基础上，逐级推行完善，实现对开发区域和安置区域的全面保护。

## 10.2 水电开发生态补偿机制的角色分析

目前生态补偿机制建立陷入困境，主要原因还是对各生态补偿要素分析不够明确。生态补偿机制的结构不完善，必然影响补偿功能的正常发挥。然而，水电开发的利益相关者众多，也使得建立水电开发生态补偿机制尤为困难。因此，将水电开发的相关利益者按其在水电开发生态补偿中的重要性和影响力，进行矩阵分析，分别识别各利益相关者在水电开发修复性生态补偿和保护性生态补偿机制中的作用。

①水电开发利益相关者在水电开发修复性生态补偿机制中的重要性/影响力矩阵如图 10-2 所示。

处于 B 区对水电开发生态补偿具有较高影响力和重要性的是国家和地方政府，虽然他们并不是水电开发最直接相关的利益群体，但他们是水电开发生态补偿机制的制定者和引导者。与之相对应的，C 区的利益相关者是生态补偿的监督者。尽管他们不能直接地参与水电开发生态补偿机制的制定，但是他们对流域受损生态系统的补偿内容、标准、方式等较为关注。A 区的利益相关者是当地生态环境保护的参与者与执行者，因此他们对水电开发生态损害补偿机制有较高的影响力。D 区中的群体是水电开发的利益获得者，因此他们需要共同承担流域受损生态系统的生态恢复与重建，对整个生态补偿机制建设极具重要性。

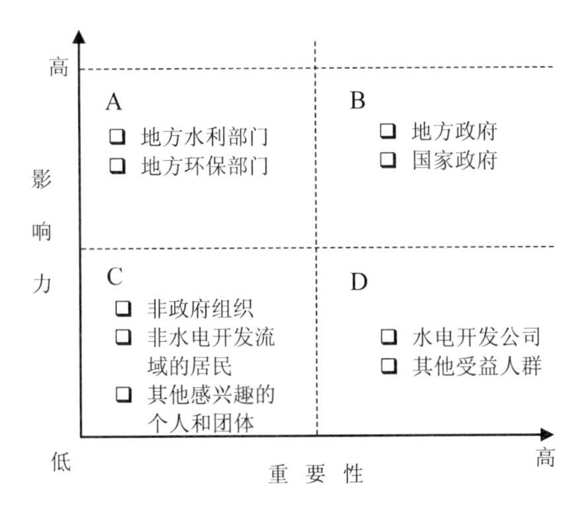


图 10-2 水电开发利益相关者在修复性生态补偿机制中的重要性/影响力矩阵

②水电开发利益相关者在水电开发保护性生态补偿机制中的重要性/影响力矩阵如图 10-3 所示。

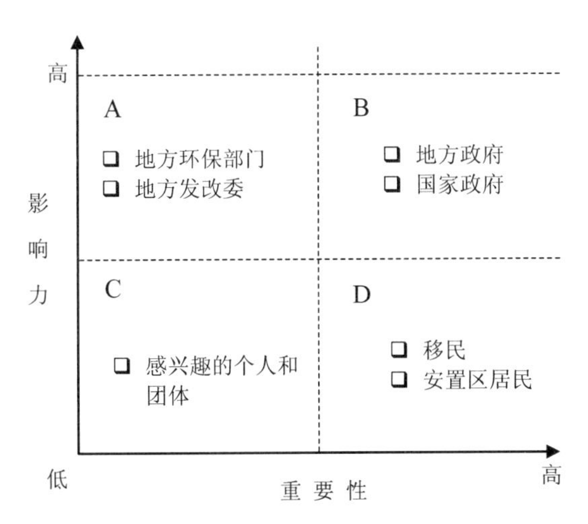


图 10-3 水电开发利益相关者在保护性生态补偿机制中的重要性/影响力矩阵

如图 10-3 所示，国家和地方政府仍然是库区和安置区生态保护和经济发展的重要支撑，因此他们依然在保护性的生态补偿机制中处于 B 区，具有较高影响力和重要性。与之相对应的，处于 C 区的主要是一些感兴趣的个人和团体。虽然他们的影响力和重要性都不高，但他们通过自己的方式关注库区和安置区的生态环境和社会发展，因此他们是 II 阶生态补偿机制的监督者。A 区的利益相关者是 II 阶生态补偿的参与者与执行者，引导移民保护生态环境，因此他们对水电开发生态保护补偿机制有较高的影响力。D 区中的群体是安置区的主要居住者，他们的生产生活与当地的生态保护密切相关，对整个生态补偿机制建设极具重要性。

根据以上对水电开发生态补偿机制中的角色分析，并结合旁多水电开发库区生态补偿、河流生态补偿以及安置区生态补偿的研究结果，下文将分别对建立西藏水电开发的修复性生态补偿和保护性生态补偿机制提供建议。

## 10.3 西藏地区水电开发的修复性生态补偿机制建议

水电开发修复性生态补偿的目的是对水电开发受损的生态系统的恢复和重建。基于此，该补偿机制的要素组成如下。

### 10.3.1 补偿主体

根据利益相关者在水电开发不同阶段的生态影响中的责任和地位，按照“谁开发，谁保护”原则，确定修复性生态补偿的补偿主体包括水电开发公司、水电开发受益者和政府部门。

①水电开发公司：在水电开发建设期，水电开发以生态影响为主，按照“谁开发，谁保护”的原则，水电开发者是最主要的责任主体，应承担相应补偿用于流域生态环境的恢复和建设。

②水电开发受益者：在水电开发运行期，以水电开发的综合效益为主，按照“谁受益，谁补偿”原则，补偿主体为水电开发所有受益人群。包括受电地区的电力用户、受水地区的用水户、灌溉用水户、防洪受益地区居民、旅游受益者等。

③政府：根据我国《水法》规定，“地方各级人民政府应当结合本地区水资源的实际情况，按照地表水与地下水统一调度开发、开源与节流相结合，节流优先和污水处理再利用的原则，合理组织开发、综合利用水资源”，因此政府是间接的水电开发者，是水电开发修复性生态补偿的重要主体。

### 10.3.2 补偿客体

补偿客体是主体间权利义务共同指向的对象。补偿是相对于损失而言的，水电开发Ⅰ阶生态补偿的客体是受损的生态系统与开发地区的居民和政府。

①受损的生态系统：库区和大坝的修建不可避免地破坏了水电开发区域的生态系统，包括淹没的陆地生态系统和水域生态系统。具体而言，水电开发降低了各类生态系统服务功能，如固碳释氧、水源涵养、土壤保持、净化环境等。水电开发造成的这些生态影

响的所有者或受益者难以明确。因此，补偿的对象是生态系统本身，具体来说是对各生态系统的服务功能的补偿。当然，这一类型的补偿也需要通过相关方采取措施进行生态修复和重建。因此这部分补偿的直接受体表现为生态恢复者和建设者。

②开发地区的居民和政府：水电开发会造成流域生态环境的破坏，导致生态服务功能下降，进而对开发地区的居民产生不利影响。水电开发的影响范围将涉及 3 个区域，即上游淹没区、近坝区和下游地区。其中，上游库区修建淹没大量土地，导致人口搬迁，农业、畜牧业、林业等产值下降，因此库区移民的利益会直接受到严重影响。近坝区居民受到的影响主要是水电工程建设过程中的爆破、废渣以及环境污染等。下游地区的居民主要是受到大坝运行过程中发生局部河道脱水对附近居民用水的影响。除此之外，流域生态环境破坏也会对当地原有的旅游、文化产业带来不利影响，地方政府可为这一部分的利益受损代表者。水电开发生态补偿需要对这些受影响的群体进行相应的补偿。

### 10.3.3 补偿方式

补偿方式是指生态补偿实施的具体途径，根据补偿对象的不同特点，有不同的补偿方式。在水电开发的修复性生态补偿机制中，对受损生态系统的生态补偿主要采取生态恢复、重建等项目和工程的补偿方式。

①项目补偿：一般是在流域上下游的相关利益群体之间开展的，通过项目的方式进行上下游利益关系协调，以保护生态环境、实现生态补偿。上游地区为了保护水资源的生态环境，丧失了一些发展机会，因此下游地区可提供一些新的产业项目，让上游地区共同参与，以弥补上游地区保护生态环境的机会损失。

②工程补偿：是生态环境破坏后用工程的补偿方式对库区淹没生境和开发的河流生境进行修复，包括水土保持、植被恢复、鱼类洄游等生态工程。

③移民安置：是对水电开发建设过程中需要开发区域搬迁的居民的补偿和安置，是移民补偿的一种特殊形式。

### 10.3.4 补偿标准

水电开发生态补偿标准并不仅仅是对影响损失的量化评估，而是需要依据不同生态补偿方式特点、补偿主客体等相关要素特征而确定。西藏水电开发修复性生态补偿标准，可包含以下几方面。

①法定补偿标准：指在相关法律法规里明确规定的不容许单方或双方拔高或降低的补偿标准。但是，一方面目前关于水电开发的生态补偿的法定标准比较有限，另一方面法定标准也比较限于资金、实物方式的生态补偿，对受损生态系统的恢复和重建作用非

常有限。

②基于支付意愿的标准：指水电开发者和其他水电开发的受益者愿意为改善流域受损生态环境而支付的费用。不同利益群体的支付意愿不同，与其受益程度、支付能力、自身特点等因素有关。受益者的支付意愿要小于其获得的效益。

③基于生态服务价值的标准：水电开发会对流域生态环境造成破坏，其降低的生态系统服务价值可作为对受损生境的生态补偿投入成本。

综上所述，水电开发生态补偿标准并不仅仅是某一类型的标准。根据对旁多水电工程的实地调研与研究，西藏地区水电开发修复性生态补偿需要在现有法定补偿标准的基础上，结合生态系统的价值损失和补偿者的支付能力适当提高。

## 10.4 西藏地区水电开发的保护性生态补偿机制建议

水电开发的保护性生态补偿的目的是对水电开发所影响的库区和安置区的生态环境进行保护，保障移民区域的稳定发展。基于此，该补偿机制的要素组成如下。

### 10.4.1 补偿主体

水电开发保护性生态补偿机制是一种对水电开发影响区域生态环境的保障机制，应由地方政府制定相应的补偿政策。

### 10.4.2 补偿客体

水电开发的保护性生态补偿的客体包括移民和生态保护者。

①移民：库区修建会淹没一部分居民的房屋、耕地、草地等，因而需要这部分居民搬迁，因此移民是水电开发过程中利益损失最直接的群体。与此同时，移民在安置过程中的资源需求以及生产生活方式又直接关系着安置区的生态环境问题。为了避免水电开发的二次影响，安置区的生态环境保护不容忽视，需要在现有移民补偿政策基础上引导移民对当地生态环境进行保护。

②生态保护者：为保护流域的生态环境，需要对库区的林地、草地进行建设和管理，并限制库区的经济发展模式。而因此做出努力和牺牲的组织、团体、个人即为生态保护者和建设者，他们可能是当地居民，也可能是当地政府。水电开发生态补偿需要对这些生态环境保护者进行相应的补偿，具体是为保护生态环境而产生的福利损失的补偿。

### 10.4.3 补偿方式

在水电开发的保护性生态补偿机制中，对移民和生态保护者可采取多种补偿方式。

①资金补偿：以货币形式对安置区的移民进行补偿，引导其保护生态环境。资金补偿具有最直接、最具操作性的特点，是生态补偿最主要的实施方式。其实现形式可以包括政府的补贴、补偿金等。

②实物补偿：以土地、粮食等实际物品对受影响人群进行补偿的方式。通过补偿利益相关者的生产要素和生活要素，提高他们的生态保护和建设能力，以此达到生态补偿的目的。在一定情况下，实物补偿方式是一种必需的方式，不能由其他补偿方式完全替代。

③基础设施补偿：直接对移民安置区的基础设施进行建设，改善移民的生活条件，提高他们的福利水平，促进当地的生态保护。

④政策补偿：上级政府通过实施差异性的区域政策，对移民安置区的发展和机会进行补偿。安置区的地方政府利用补偿政策，根据辖区内的资源、人口、经济、文化、环境状况确定发展方向，着力于地区生态环境的恢复重建和当地的经济发展。这种补偿方式主要用于提高地方政府自身的补偿能力，促进发挥其主导作用，促进流域水资源保护和地区经济的协调发展。

⑤技术补偿：是指中央和当地政府以技术扶持的形式，向水电开发区域提供先进的环境保护技术和新型的工、农业技术以促进当地的生态环境和经济发展。通过技术补偿来扫除受偿地区生态保护的技术障碍，并带动地区的经济发展。

### 10.4.4 补偿标准

①基于受偿意愿的标准：水电开发生态补偿的受偿意愿是移民、流域居民、生态环境建设者愿意接受的弥补自身因水电开发和生态保护而产生的利益损失的数值。受偿意愿与各补偿对象的利益损失性质、损失程度、经济水平、对水电开发的支持态度等因素有关。

②基于生态保护成本的标准：对需要增加的库区生态保护的投入成本，包括水土保持、植被修复等生态恢复工程的投入成本，以及限制放牧、耕地等方面的经济成本。

## 10.5 小结

西藏水电开发的修复性生态补偿和保护性生态补偿的内容和对象不同，因此各自的生态补偿机制结构也不同。本章根据旁多水电开发生态补偿的研究结果，从生态补偿主体、补偿客体、补偿方式和补偿标准等方面分析，并对构建西藏的复合生态补偿机制提出建议。

# 参考文献


艾明建，梁武湖，1997. 四川省水力资源经济可开发量初步研究[J]. 水力发电学报，（4）：1-9.

蔡邦成，陆根法，宋莉娟，等，2008. 生态建设补偿的定量标准——以南水北调东线水源地保护区一期生态建设工程为例[J]. 生态学报，28（5）：2413-2416.

蔡荣，2012. 澜沧江丁坝局部冲刷试验及其防护研究[D]. 重庆：重庆交通大学.

曹丽军，刘昌明，2010. 水电开发的生态补偿方法探讨[J]. 水利水电技术，41（7）：5-8.

陈庆中，欧阳湘龙，石磊，2012. 阿海水电站新源沟砂石加工废水处理工艺浅谈[J]. 四川环境，31（1）：55-58.

陈尉，刘玉龙，杨丽，2010. 中国生态补偿分类及实施案例分析[J]. 中国水利水电科学研究院学报，8（1）：52-58.

崔保山，翟红娟，2008. 水电大坝扰动与栖息地质量变化——以漫湾电站为例[J]. 环境科学学报，28（2）：227-234.

戴其文，2010. 生态补偿对象的空间选择研究——以甘南藏族自治州草地生态系统的水源涵养服务为例[J]. 自然资源学报，25（3）：415-424.

董哲仁，2006. 怒江水电开发的生态影响[J]. 生态学报，26（5）：1591-1596.

段靖，严岩，王丹寅，等，2010. 流域生态补偿标准中成本核算的原理分析与方法改进[J]. 生态学报，30（1）：221-227.

段跃芳，2006. “非自愿移民补偿理论与实证研究”概述[J]. 三峡大学学报（人文社会科学版），27（6）：113-116.

樊辉，赵敏娟，2013. 自然资源非市场价值评估的选择实验法：原理及应用分析[J]. 资源科学，35（7）：1347-1354.

樊启祥，刘益勇，王毅，2011. 向家坝水电站大型地下厂房洞室群施工和监测[J]. 岩石力学与工程学报，30（4）：666-676.

高晓薇，秦大庸，2014. 河流生态系统综合分类理论、方法与应用[M]. 北京：科学出版社.

西藏自治区统计局，国家统计局西藏调查总队，2012. 西藏统计年鉴 2012[M]. 北京：中国统计出版社.

耿涌，董会娟，郗凤明，等，2010. 应对气候变化的碳足迹研究综述[J]. 中国人口·资源与环境，20（10）：6-12.

郭新春，罗麟，姜跃良，等，2009. 计算山区小型河流最小生态需水的水力学法[J]. 水力发电学报，28（4）：159-165.

国家发展和改革委员会，2004. 中国物价年鉴[M]. 北京：中国物价出版社.

韩俊宇，2011. 西藏水资源开发的经济战略思考——中国21世纪的水问题与决策[J]. 上海大学学报（社会科学版），18（1）：102-114.

韩美，王一，崔锦龙，等，2012. 基于价值损失的黄河三角洲湿地生态补偿标准研究[J]. 中国人口·资源与环境，22（6）：140-146.

韩鹏，黄河清，甄霖，等，2012. 基于农户意愿的脆弱生态区生态补偿模式研究——以鄱阳湖区为例[J]. 自然资源学报，27（4）：625-642.

《环境科学大辞典》编委会，1991. 环境科学大辞典[M]. 北京：中国环境科学出版社.

贾佳，严岩，王辰星，等，2012. 工业水足迹评价与应用[J]. 生态学报，32（20）：6558-6565.

姜宏瑶，温亚利，2011. 基于WTA的湿地周边农户受偿意愿及影响因素研究[J]. 长江流域资源与环境，20（4）：489-494.

金艳，2009. 多时空尺度的生态补偿量化研究[D]. 杭州：浙江大学.

赖力，黄贤金，刘伟良，2008. 生态补偿理论、方法研究进展[J]. 生态学报，28（6）：2870-2877.

雷俊杰，乔婧，谢珍，2011. 金安桥水电站水土保持防治分区及实施措施[J]. 水力发电，37（1）：16-19.

李朝霞，蒋晓艳，2011. 高原湖泊生态系统服务功能及其对水电开发的影响[J]. 水利水电科技进展，31（1）：20-24.

李桂媛，陈静，段中元，等，2013. 水电建设区的生态环境监测与评价——以向家坝水电站为例[J]. 长江流域资源与环境，22（12）：1573-1580.

李辉霞，刘淑珍，2007. 基于ETM+影像的草地退化评价模型研究——以西藏自治区那曲县为例[J]. 中国沙漠，27（3）：412-418.

李文华，刘某承，2010. 关于中国生态补偿机制建设的几点思考[J]. 资源科学，32（5）：791-796.

李晓光，苗鸿，郑华，等，2009. 机会成本法在确定生态补偿标准中的应用——以海南中部山区为例[J]. 生态学报，29（9）：4875-4883.

李筱金，徐琳瑜，2015. 拉萨河流域水电开发带来的河岸带土壤特征变化研究[J]. 环境科学与技术，38（5）：148-156.

李忠魁，拉西，2009. 西藏草地资源价值及退化损失评估[J]. 中国草地学报，31（2）：14-21.

林黎，付彤杰，2011. 我国生态补偿政策介入的必要性及模式分析[J]. 经济问题探索，（11）：98-102.

刘春江，薛惠锋，2010. 生态补偿机制要素、系统结构与概念模型的研究[J]. 环境污染与防治，（8）：85-90.

刘江伟，2010. 拉萨市土地利用结构变化及其生态服务功能价值响应[D]. 南京：南京农业大学.

刘兰芬，陈凯麒，张士杰，等，2007. 河流水电梯级开发水温累积影响研究[J]. 中国水利水电科学研究院学报，5（3）：173-180.

刘灵辉，陈银蓉，梅昀，2011. 潘口水电站移民安置区土地流转补偿标准研究[J]. 中国人口·资源与环境，21（5）：66-72.

刘宁，孙鹏森，刘世荣，2012. 陆地水-碳耦合模拟研究进展[J]. 应用生态学报，23（11）：3187-3196.

刘宁，孙鹏森，刘世荣，等. 2013. 流域水碳过程耦合模拟——WaSSI-C 模型的率定与检验[J]. 植物生态学报，37（6）：492-502.

卢祖贵，2009. 关于小型无调节水电站设计装机容量的探讨[J]. 水电站设计，25（4）：15-16.

鲁春霞，谢高地，成升魁，等，2003. 水利工程对河流生态系统服务功能的影响评价方法初探[J]. 应用生态学报，14（5）：803-807.

栾建国，陈文祥，2004. 河流生态系统的典型特征和服务功能[J]. 人民长江，35（9）：41-43.

罗海维，2009. 陕西省水资源开发中生态效益补偿模式探讨[J]. 陕西农业科学，55（2）：172-175.

马爱慧，蔡银莺，张安录，2012. 基于选择实验法的耕地生态补偿额度测算[J]. 自然资源学报，27（7）：1154-1163.

马中，1999. 环境与资源经济学概论[M]. 北京：高等教育出版社.

毛显强，钟瑜，张胜，2002. 生态补偿的理论探讨[J]. 中国人口·资源与环境，12（4）：38-41.

莫创荣，2006. 水电开发对河流生态系统服务功能影响的价值评估初探[J]. 生态环境，15（1）：89-93.

倪晋仁，金玲，赵业安，等，2002. 黄河下游河流最小生态环境需水量初步研究[J]. 水利学报，（10）：1-7.

潘扎荣，阮晓红，徐静，2013. 河道基本生态需水的年内展布计算法[J]. 水利学报，44（1）：119-126.

戚瑞，耿涌，朱庆华，2011. 基于水足迹理论的区域水资源利用评价[J]. 自然资源学报，26（3）：486-495.

秦艳红，康慕谊，2011. 基于机会成本的农户参与生态建设的补偿标准——以吴起县农户参与退耕还林为例[J]. 中国人口·资源与环境，21（12）：65-68.

师旭颖，郝芳华，林隆，等，2009. 黄河水电开发区域土地利用与景观格局分析[J]. 水土保持研究，16（4）：174-179.

石萍，纪昌明，李继伟，等，2014. 三峡-葛洲坝梯级水电站蓝水足迹的计算与影响因子分析[J]. 水力发电学报，33（2）：82-89.

宋兰兰，陆桂华，刘凌，2006. 水文指数法确定河流生态需水[J]. 水利学报，37（11）：1336-1341.

宋晓谕，刘玉卿，邓晓红，等，2012. 基于分布式水文模型和福利成本法的生态补偿空间选择研究[J]. 生态学报，32（24）：7722-7729.

苏学灵，纪昌明，黄小锋，等，2010. 混合式抽水蓄能电站在梯级水电站群中的优化调度[J]. 电力系统自动化，（4）：29-33.

孙鸿烈，郑度，姚檀栋，等，2012. 青藏高原国家生态安全屏障保护与建设[J]. 地理学报，67（1）：3-12.

孙涛，杨志峰，2005. 基于生态目标的河道生态环境需水量计算[J]. 环境科学，26（5）：43-48.

孙新章，谢高地，成升魁，等，2005. 中国农田生产系统土壤保持功能及其经济价值[J]. 水土保持学报，19（4）：156-159.

汪朝辉，杜清运，赵登忠，2012. 水布垭水库 $CO_2$ 排改通量时空特征及其与环境因子的响应研究[J]. 水力发电学报，31（2）：14-15.

王洪梅，2007. 水电开发对河流生态系统服务及人类福利综合影响评价[D]. 北京：中国科学院研究生院.

王建林，钟志明，王忠红，等，2013. 青藏高原高寒草原生态系统土壤氮磷比的分布特征[J]. 应用生态学报，24（12）：3399-3406.

王金南，万军，张惠远，2006. 关于我国生态补偿机制与政策的几点认识[J]. 环境保护，（10A）：24-28.

王女杰，刘建，吴大千，等，2010. 基于生态系统服务价值的区域生态补偿——以山东省为例[J]. 生态学报，30（23）：6646-6653.

王西琴，张远，刘昌明，2007. 辽河流域生态需水估算[J]. 地理研究，26（1）：22-28.

王赵松，李兰，2009. 流域水电梯级开发与环境生态保护的研究进展[J]. 水电能源科学，27（4）：43-45.

王振波，于杰，刘晓雯，2009. 生态系统服务功能与生态补偿关系的研究[J]. 中国人口·资源与环境，19（6）：17-22.

魏国良，崔保山，董世魁，等，2008. 水电开发对河流生态系统服务功能的影响——以澜沧江漫湾水电工程为例[J]. 环境科学学报，28（2）：235-242.

吴柏清，何政伟，闫静，等，2008. 基于遥感与 GIS 技术的水电站库区植被覆盖度动态变化分析[J]. 水土保持研究，15（3）：39-42.

吴涤宇，陈晓龙，2007. 我国水电开发生态补偿机制研究[J]. 东北水利水电，25（5）：60-63.

吴乃成，唐涛，周淑婵，等，2007. 香溪河小水电的梯级开发对浮游藻类的影响[J]. 应用生态学报，18（5）：1091-1096.

肖建红，施国庆，毛春梅，等，2006. 三峡工程对河流生态系统服务功能影响预评价[J]. 自然资源学报，21（3）：424-431.

徐琳瑜，杨志峰，帅磊，等，2006. 基于生态服务功能价值的水库工程生态补偿研究[J]. 中国人口·资源与环境，16（4）：125-128.

徐琳瑜，于冰，2015. 水电开发受益者应分阶段补偿当地[J]. 环境经济，11：18.

徐锐，1985. 水库对环境影响的评价[J]. 水力发电：58-61.

许磊，李华，陈英旭，等，2010. 南太湖地区小型浅水湖泊自净能力季节变化研究[J]. 环境科学，31（4）：924-930.

闫峰陵，罗小勇，雷少平，等，2010. 丹江口库区水土保持生态补偿标准的定量研究[J]. 中国水土保持科学，8（6）：58-63.

燕守广，2009. 关于生态补偿概念的思考[J]. 环境与可持续发展，（3）：33-36.

杨光梅，闵庆文，李文华，等，2006. 基于 CVM 方法分析牧民对禁牧政策的受偿意愿——以锡林郭勒草原为例[J]. 生态环境，15（4）：747-751.

杨欣，蔡银莺，2012. 基于农户受偿意愿的武汉市农田生态补偿标准估算[J]. 水土保持通报，32（1）：212-216.

杨志峰，陈贺，2006. 一种动态生态环境需水计算方法及其应用[J]. 生态学报，26（9）：2989-2995.

杨志峰，崔保山，黄国和，等，2006. 黄淮海地区湿地水生态过程、水环境效应及生态安全调控[J]. 地球科学进展，21（11）：1119-1126.

杨志峰，张远，2003. 河道生态环境需水研究方法比较[J]. 水动力学研究与进展（A 辑），18（3）：294-301.

余新晓，鲁绍新，靳芳，等，2005. 中国森林生态系统服务功能价值评估[J]. 生态学报，25（8）：2096-2102.

曾立清，2004. 尼那水电站工程水土流失监测[J]. 中国水土保持，（9）：25-26.

翟红娟，崔保山，胡波，等，2007. 纵向岭谷区不同水电梯级开发情景胁迫下的区域生态系统变化[J]. 科学通报，52（S2）：93-100.

张宝忠，刘钰，许迪，等，2013. 夏玉米叶片和冠层尺度的水碳耦合模拟[J]. 科学通报，58（12）：1121-1130.

张红振，曹东，於方，等，2013. 环境损害评估：国际制度及对中国的启示[J]. 环境科学，34（5）：1653-1666.

张锦，徐琳瑜，2015. 基于河道径流可变区间的河流水资源可开发利用率分析[J]. 水资源保护，31（4）：37-41.

张丽亚，2013. SBR 技术在水电站生活污水处理中的应用[J]. 水科学与工程技术，（6）：29-31.

张思锋，权希，唐远志，2010. 基于 HEA 方法的神府煤炭开采区受损植被生态补偿评估[J]. 资源科学，32（3）：491-498.

张翼飞，陈红敏，李瑾，2007. 应用意愿价值评估法，科学制订生态补偿标准[J]. 生态经济，（9）：28-31.

赵丹丹，刘俊国，赵旭，2014. 基于效益分摊的水电水足迹计算方法——以密云水库为例[J]. 生态学报，34（10）：2787-2795.

赵旭，杨志峰，徐琳瑜，2008. 饮用水源保护区生态服务补偿研究与应用[J]. 生态学报，28（7）：3152-3159.

中国工程院可再生能源发展战略研究项目组，2008. 中国可再生能源发展战略研究丛书：水能卷[M]. 北京：中国电力出版社.

钟华平，刘恒，耿雷华，等. 河道内生态需水估算方法及其评述[J]. 水科学进展，2006，17（3）：430-434.

周才平，欧阳华，曹宇，等，2008. 一江两河中部流域植被净初级生产力估算[J]. 应用生态学报，19（5）：1071-1077.

朱党生，张建永，廖文根，2010. 水工程规划设计关键生态招标体系[J]. 水科学进展，21（4）：560-566.

中国水力发电工程学会，2004. 中国水力发电年鉴（第九卷）[M]. 北京：中国电力出版社.

Adamowicz W，Louviere J，Swait J，1998. Introduction to attribute-based stated choice methods[R].

Washington：National Oceanic and Atmospheric Administration.

Ambastha K，Hussain S A，Badola R，2007. Resource dependence and attitudes of local people toward conservation of Kabartal wetland：a case study from the Indo-Gangetic plains[J]. Wetlands Ecology and Management，15：287-302.

Anagnostopoulos J S，Papantonis D E，2007. Optimal sizing of a run-of-river small hydropower plant[J]. Energy Conversion and Management，48（10）：2663-2670.

Anderson E P，Freeman M C，Pringle C M，2006. Ecological consequences of hydropower development in Central America：impacts of small dams and water diversion on neotropical stream fish assemblages[J]. River Research and Application，22（4）：397-411.

Arias M E，Cochrane T A，Lawrence K S，et al.，2011. Paying the forest for electricity：a modelling framework to market forest conservation as payment for ecosystem services benefiting hydropower generation[J]. Environmental Conservation，38（4）：473-484.

Ármannsson H，Fridriksson T，Kristjánsson B R，2005. $CO_2$ emissions from geothermal power plants and natural geothermal activity in Iceland[J]. Geothermics，34（3）：286-296.

Aslan Y，Arslan O，Yasar C，2008. A sensitivity analysis for the design of small-scale hydropower plant：Kayabogazi case study[J]. Renewable Energy，33（4）：791-801.

Babel M S，Nguyen Dinh C，Mullick M R A，et al.，2012. Operation of a hydropower system considering environmental flow requirements：a case study in La Nga river basin，Vietnam[J]. Journal of Hydro-environment Research，6（1）：63-73.

Barros N，Cole J J，Tranvik L J，et al.，2011. Carbon emission from hydroelectric reservoirs linked to reservoir age and latitude[J]. Nature Geoscience，4（9）：593-596.

Barros R M，Tiago Filho G L，2012. Small hydropower and carbon credits revenue for an SHP project in national isolated and interconnected systems in Brazil[J]. Renewable Energy，48：27-34.

Barton D N，Faith D P，Rusch G M，et al.，2009. Environmental service payments：evaluating biodiversity conservation trade-offs and cost-efficiency in the Osa Conservation Area，Costa Rica[J]. Journal of Environmental Management，90（2）：901-911.

Batalla R J，Gómez C M，Kondolf G M，2004. Reservoir-induced hydrological changes in the Ebro River basin（NE Spain）[J]. Journal of Hydrology，290（1-2）：117-136.

Bøckman T，Fleten S，Juliussen E，et al.，2008. Investment timing and optimal capacity choice for small hydropower projects[J]. European Journal of Operational Research，190（1）：255-267.

Bratrich C，Truffer B，Jorde K，et al.，2004. Green hydropower：a new assessment procedure for river management[J]. River Research and Applications，20（7）：865-882.

Casey J F，Kahn J R，Rivas A A F，2008. Willingness to accept compensation for the environmental risks of oil transport on the Amazon：a choice modeling experiment[J]. Ecological Economics，67（4）：552-559.

Cernea M M，1988. Involuntary resettlement in development projects：policy guidelines in World Bank-financed projects[M]. World Bank Publications.

Chang X L，Liu X H，Zhou W，2010. Hydropower in China at present and its further development[J]. Energy，35（11）：4400-4406.

Clarkson M B E，1995. A stakeholder framework for analyzing and evaluating corporate social performance[J]. The Academy of Management Review，20（1）：92-117.

Cole J J，Caraco N F，2001. Emissions of nitrous oxide（$N_2O$）from a tidal，freshwater river，the Hudson River，New York[J]. Environmental Science & Technology，35（6）：991-996.

Cole S G，2013. Equity over efficiency：a problem of credibility in scaling resource-based compensation？[J]. Journal of Environmental Economics and Policy，2（1）：93-117.

Costanza R，Kubiszewski I，Ervin D，et al.，2011. Valuing ecological systems and services[R]. F1000 Biology Reports 3：14.

Costa-Pierce B A，1998. Constraints to the sustainability of cage aquaculture for resettlement from hydropower dams in Asia：an Indonesian case study[J]. The Journal of Environment & Development，7（4）：333-363.

Cox J，2007. Use of resource equivalency methods in environmental damage assessment in the EU with respect to the habitats，wild birds and EIA directives[R]. Resource equivalency methods for assessing environmental damage in the EU.

Crawford R H，2009. Life cycle energy and greenhouse emissions analysis of wind turbines and the effect of size on energy yield[J]. Renewable and Sustainable Energy Reviews，13（9）：2653-2660.

Cui B S，Hu B，Zhai H J，2011. Employing three ratio indices for indices for ecological effect assessment of China[J]. River Research and Applications，27：1000-1022.

Cui G N，Wang X，Xu L Y，et al.，2014. An improved method for evaluating ecological suitability of hydropower development by considering water footprint and transportation connectivity in Tibet，China[J]. Water Science and Technology，70（6）：1090-1107.

Cuperus R，Canters K J，Piepers A A G，1996. Ecological compensation of the impacts of a road. Preliminary method for the A50 road link[J]. Ecological Engineering，7（4）：327-349.

Delmas R，Galy-Lacaux C，Richard S，2001. Emissions of greenhouse gases from the tropical hydroelectric reservoir of Petit Saut（French Guiana）compared with emissions from thermal alternatives[J]. Global Biogeochemical Cycles，15（4）：993-1003.

Delsontro T，McGinnis D F，Sobek S，et al.，2010. Extreme methane emissions from a Swiss hydropower reservoir：contribution from bubbling sediments[J]. Environmental Science & Technology，44（7）：2419-2425.

Demarty M，Bastien J，2011. GHG emissions from hydroelectric reservoirs in tropical and equatorial regions：review of 20 years of $CH_4$ emission measurements[J]. Energy Policy，39（7）：4197-4206.

Dobbs T L，Pretty J，2008. Case study of agri-environmental payments：the United Kingdom[J]. Ecological Economics，65（4）：765-775.

Dos Santos M A，Rosa L P，Sikar B，et al.，2006. Gross greenhouse gas fluxes from hydro-power reservoir compared to thermo-power plants[J]. Energy Policy，34（4）：481-488.

Dudhani S，Sinha A K，Inamdar S S，2006. Assessment of small hydropower potential using remote sensing data for sustainable development in India[J]. Energy Policy，34（17）：3195-3205.

Dunford R W，Ginn T C，Desvousges W H，2004. The use of habitat equivalency analysis in natural resource damage assessments[J]. Ecological Economics，48（1）：49-70.

Dursun B，Gokcol C，2011. The role of hydroelectric power and contribution of small hydropower plants for sustainable development in Turkey[J]. Renewable Energy，36（4）：1227-1235.

Energy Information Administration，2013. China analysis brief：carbon dioxide emission[R]. Washington：US Department of Energy.

Engel S，Pagiola S，Wunder S，2008. Designing payments for environmental services in theory and practice：an overview of the issues[J]. Ecological Economics，65（4）：663-674.

Eugster W，DelSontro T，Sobek S，et al.，2011. Eddy covariance flux measurements confirm extreme $CH_4$ emissions from a Swiss hydropower reservoir and resolve their short-term variability[J]. Biogeosciences，8（9）：2815-2831.

Fang Y P，Deng W，2011. The critical scale and section management of cascade hydropower exploitation in Southwestern China[J]. Energy，36（10）：5944-5953.

Fang Y P，Wang M J，Deng W，et al.，2010. Exploitation scale of hydropower based on instream flow requirements：a case from southwest China[J]. Renewable and Sustainable Energy Reviews，14（8）：2290-2297.

Fearnside P M，2002. Greenhouse gas emissions from a hydroelectric reservoir（Brazil's Tucuruí Dam）and the energy policy implications[J]. Water，Air，and Soil Pollution，133（1）：69-96.

Fitzgerald N，Lacal Arántegui R，Mckeogh E，et al.，2012. A GIS-based model to calculate the potential for transforming conventional hydropower schemes and non-hydro reservoirs to pumped hydropower schemes[J]. Energy，41（1）：483-490.

Fu K D，He D M，Lu X X，2008. Sedimentation in the Manwan reservoir in the Upper Mekong and its downstream impacts[J]. Quaternary International，186（1）：91-99.

García-Amado L R，Pérez M R，Escutia F R，et al.，2011. Efficiency of payments for environmental services：equity and additionality in a case study from a biosphere reserve in Chiapas，Mexico[J]. Ecological Economics，70（12），2361-2368.

Gerbens-Leenes P W，Hoekstra A Y，Van der Meer T，2009. The water footprint of energy from biomass：a quantitative assessment and consequences of an increasing share of bio-energy in energy supply[J]. Ecological Economics，68（4）：1052-1060.

Gosnell H，Kelly E C，2010. Peace on the river？ Social-ecological restoration and large dam removal in the Klamath basin，USA[J]. Water Alternatives，3（2）：361-383.

Gunawardena U A D P，2010. Inequalities and externalities of power sector：a case of Broadlands hydropower project in Sri Lanka[J]. Energy Policy，38（2）：726-734.

Hamilton L C，2012. Statistics with STATA：version 12[M]. Boston：Brooks/Cole，Cengage Learning.

Hanemann W M，1999. Welfare analysis with discrete choice models[M]//Herriges J A，Kling C L. Valuing recreation and the environment. Cheltenham：Edward Elgar.

Hanley N，Wright R E，Adamowicz V，1998. Using choice experiments to value the environment[J]. Environmental and Resource Economics，11（3）：413-428.

Harman C，Stewardson M，2005. Optimizing dam release rules to meet environmental flow targets[J]. River Research and Applications，21（2-3）：113-129.

Hatten J R，Tiffan K F，Anglin D R，et al.，2009. A spatial model to assess the effects of hydropower operations on Columbia River fall Chinook salmon spawning habitat[J]. North American Journal of Fisheries Management，29（5）：1379-1405.

Hendrickson C T，Lave L B，Matthews H S，2006. Environmental life cycle assessment of goods and services：an input-output approach[M]. Washington：Resources for the Future.

Hennig T，Wang W L，Feng Y，et al.，2013. Review of Yunnan's hydropower development. Comparing small and large hydropower projects regarding their environmental implications and socio-economic consequences[J]. Renewable and Sustainable Energy Reviews，27：585-595.

Herath I，Deurer M，Horne D，et al.，2011. The water footprint of hydroelectricity：a methodological comparison from a case study in New Zealand[J]. Journal of Cleaner Production，19（14）：1582-1589.

Hirota M，Tang Y H，Hu Q W，et al.，2006. Carbon dioxide dynamics and controls in a deep-water wetland on the Qinghai-Tibetan Plateau[J]. Ecosystems，9（4）：673-688.

Hoekstra A Y，Chapagain A K，2007. The water footprints of Morocco and the Netherlands：global water use as a result of domestic consumption of agricultural commodities[J]. Ecological Economics，64（1）：

143-151.

Hondo H，2005. Life cycle GHG emission analysis of power generation systems：Japanese case[J]. Energy，30（11-12）：2042-2056.

International Hydropower Association（IHA），2004. Sustainability guidelines[R]. London.

Isoni A，Loomes G，Sugden R，2011. The willingness to pay-willingness to accept gap，the "endowment effect，" subject misconceptions，and experimental procedures for eliciting valuations：comment[J]. The American Economic Review，101（2）：991-1011.

Ito A，2008. The regional carbon budget of East Asia simulated with a terrestrial ecosystem model and validated using AsiaFlux data[J]. Agricultural and Forest Meteorology，148（5）：738-747.

Jager H I，Smith B T，2008. Sustainable reservoir operation：can we generate hydropower and preserve ecosystem values？[J]. River Research and Applications，24（3）：340-352.

Johsta K，Drechsler M，Wätzold F，2002. An ecological-economic modelling procedure to design compensation payments for the efficient spatio-temporal allocation of species protection measures[J]. Ecological Economics，41（1）：37-49.

Kabir M R，Rooke B，Dassanayake G D M，et al.，2012. Comparative life cycle energy，emission，and economic analysis of 100 kW nameplate wind power generation[J]. Renewable Energy，37（1）：133-141.

Kadigi R M J，Mdoe N S Y，Ashimogo G C，et al.，2008. Water for irrigation or hydropower generation？– Complex questions regarding water allocation in Tanzania[J]. Agricultural Water Management，95（8）：984-992.

Kagel A，Gawell K，2005. Promoting geothermal energy：air emissions comparison and externality analysis[J]. The Electricity Journal，18（7）：90-99.

Kannan R，Leong K C，Osman R，et al.，2007. Life cycle energy，emissions and cost inventory of power generation technologies in Singapore[J]. Renewable and Sustainable Energy Reviews，11（4）：702-715.

Kataria M，2009. Willingness to pay for environmental improvements in hydropower regulated rivers[J]. Energy Economics，31（1）：69-76.

Kato T，Tang Y H，Gu S，et al.，2006. Temperature and biomass influences on interannual changes in $CO_2$ exchange in an alpine meadow on the Qinghai-Tibetan Plateau[J]. Global Change Biology，12（7）：1285-1298.

Kemkes R J，Farley J，Koliba C J，2010. Determining when payments are an effective policy approach to ecosystem service provision[J]. Ecological Economics，69（11）：2069-2074.

Kenny R，Law C，Pearce J M，2010. Towards real energy economics：energy policy driven by life-cycle carbon emission[J]. Energy Policy，38（4）：1969-1978.

Klaver G，van Os B，Negrel P，et al.，2007. Influence of hydropower dams on the composition of the suspended and riverbank sediments in the Danube[J]. Environmental Pollution，148（3）：718-728.

Kohler K E，Dodge R E，2006. Visual_HEA：Habitat Equivalency Analysis software to calculate compensatory restoration following natural resource injury[C]//Okinawa：Proceedings of 10th International Coral Reef Symposium：1611-1616.

Kosnik L，2008. The potential of water power in the fight against global warming in the US[J]. Energy Policy，36（9）：3252-3265.

Kosoy N，Martinez-Tuna M，Muradian R，et al.，2007. Payments for environmental services in watersheds：insights from a comparative study of three cases in Central America[J]. Ecological Economics，61（2-3）：446-455.

Kucukali S，2010. Hydropower potential of municipal water supply dams in Turkey：a case study in Ulutan Dam[J]. Energy Policy，38（11）：6534-6539.

Kuenzer C，Campbell I，Roch M，et al.，2013. Understanding the impact of hydropower developments in the context of upstream-downstream relations in the Mekong river basin[J]. Sustainability Science，8（4）：565-584.

Kummu M，Varis O，2007. Sediment-related impacts due to upstream reservoir trapping，the Lower Mekong River[J]. Geomorphology，85（3-4）：275-293.

Lancaster K J，1966. A new approach to consumer theory[J]. Journal of Political Economy，74（2）：132-157.

Lebel L，Lebel P，Chitmanat C，et al.，2014. Benefit sharing from hydropower watersheds：rationales，practices，and potential[J]. Water Resources and Rural Development，4：12-28.

Li A Q，Wang L P，Li J Q，et al.，2009. Application of immune algorithm-based particle swarm optimization for optimized load distribution among cascade hydropower stations[J]. Computers & Mathematics with Applications，57（11-12）：1785-1791.

Li C Z，Kuuluvainen J，Pouta E，et al.，2004. Using choice experiments to value the natura 2000 nature conservation programs in Finland[J]. Environmental and Resource Economics，29（3）：361-374.

Li H Q，Wang L M，Shen L，et al.，2012. Study of the potential of low carbon energy development and its contribution to realize the reduction target of carbon intensity in China[J]. Energy Policy，41：393-401.

Li J P，Dong S K，Liu S L，et al.，2013. Effects of cascading hydropower dams on the composition，biomass and biological integrity of phytoplankton assemblages in the middle Lancang-Mekong River[J]. Ecological Engineering，60：316-324.

Li J P，Yue C Y，Long J，2011. Comprehensive benefits based multi-objective evaluation with incomplete information for hydropower plant construction[C]//Proceeding of 2011 IEEE Power Engineering and

Automation Conference：60-64.

Li X，Chen Z，Fan X，et al.，2018. Hydropower development situation and prospects in China[J]. Renewable and Sustainable Energy Reviews，82（1）：232-239.

Li X J，Zhang J，Xu L Y，2015. An evaluation of ecological losses from hydropower development in Tibet[J]. Ecological Engineering，76：178-185.

Liu X L，Liu C Q，Li S L，et al.，2011. Spatiotemporal variations of nitrous oxide（$N_2O$）emissions from two reservoirs in SW China[J]. Atmospheric Environment，45（31）：5458-5468.

Louis V L S，Kelly C A，Duchemin É，et al.，2000. Reservoir surfaces as sources of greenhouse gases to the atmosphere：a global estimate [J]. Bioscience，50（9）：766-775.

Louviere J J，Hensher D A，Swait J D，2000. Stated choice methods：analysis and application[M]. Cambridge：Cambridge University Press.

Lu C X，Xie G D，Xiao Y，2012. Ecological compensation and the cost of wildlife conservation：Chang Tang Grasslands，Tibet[J]. Journal of Resource and Ecology，3（1）：20-25.

Ma C，Lian J J，Wang J N，2013. Short-term optimal operation of Three-gorge and Gezhouba cascade hydropower stations in non-flood season with operation rules from data mining[J]. Energy Conversion and Management，65：616-627.

MacDonald D H，Morrison M D，Barnes M B，2010. Willingness to pay and willingness to accept compensation for changes in urban water[J]. Water Resource Management，24（12）：3145-3158.

Madani K，2011. Hydropower licensing and climate change：insights from cooperative game theory[J]. Advances in Water Resources，34（2）：174-183.

Manyari W V，de Carvalho Jr.，2007. Environmental considerations in energy planning for the Amazon region：downstream effects of dams[J]. Energy Policy，35（12）：6526-6534.

Martin-Ortega J，Brouwer R，Aiking H，2011. Application of a value-based equivalency method to assess environmental damage compensation under the European Environmental Liability Directive[J]. Journal of Environmental Management，92（6）：1461-1470.

McFadden D，1974. The measurement of urban travel demand[J]. Journal of Public Economics，3(4)：303-328.

Mekonnen M M，Hoekstra A Y，2012. The blue water footprint of electricity from hydropower[J]. Hydrology and Earth System Sciences，16：179-187.

Millennium Ecosystem Assessment，2005. Ecosystems and human well-being：synthesis[R]. Washington，DC：Island Press.

Milon J W，Dodge R E，2001. Applying habitat equivalency analysis for coral reef damage assessment and restoration[J]. Bulletin of Marine Science，69（2）：975-988.

Mishra S，Singal S K，Khatod D K，2011. Optimal installation of small hydropower plant-A review[J]. Renewable and Sustainable Energy Reviews，15（8）：3862-3869.

Mitchell R K，Agle B R，Wood D J，1997. Toward a theory of stakeholder identification and salience：defining the principle of who and what really counts[J]. The Academy of Management Review，22（4）：853-886.

Morrison M，Bennett J，Blamey R，et al.，2002. Choice modeling and tests of benefit transfer[J]. American Journal of Agricultural Economics，84（1）：161-170.

Muñoz-Piña C，Guevara A，Torres J M，et al.，2008. Paying for the hydrological services of Mexico's forests：analysis，negotiations and results[J]. Ecological Economics，65（4）：725-736.

Muradian R，Corbera E，Pascual U，et al.，2010. Reconciling theory and practice：an alternative conceptual framework for understanding payments for environmental services[J]. Ecological Economics，69（1）：1202-1208.

National Bureau of Statistics of the People's Republic of China，2012. China Statistical Yearbook 2012（Chinese-English Edition）[M]. Beijing：China Statistics Press.

Null S E，Medellín-Azuara J，Escriva-Bou A，et al.，2014. Optimizing the dammed：water supply losses and fish habitat gains from dam removal in California[J]. Journal of Environmental Management，136：121-131.

Okot D K，2013. Review of small hydropower technology[J]. Renewable and Sustainable Energy Reviews，26：515-520.

Opperman J J，Royte J，Banks J，et al.，2011. The Penobscot River，Maine，USA：a basin-scale approach to balancing power generation and ecosystem restoration[J]. Ecology and Society，3（16）：7.

Orr S，Pittock J，Chapagain A，et al.，2012. Dams on the Mekong River：lost fish protein and the implications for land and water resources[J]. Global Environmental Change，22（4）：925-932.

Ou X M，Yan X Y，Zhang X L，2011. Life-cycle energy consumption and greenhouse gas emissions for electricity generation and supply in China[J]. Applied Energy，88（1）：289-297.

Ouyang W，Hao F H，Zhao C，et al.，2010. Vegetation response to 30 years hydropower cascade exploitation in upper stream of Yellow River[J]. Communications in Nonlinear Science and Numerical Simulation，15（7）：1928-1941.

Ozdemiroglu E，Kriström B，Cole S，et al.，2009. Environmental Liability Directive and the use of economics in compensation，offsets and habitat banking[R]//Proceedings of UK Network for Environmental Economists，London，England.

Palomino Cuya D G，Brandimarte L，Popescu I，et al.，2013. A GIS-based assessment of maximum potential hydropower production in La Plata basin under global changes[J]. Renewable Energy，50：103-114.

Pascale A，Urmee T，Moore A，2011. Life cycle assessment of a community hydroelectric power system in rural Thailand[J]. Renewable Energy，36（11）：2799-2808.

Pascual U，Muradian R，Rodríguez L C，et al.，2010. Exploring the links between equity and efficiency in payments for environmental services：a conceptual approach[J]. Ecological Economics，69（6）：1237-1244.

Pérez-Díaz J I，Wilhelmi J R，2010. Assessment of the economic impact of environmental constraints on short-term hydropower plant operation[J]. Energy Policy，38（12）：7960-7970.

Persson U M，2013. Conditional cash transfers and payments for environmental services—a conceptual framework for explaining and judging differences in outcomes[J]. World Development，43：124-137.

Poff N L R，Allan J D，Bain M B，1997. The natural flow regime[J]. BioScience，47（11）：769-784.

Ponce R D，Vásquez F，Stehr A，et al.，2011. Estimating the economic value of landscape losses due to flooding by hydropower plants in the chilean patagonia[J]. Water Resources Management，25（10）：2449-2466.

Potter C，Klooster S，Genovese V，et al.，2010. Terrestrial ecosystem carbon fluxes predicted from MODIS satellite data and large-scale disturbance modeling[J]. International Journal of Geoscience，3：469-479.

Prato T，2003. Multiple-attribute evaluation of ecosystem management for the Mississippi River[J]. Ecological Economics，45（2）：297-309.

Quétier F，Lavorel S，2011. Assessing ecological equivalence in biodiversity offset schemes：key issues and solutions[J]. Biological Conservation，144（12）：2991-2999.

Raadal H L，Gagnon L，Modahl I S，et al.，2011. Life cycle greenhouse gas（GHG）emissions from the generation of wind and hydro power[J]. Renewable and Sustainable Energy Reviews，15（7）：3417-3422.

Reddy M J，Kumar D N，2006. Optimal reservoir operation using multi-objective evolutionary algorithm[J]. Water Resources Management，20（6）：861-878.

Ressurreição A，Gibbons J，Kaiser M，et al.，2012. Different cultures，different values：the role of cultural variation in public's WTP for marine species conservation[J]. Biological Conservation，145（1）：148-159.

Rojas M，Aylward B，2001. The case of La Esperanza：a small，private，hydropower producer and a conservation NGO in Costa Rica[R]//Land-Water Linkages in Rural Watersheds Case Study Series. Rome：FAO.

Rosenberg D M，Berkes F，Bodaly R A，et al.，1997. Large-scale impacts of hydroelectric development[J]. Environmental Reviews，（1）：27-54.

Santolin A，Cavazzini G，Pavesi G，et al.，2011. Techno-economical method for the capacity sizing of a small hydropower plant[J]. Energy Conversion and Management，52（7）：2533-2541.

Sasai T，Saigusa N，Nasahara K N，et al.，2011. Satellite-driven estimation of terrestrial carbon flux over Far

East Asia with 1-km grid resolution[R]. Remote Sensing of Environment，115（7）：1758-1771.

Schroeder L A，Isselstein J，Chaplin S，et al.，2013. Agri-environment schemes：farmers' acceptance and perception of potential 'Payment by Results' in grassland-A case study in England[J]. Land Use Policy，32：134-144.

Scruton D A，Clarke K D，Roberge M M，et al.，2005. A case study of habitat compensation to ameliorate impacts of hydroelectric development：effectiveness of rewatering and habitat enhancement of an intermittent flood overflow channel[J]. Journal of Fish Biology，67（sB）：244-260.

Shi X，Elmore A，Li X，et al.，2008. Using spatial information technologies to select sites for biomass power plants：a case study in Guangdong Province，China[J]. Biomass Bioenergy，32（1）：35-43.

Singer J，Watanabe T，2014. Reducing reservoir impacts and improving outcomes for dam-forced resettlement：experiences in central Vietnam[J]. Lakes and Reservoirs：Research and Management，19（3）：225-235.

Sommerville M，Jones J P G，Rahajaharison M，et al.，2010. The role of fairness and benefit distribution in community-based payment for environmental services interventions：a case study from Menabe，Madagascar[J]. Ecological Economics，69（6）：1262-1271.

Soumis N，Duchemin É，Canuel R，et al.，2004. Greenhouse gas emissions from reservoirs of the western United States[J]. Global Biogeochemical Cycles，18（3）.

Strange E，Galbraith H，Bickel S，et al.，2002. Determining ecological equivalence in service-to-service scaling of salt marsh restoration[J]. Environmental Management，29（2）：290-300.

Sun Z G，Lei Y R，2010. Construction and simulation of resettlement systems dynamics model in Yunnan reservoir region of baise hydropower[C]//Proceedings of the 2nd International Conference on Information Science and Engineering：2706-2710.

Tacconi L，2012. Redefining payments for environmental services[J]. Ecological Economics，73：29-36.

Takahashi M，Nakamura F，2011. Impacts of dam-regulated flows on channel morphology and riparian vegetation：a longitudinal analysis of Satsunai River，Japan[J]. Landscape and Ecological Engineering，7（1）：65-77.

Tang J，Fang J P，Li P，et al.，2012. The function and value of water conservation of forest ecosystem in Gongbo Nature Reserve of Tibet[J]. Asian Agricultural Research，4（1）：68-70.

Thur S M，2007. Refining the use of habitat equivalency analysis[J]. Environmental Management，40（1）：161-170.

Timilsina G R，Shrestha R M，2006. General equilibrium effects of a supply side GHG mitigation option under the clean development mechanism[J]. Journal of Environmental Management，80（4）：327-341.

Tremblay A，Varfalvy L，Roehm C，et al.，2005. Greenhouse gas emissions-fluxes and processes[J]. Berlin：

Springer.

Turner S W D，Ng J Y，Galelli S，2017. Examining global electricity supply vulnerability to climate change using a high-fidelity hydropower dam model[J]. Science of the Total Environment，590-591：663-675.

Turpie J K，Marais C，Blignaut J N，2008. The working for water programme：evolution of a payments for ecosystem services mechanism that addresses both poverty and ecosystem service delivery in South Africa[J]. Ecological Economics，65（4）：788-798.

Varun Prakash R，Bhat I K，2012. Life cycle greenhouse gas emissions estimation for small hydropower schemes in India[J]. Energy，44（1）：498-508.

Vatn A，2010. An institutional analysis of payments for environmental services[J]. Ecological Economics，69（6）：1245-1252.

Wagner H，Baack C，Eickelkamp T，et al.，2011. Life cycle assessment of the offshore wind farm alpha ventus[J]. Energy，36（5）：2459-2464.

Wagner I H，Mathur I J，2011. Introduction and status of hydropower[M]//Introduction to hydro energy systems. Berlin：Springer：1-20.

Wang F S，Wang B L，Liu C Q，et al.，2011Carbon dioxide emission from surface water in cascade reservoirs–river system on the Maotiao River，southwest of China[J]. Atmospheric Environment，45（23）：3827-3834.

Wang G H，Fang Q H，Zhang L P，et al.，2010. Valuing the effects of hydropower development on watershed ecosystem services：case studies in the Jiulong River Watershed，Fujian Province，China[J]. Estuarine，Coastal and Shelf Science，86（3）：363-368.

World Commission on Dams，2000. Dams and development：a new framework for decision-making[M]. London：Earthscan Publications Ltd.

Wunder S，2005. Payments for environmental services：some nuts and bolts[R]. Jakarta：Center for International Forestry Research.

Wunder S，Engel S，Pagiola S，2008. Taking stock：a comparative analysis of payments for environmental services programs in developed and developing countries[J]. Ecological Economics，65（4）：834-852.

Xu L Y，Yu B，Li Y，2015. Ecological compensation based on willingness to accept for conservation of drinking water sources[J]. Frontiers of Environmental Science & Engineering，9（1）：58-65.

Xu X B，Tan Y，Yang G S，et al.，2011. Impacts of China's Three Gorges Dam Project on net primary productivity in the reservoir area[J]. Science of the Total Environment，409（22）：4656-4662.

Yan Y F，Yang L K，2010. China's foreign trade and climate change：a case study of $CO_2$ emissions[J]. Energy Policy，38（1）：350-356.

Yi Y J，Wang Z Y，Yang Z F，2010. Two-dimensional habitat modeling of Chinese sturgeon spawning sites[J]. Ecological Modelling，221（5）：864-875.

Yoo J H，2009. Maximization of hydropower generation through the application of a linear programming model[J]. Journal of Hydrology，376（1-2）：182-187.

Yu B，Xu L Y，Pan X L，2016. Review of ecological compensation in hydropower development[J]. Renewable & Sustainable Energy Reviews，55：729-738.

Yu B，Xu L Y，Wang X，2016. Ecological compensation for hydropower resettlement in a reservoir wetland based on welfare-loss accounting in Tibet，China[J]. Ecological Engineering，96：128-136.

Yu B，Xu L Y，Yang Z F，2016. Ecological compensation for inundated habitats in hydropower developments based on carbon stock balance[J]. Journal of Cleaner Production，114：334-342.

Yüksel I，2010. Hydropower for sustainable water and energy development[J]. Renewable and Sustainable Energy Reviews，14（1）：462-469.

Yüksel I，2012. Water development for hydroelectric in southeastern Anatolia project（GAP）in Turkey[J]. Renewable Energy，39（1）：17-23.

Zafonte M，Hampton S，2007. Exploring welfare implications of resource equivalency analysis in natural resource damage assessments[J]. Ecological Economics，61（1）：134-145.

Zeilhofer P，de Moura R M，2009. Hydrological changes in the northern Pantanal caused by the Manso dam：impact analysis and suggestions for mitigation[J]. Ecological Engineering，35（1）：105-117.

Zeng M，Xue S，Ma M J，et al.，2013. New energy bases and sustainable development in China：a review[J]. Renewable and Sustainable Energy Reviews，20：169-185.

Zhai H J，Cui B S，Hu B，et al.，2010. Prediction of river ecological integrity after cascade hydropower dam construction on the mainstream of rivers in Longitudinal Range-Gorge Region（LRGR），China[J]. Ecological Engineering，36（4）：361-372.

Zhang H F，Zhou J Z，Fang N，et al.，2013. An efficient multi-objective adaptive differential evolution with chaotic neuron network and its application on long-term hydropower operation with considering ecological environment problem[J]. International Journal of Electrical Power & Energy Systems，45（1）：60-70.

Zhang J，Xu L Y，2015. Embodied carbon budget accounting system for calculating carbon footprint of large hydropower project[J]. Journal of Cleaner Production，96：444-451.

Zhang J，Xu L Y，Li X J，2015. Review on the externalities of hydropower：a comparison between large and small hydropower projects in Tibet based on the $CO_2$ equivalent[J]. Renewable and Sustainable Energy Reviews，50：176-185.

Zhang J，Xu L Y，Cai Y P，2018. Water-carbon nexus of hydropower：the case of a large hydropower plant in Tibet，China[J]. Ecological Indicator，92：107-112.

Zhang Q，Karney B，Maclean H L，et al.，2007. Life-cycle inventory of energy use and greenhouse gas emissions for two hydropower projects in China[J]. Journal of Infrastructure Systems，13（4）：271-279.

Zhao L，Li J，Xu S，et al.，2010. Seasonal variations in carbon dioxide exchange in an alpine wetland meadow on the Qinghai-Tibetan Plateau[J]. Biogeosciences，7（4）：1207-1221.

Zhao L，Li Y N，Xu S X，et al.，2006. Diurnal，seasonal and annual variation in net ecosystem $CO_2$ exchange of an alpine shrubland on Qinghai-Tibetan plateau[J]. Global Change Biology，12（10）：1940-1953.

Zhou S，Zhang X L，Liu J H，2009. The trend of small hydropower development in China[J]. Renewable Energy，34（4）：1078-1083.

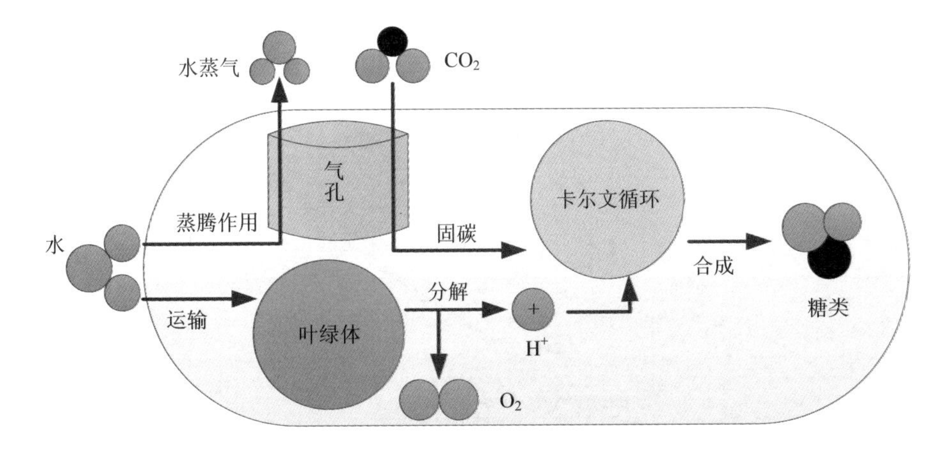


图 2-1　植被的水-碳耦合过程示意

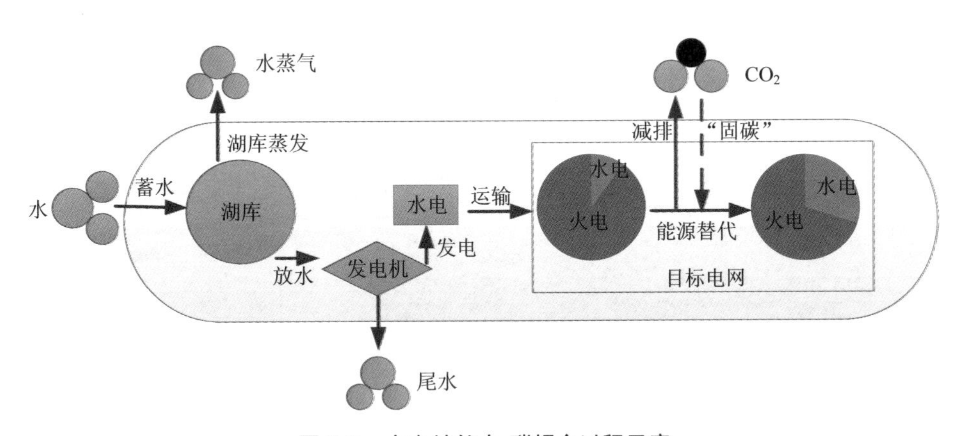


图 2-2　水电站的水-碳耦合过程示意

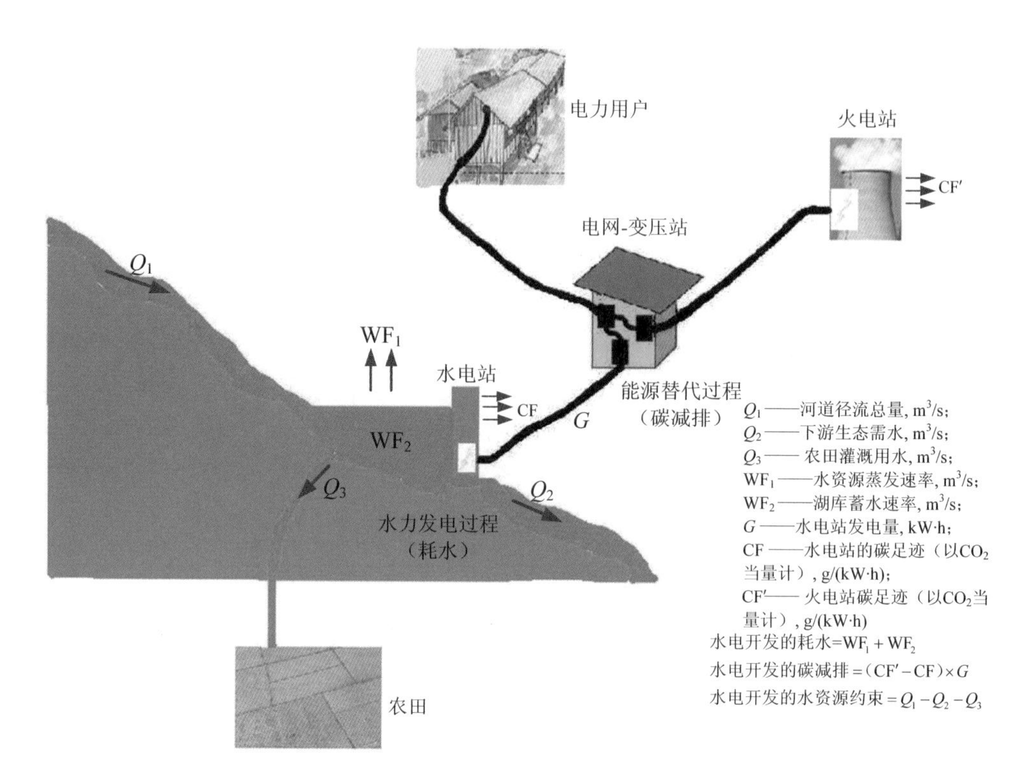


图 2-3　水电开发的水-碳耦合理论模型示意

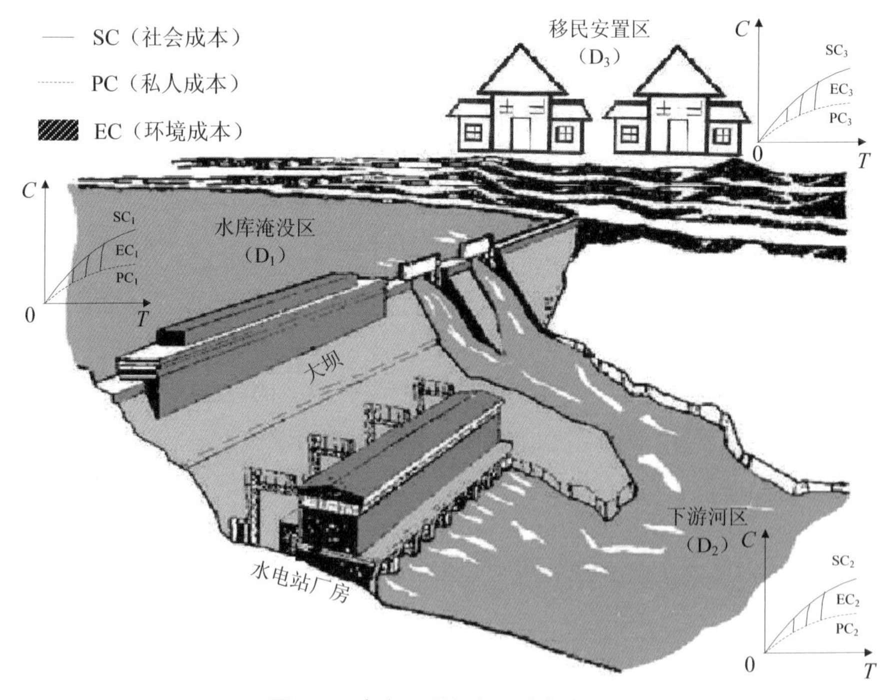


图 6-3　水电开发的多元外部性示意

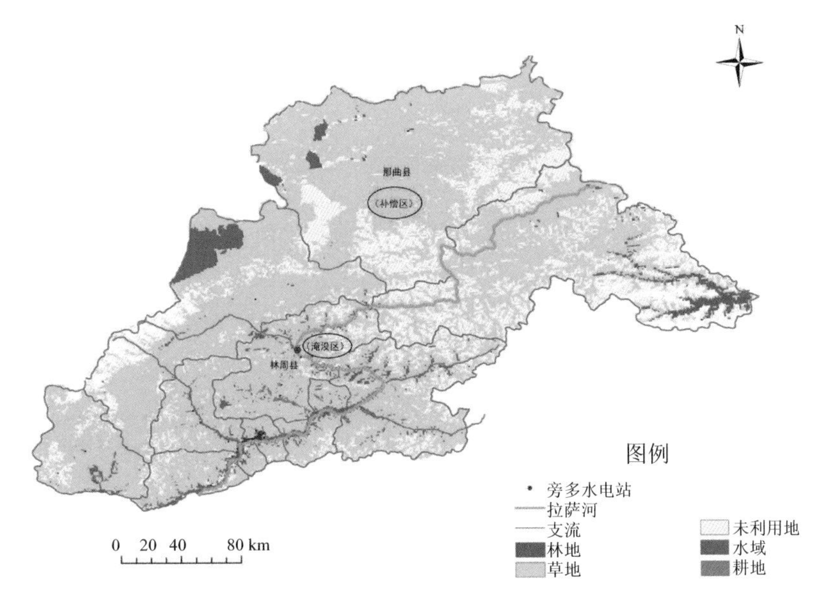


图 9-4　旁多淹没区和替代生境的位置

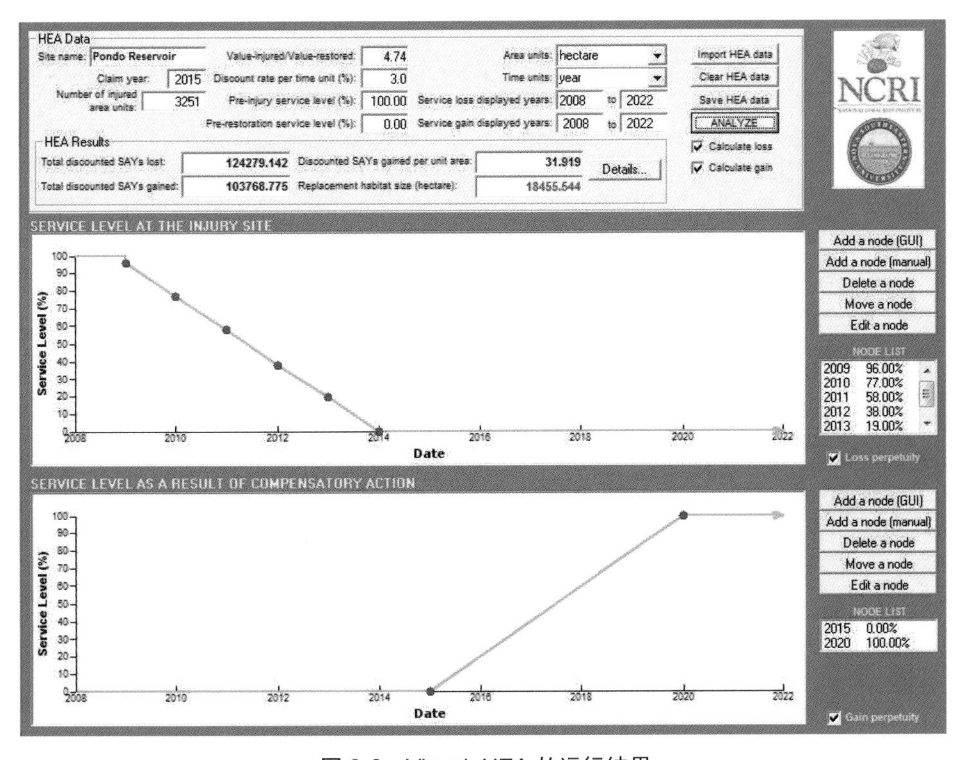


图 9-6　Visual_HEA 的运行结果

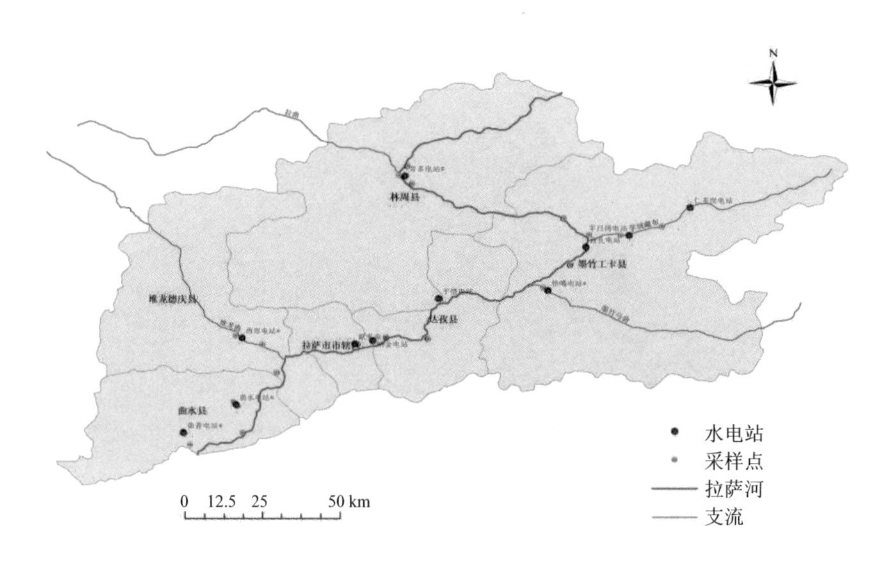


图 9-10 拉萨河流域采样点

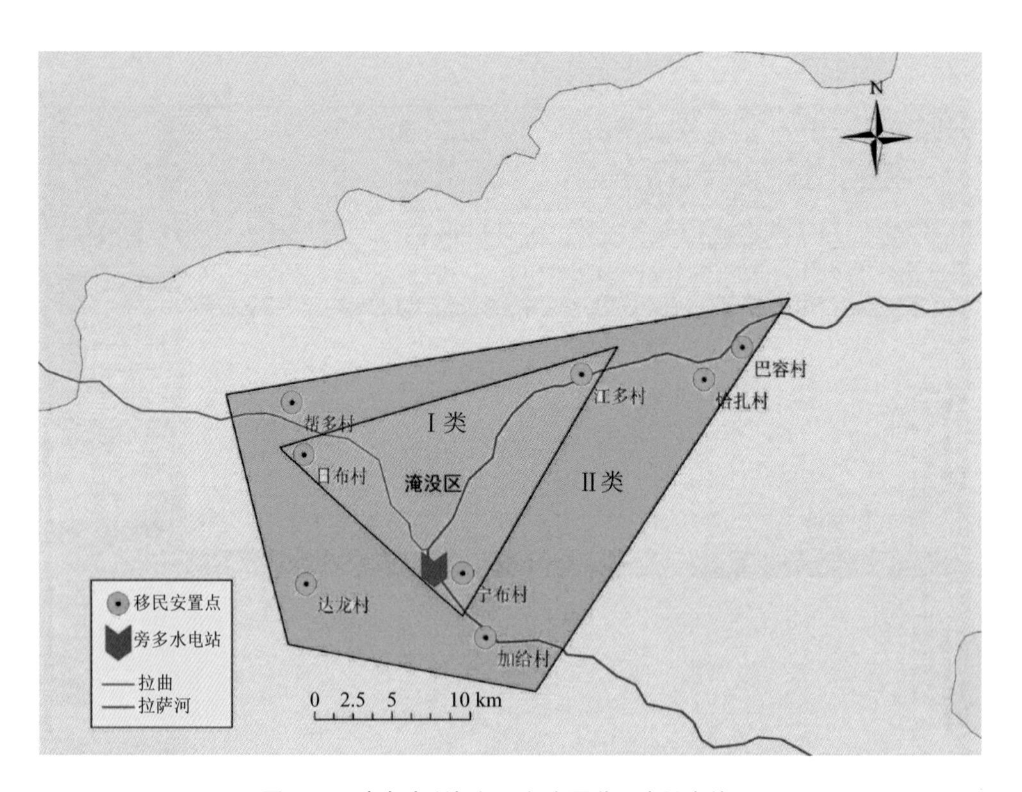


图 9-12 旁多水利枢纽工程主要移民安置点位置